TITANS OF THE CLIMATE

EXPLAINING POLICY PROCESS
IN THE UNITED STATES AND CHINA

气候巨人

剖析美国和中国的气候政策过程

[美] 凯莉·西姆斯·加拉格尔
宣晓伟　著

中国发展出版社
CHINA DEVELOPMENT PRESS

图书在版编目（CIP）数据

气候巨人：剖析美国和中国的气候政策过程 /（美）
凯莉·西姆斯·加拉格尔著；宣晓伟著. —北京：中
国发展出版社，2024.4
ISBN 978-7-5177-1390-6

Ⅰ.①气… Ⅱ.①凯… ②宣… Ⅲ.①气候－政策－
研究－美国、中国 Ⅳ.①P46-011

中国国家版本馆CIP数据核字（2023）第183130号

Titans of the Climate: Explaining Policy Process in the United States and China
By Kelly Sims Gallagher and Xiaowei Xuan
Copyright: © 2018 BY Kelly Sims Gallagher and Xiaowei Xuan
Simplified Chinese Edition Copyright: 2023 BEIJINC XINDABOYA PUBLISHING Ld.
All rights reserved.
版权贸易合同登记号 图字:01-2023-5263

书　　　名：气候巨人——剖析美国和中国的气候政策过程
著作责任者：[美]凯莉·西姆斯·加拉格尔　宣晓伟
责 任 编 辑：钟紫君　梁婧怡
出 版 发 行：中国发展出版社
联 系 地 址：北京经济技术开发区荣华中路22号亦城财富中心1号楼8层（100176）
标 准 书 号：ISBN 978-7-5177-1390-6
经 销 者：各地新华书店
印 刷 者：北京华联印刷有限公司
开　　　本：710mm×1000mm　1/16
印　　　张：18.25
字　　　数：226千字
版　　　次：2024年4月第1版
印　　　次：2024年4月第1次印刷
定　　　价：78.00元

联 系 电 话：（010）68990535 68360970
购 书 热 线：（010）68990682 68990686
网 络 订 购：http://zgfzcbs.tmall.com
网 购 电 话：（010）68990639 88333349
本 社 网 址：http://www.develpress.com
电 子 邮 件：10561295@qq.com

前　言

　　考虑到全球和每个国家正在发生的环境变化，由凯莉·西姆斯·加拉格尔（Kelly Sims Gallagher）教授和宣晓伟研究员合著的关于中美气候政策一书的出版可谓恰逢其时。2015年，美国和中国的温室气体排放量分别占全球的15%和29%，均超过世界其他国家。若按人均排放量计算，美国则明显高于中国。2017年5月，当七国集团（G7）的领导人未能说服时任美国总统唐纳德·特朗普（Donald Trump）继续让美国留在《巴黎协定》（The Paris Agreement）时，法国总统伊曼纽尔·马克龙（Emmanuel Macron）转向其他国家的领导人说："让中国来带头吧。"许多人可能会认为，退出《巴黎协定》标志着美国在气候变化问题上领导地位的终结。然而，鉴于已有压倒性的证据表明气候问题的严峻性以及对世界极其严重的负面影响，很难想象未来的美国总统仍会坚持特朗普的立场。事实上，尽管特朗普决定退出《巴黎协定》，但美国仍有许多州和城市正在采取各种措施以减少温室气体排放，众多的美国大企业也仍然支持该协定。

　　在美国退出《巴黎协定》之前，许多观察人士（虽然不是绝大多数）认为，中国是全球制定和实施必要且严格的温室气体减排行动的主要障碍。而目前无论如何，中国有着紧迫的国内理由来改变其能源消费结构，从更加依赖化石燃料尤其是煤炭，转向更多地使用非化石燃料，特别是风能和太阳能等更清洁的可再生能源。此外，减少北京和上海等大城市空气污染的迫切愿望，已经让中国政府中的许多官员相信需要立即推动使用更清洁的燃料。虽然在出台政策以减少煤炭和其他化石燃料使用以及推进低碳经济转型时，中国政府仍面临一些内部阻力，但毫无疑问，在一些明智的中国政府官员看来，中国在未来全球应对气候变化中的领导地位可以让政府和企业界的许多人士相信，减少温室气体排放对提升中国在全球的地位非常重要。事实上，中国的风能和太阳能装机规模已经在世界领先，如果没有对全球气候变化议题和发展低碳经济必要性的重视，这一成就是不可能取得的。而这一切在未来将如何发展，值得密切关注。

加拉格尔和宣晓伟的著作关注的是美国和中国如何在本国制定和实施气候变化政策。书中首先讨论了每个国家的国情，包括能源的禀赋和消费、温室气体排放的来源、经济增长和发展以及气候变化的政策环境；然后，书中比较了美国和中国的政策决策结构、参与者、过程和方法；接下来的章节讨论了中美两国温室气体的减排目标是如何被制定和执行的，并分析了为什么两国气候政策的结果存在差异；最后一章给出了很好的总结，作者归纳了他们的观察，并对世界上两个最大的温室气体排放国目前和未来的政策走向提出了重要的见解。

加拉格尔和宣晓伟决定撰写一本比较中美两国气候政策的书，是试图为相关的研究者和学生提供两个主要的参考点。正如作者所指出的，美国和中国的气候政策像一幅马赛克拼图，而研究者往往根据自己最熟悉国家的情形来看待其他国家的政策制定。如果读者更了解美国的体系，那么他们更容易从美国体系出发来理解中国体系的差异，反之亦然。作者的目标是通过冷静的分析，帮助读者更好地理解他们知之甚少的国家的政策方法，尤其是该国所面临的挑战、制约和机遇。虽然这本书关注的是气候政策，但研究者和学生也可通过本书了解到两国更为广泛的当代政策进程。

本书很好地阐明了我们在麻省理工学院出版社（The MIT Press）的"美国和比较环境政策丛书"（American and Comparative Environmental Policy Series）中所秉持的目的。我们鼓励研究广泛的环境政策议题的工作，尤其感兴趣的是涉及跨学科研究的书籍，关注公共政策与环境问题之间的联系以及美国国内和跨国背景中的议题。我们欢迎从理论或经验角度分析人类与环境的关系，从而在政策层面作出贡献。在环境政策日益被视为具有争议性且新的替代性方法正在得到广泛实施之时，我们特别鼓励研究工作评估政策的成败、评价新的制度安排和政策工具以及阐明环境政策新方向。本丛书面向广泛的读者群，包括学者、政策制定者、环境科学家和专业人士、商业和劳工领袖、环保活动家和关注环境问题的学生。我们希望它们有助于公众了解目前所关注的环境问题、议程和政策，并为未来提出行动建议。

"美国和比较环境政策丛书"主编

谢尔登·卡米耶涅茨基（Sheldon Kamieniecki），

加利福尼亚大学（University of California）

迈克尔·克拉夫特（Michael Kraft），

威斯康星大学（University of Wisconsin）

序　一

美国和中国的联合领导对世界多国在2015年12月共同签署《巴黎协定》发挥了关键性的作用。这是一项突破性的国家承诺和多边协定,首次开启了真正的全球进程以减少破坏世界气候的温室气体排放。尽管美国前总统特朗普作出了退出《巴黎协定》的不当决定,但事实是,如果要让这份全球协定取得成功、成为下一步避免气候灾难的必要举措,加强和深化促成该协定的中国和美国的领导能力将是至关重要的。《气候巨人》一书为试图稳定全球气候的政策制定者、学者和倡议者提供关于中美两国气候政策进程的丰富知识,这两个国家在此领域的持续领导力对《巴黎协定》的成功和未来所需的步骤极其关键。

《巴黎协定》所提出的长期目标是"将全球平均气温较工业化前水平升幅控制在2℃以内,并努力将气温升幅控制在1.5℃以内"。195个签约国的"国家自主贡献预案"(Intended Nationally Determined Contributions, INDCs)设定的期限不超过2030年,并不足以实现上述任何目标。实际上到2030年,它们甚至不足以让世界走上一条实现以上任一目标的最佳轨道。这就是为什么《巴黎协定》要求各国在2015年后每5年重新审视其承诺,并着眼于增加减排的力度;以及为什么即使这些雄心勃勃的目标以实际减排的形式实现后，在2030年后仍需要更大幅度的减排。[1]

尽管源于人类活动的其他温室气体对全球变暖也有贡献，但自工业革命开始以来，人类排放所导致的累积温升中约有60%是由二氧化碳（CO_2）造成的；当前人类排放所导致的未来温升中，约有80%将由二氧化碳所导致。在这80%中，来自所谓工业源（首先是化石燃料燃烧，其次是水泥生产）的贡献占到了85%~90%；其余的份额则大部分来自农业和土地利用的变化。因此，工业部门的二氧化碳排放是全球变暖问题的最大驱动因素；且引人注目的是，2016年美国和中国共同占据了全球工业源二氧化碳排放量的43%。[2] 这就是为什么许多知情的观察家多年来一直在说，除非美国和中国——发达国家中的最大排放者和发展中国家中的最大排放者——均各自同意带领全球努力减排，否则难以期待其他国家会跟随行动。

美国和中国的协议在2014年11月达成，当时时任美国总统奥巴马和习近平主席在北京共同发表了关于气候变化的联合声明，承认两国在推动应对气候变化方面应发挥引领作用，并承诺了各自的具体减排目标和时间表。[3] 因为大家越来越认识到双方政府都有必要采取行动，而且两国关于对方的决策过程、政策举措和核心利益的理解也在日益加深。加拉格尔

---

[1] Richard J. Millar, Jan S. Fuglestvedt, Pierre Friedlingstein, Joeri Rogelj, Michael J. Grubb, H.Damon Matthews, Ragnhild B. Skeie, Piers M. Forster, David J. Frame, and Myles R. Allen, *Emissions Budgets and Pathways Consistent with Limiting Warming to 1.5 ℃*, Nature Geoscience10（2017）: 741~747。为方便读者查阅文献来源，对文献中的作者姓名将不作翻译，以下同。——译者注

[2] 据可得的最近数据，2016年中国工业源所排放的二氧化碳量占全球总量的29%，美国占14%。参见 http://edgar.jrc.ec.europa.eu/overview.php?v=CO2andGHG1970—2016 &sort=des8。

[3]《中美气候变化联合声明》，新华社，2014年11月12日。——译者注

和宣晓伟一直致力于增进两国相互理解，是气候政策研究领域的领先者，他们亲自参与了促成《中美气候变化联合声明》的幕后工作，很难想象会有其他人比他们更适合撰写本书。

《气候巨人》一书提供了极好的历史分析、当代认识和未来展望，可以且应该成为中美两国继续共同领导以应对全球气候变化挑战的基础，两国相关的决策者、商界领袖、学者和学生均值得一读。

约翰·P.霍尔德伦（John P. Holdren）[1]

---

[1] 约翰·P.霍尔德伦是哈佛大学肯尼迪政府学院（Kennedy School of Government）的特雷莎和约翰·海因茨（Teresa and John Heinz）环境政策教授；担任肯尼迪政府学院贝尔弗科学与国际事务中心（Belfer Center for Science and International Affairs）科学、技术和公共政策项目（Science, Technology and Public Policy Program）的联合主任，以及哈佛大学地球与行星科学系（Department of Earth and Planetary Sciences）的环境科学与政策教授。2009年1月至2017年1月，他担任奥巴马总统的科学顾问，并成为参议院所批准的白宫科学技术与政策办公室（Office of Science and Technology Policy, OSTP）主任，是历史上任职时间最长的总统科学顾问。

序 二

　　气候变化是人类面临的巨大挑战，它关系到世界人民的福祉和所有国家的未来前景。近年来，热浪、干旱和洪涝等极端气候事件频发，表明以全球变暖为主要特征的气候变化对全球自然生态系统产生了重大影响，严重威胁了人类的生存和发展。如何减缓气候变化，提高有效适应气候变化的能力，显然是当前各国面临的一项非常紧迫的任务。

　　作为最大的发展中国家，中国正处在工业化、城镇化快速发展的时期，面临着经济发展、消除贫困、保护环境等多重挑战。中国作为负责任的大国，积极主动应对气候变化、努力控制温室气体排放、提高适应气候变化能力。中国以深度参与全球治理为己任，致力于构建人类命运共同体和推动全人类共同发展。

　　积极应对气候变化、推动绿色低碳发展，既是中国作为发展中大国应尽的国际义务和责任，也是中国实现国内经济社会可持续发展的内在要求。近年来，中国采取了节约能源、提高能效、发展可再生能源、增加森林碳汇、低碳试点示范、建立碳排放权交易市场、发展绿色金融、推进气候变化立法、气候适应型城市建设试点等一系列政策措施，在推动节能减排和低碳发展等领域取得了明显的成绩，不仅实现了温室气体排放强度的显著下降，还在环境质量、能源结构和产业结构等方面产生了积极的变化。中国的经验证明，大力推进低碳转型，不仅有助于应对气候变化和改善生态环境，还会促进经济的长期增长。中国在大力推进绿色发展、循环经济、低碳发展和努力建设美丽家园的同时，也为全球应对气候变化作出了积极的贡献。

中国和美国作为世界温室气体排放的第一大国和第二大国，要想有效应对全球气候变化问题，离不开两国的良好合作。正如2017年4月习近平主席与时任美国总统特朗普会晤时所指出："我们有一千个理由把中美关系搞好，没有一条理由把中美关系搞坏。"[1] 尽管新变化给中美气候合作进程带来一些不确定性，但全球绿色低碳发展的大趋势不会改变，国际合作应对气候变化的潮流也不会逆转。

加拉格尔教授和宣晓伟研究员合著的这本书，对中美两国的气候变化政策做了详尽的分析，更难能可贵的是，两位研究者分别站在自身和对方的立场，换位思考、推己及人，深入地探讨了两国在制定和实施气候变化政策时面临的约束、挑战和机遇。本书对于读者加深对中美两国气候政策的理解、推进两国在相关领域的合作有着重要的价值。

是为序。

张军扩 [2]

---

[1]《把中美关系的大厦建设得更牢、更高、更美》，新华社，2017年4月9日。——译者注

[2] 张军扩，国务院发展研究中心原副主任，研究员。长期从事宏观经济、区域经济、经济改革等方面的研究工作，荣获1997年国务院特殊津贴、1998年第八届孙冶方经济科学奖、2005年中国发展研究奖特等奖和2013年中国发展研究奖特等奖（国务院发展研究中心是直属中国国务院的政策研究和咨询机构，主要职能是研究中国国民经济、社会发展和改革开放中的全局性、综合性、战略性、前瞻性问题，为党中央和国务院提供政策建议和咨询意见）。

致　谢

作为合作撰写本书的作者，我们首先要感谢彼此的贡献。的确，这项工作自始至终都来自双方的努力合作。我们互相学习，通过交谈、互换草稿、向对方提出具有挑战性的问题，不断努力澄清彼此之间的异同。

我们还要感谢家人的支持。为了完成本书，我们不得不减少与家人在一起的时间。我们两家均有一子，年龄也相仿；凯莉·加拉格尔还有一个女儿。两家虽生活在各自的国度，却相遇相知。希望我们在揭开两国政策进程神秘面纱上的努力，将有助于促进下一代人相互理解，追求和平与合作。

此外，特别感谢两位难得的研究助理齐琦和克里斯·萨尔（Chris Sall），两人都是塔夫茨大学（Tufts University）弗莱彻学院（Fletcher School）的研究生，均参与了中英文文献的收集和回顾。齐琦在两国气候政策清单的整理上贡献良多，行政助理吉莉安·德迈尔（Jillian DeMair）提供了文本编辑上的帮助。我们由衷感谢那些花费时间对本书部分章节或全书进行评议的同行，这让本书变得更为完善。我们感谢匿名评论者（anonymons reviewers），以及凯文·加拉格尔（Kevin Gallagher）（按姓氏字母顺序）、约翰·P.霍尔德伦（John P. Holdren）、李侃如（Ken Lieberthal）、格雷戈里·尼迈特（Gregory Nemet）、齐晔和张芳。应劳拉·迪亚兹·阿纳登（Laura Diaz Anadon）的邀请，凯莉还在剑桥大学的讲座中讲述了该书的早期版本。感谢麻省理工学院出版社的贝丝·克莱文格（Beth Clevenger）、安东尼·赞尼诺（Anthony Zannino）和克莱·摩根（Clay Morgan），感谢你们的鼓励、耐心和建议。

我们还要感谢现在和以前的政府同事，正是他们的帮助才使我们更好地了解到太平洋两岸的情况。当然，书中所留下的错误均由我们自己负责。

凯莉·西姆斯·加拉格尔（Kelly Sims Gallagher）

宣晓伟

缩略语表

BLM   美国土地管理局（Bureau of Land Management，U.S.）

CH_4 甲烷（methane）

CO_2 二氧化碳（Carbon dioxide）

DOE   美国能源部（Department of Energy，U.S.）

DOD   美国国防部（Department of Defense，U.S.）

DOT   美国交通部（Department of Transportation，U.S.）

EPA   美国国家环境保护局（Environmental Protection Agency，U.S.）

GHG   温室气体（Greenhouse gases）

IRS   美国国税局（Internal Revenue Service，U.S.）

NASA   美国国家航空航天局（National Aeronautic and Space Agency，U.S.）

NHTSA   美国国家公路交通安全管理局（National Highway Traffic Safety Administration，U.S.）

NOAA   美国国家海洋和大气管理局（National Oceanographic and Atmospheric Administration，U.S.）

NSC   美国白宫国家安全委员会（National Security Council，the White House）

USDA   美国农业部（Department of Agriculture，U.S.）

目 录

第一章　引言

2014年11月，习近平主席和时任美国总统巴拉克·奥巴马（Barack Obama）在北京共同宣布了《中美气候变化联合声明》（Joint Announcement on Climate Change）[1]。中国有史以来第一次宣布，将限制温室气体二氧化碳（CO_2）的绝对排放量，使其在2030年左右达到排放的峰值，并"尽最大努力"以早日达到峰值。与此同时，中国还计划到2030年将非化石能源占一次能源消费比重提高到20%左右。美国方面，则计划到2025年其经济整体的温室气体排放量与2005年相比减少26%~28%，并"尽最大努力"达到28%（White House，2014）。

当奥巴马飞往北京时，没人预测中美关系会有重大突破，《卫报》（the Guardian）的头条新闻悲观地预测"中美分歧"将不断扩大，因为当时"被边缘化"的美国总统在经历了一场毁灭性的中期选举之后，已经接近其任期的尾声（Kaiman，2014）。在那一年，中美关系紧张加剧，尤其是在网络安全、中国高新技术企业政策等议题上。

几十年来，中美两国在国际气候谈判中一直处于僵局，两国的外交

---

[1]《中美气候变化联合声明》，新华社，2014年11月12日。——译者注

机构也没有把气候变化问题视为首要的议题。[1] 在整个20世纪，美国是温室气体排放的最大来源国，2014年美国的人均排放量约为中国的3倍[WRI（Word Resources Institue），2017]。世纪之交后，中国的温室气体排放总量呈指数级增长，并于2007年超过美国，成为最大的年度排放国。这两个超级大国正在陷入一些观察人士所称的"自杀式协议"困局，即如果对方没有作出类似的承诺，没有一方会愿意单方面减排，这将使两国和世界在未来面临严峻的气候变化问题。

美国和中国都是气候巨人（Titans of the Climate）[2]，两国的化石燃料消耗所导致的二氧化碳排放量共占全球的近45%（2017年数据）。在影响气候变化的速度和规模上，没有任何一个国家能与它们相提并论。目前，中国化石燃料消耗所致的二氧化碳排放量占全球的30%，美国则占14%（Olivier、Schwe and Peters，2017）。在中美两国之后，整个欧盟排第三位，印度排第四位，俄罗斯排第五位。前十位中的后五个排放大国——印度尼西亚、巴西、日本、加拿大和墨西哥排放量的总和，还不及中国2014年的排放量。若从1850年开始累计，美国和中国的排放量分别占全球总量的27%和11%（Ge et al.，2014；WRI，2014）。

一、共同挑战预期

鉴于美国和中国的温室气体排放规模巨大，两国2014年的联合声明

---

[1] 在美国外交机构中，只有两名成员是例外：前副总统阿尔·戈尔（Al Gore）和时任国务卿约翰·克里（John Kerry）。两人都是前参议员，在之后的职业生涯中，他们都主张把气候变化作为外交政策的重要事务来加以对待。

[2] 根据韦氏词典（*Merriam—Webster*），巨人（*titans*）的定义是在规模和力量上都是巨大的。

涉及全球近一半的温室气体排放量。如果欧洲也加入行动，那么2014年全球超过一半的温室气体排放可以受到控制。第二年，也就是在2015年12月，世界各国领袖齐聚巴黎，就全球气候协定进行谈判，共有195个国家最终签署了《巴黎协定》，它几乎是一个覆盖全世界的协定。为什么美国和中国能够打破外界的预期？它们又是如何开展合作的？

在温室气体减排上，欧洲是最早的行动者。根据此前的国际协议，即《联合国气候变化框架公约》（United Nations Framework Convention on Climate Change，UNFCCC）下的《京都议定书》（Kyoto Protocol），欧洲严格承诺到2012年的排放量在1990年的水平上减少8%。在1992年《联合国气候变化框架公约》的协议中，美国开始同意将排放量减少到1990年水平的"目标"，但后来又未能加入该协议。结果在2014年，其实际排放量比1990年的水平超出了27%。而作为一个发展中国家，中国在该协议中没有强制性减排义务。

美国参议院以其他主要的排放国——尤其是中国和印度——没有相应的减排责任为由，拒绝批准《京都议定书》，美国既没有遵守《联合国气候变化框架公约》下的大部分承诺，也没有遵守随后的《京都议定书》。[1] 奥巴马上任时，曾把应对气候变化作为首要任务之一，但在第一个任期，他的时间主要花在了应对更为紧迫的经济衰退问题以及推动具有里程碑意义的《平价医疗法》（Affordable Care Act）在2010年的签署通过上。在第二个任期内，奥巴马宣布了一项气候行动计划，旨在兑现2009年他于哥本哈根举行的《联合国气候变化框架公约》缔约方大会（UNFCCC's Conferences of the Parties）上所作的承诺，即2020年美国的温室气体排放

---

[1] 具体的情形参见本书第四章。

要比2005年减少17%。

到2014年，美国温室气体的排放量明显已达到顶峰，并开始下降。排放的减少源于采取了新的政策，例如汽车燃油经济性标准的提高；以及页岩气革命导致美国天然气价格暴跌，在市场力量的推动下，美国的发电迈上了从煤炭向天然气的转型。由于排放量正处在下降的趋势，美国终于在与其他国家的谈判中获得了一些道德地位。奥巴马热切希望美国能在2015年达成全球气候变化协议中作出贡献，并愿意为此承担一些风险。

与此同时，中国签署了《联合国气候变化框架公约》和随后的《京都议定书》，尽管这两项协议将中国视为一个发展中国家，没有强制减排的义务，只需在自愿的基础上进行减排。事实上，1992—2014年，中国的排放量飙升了280%，并在2007年超过美国，成为世界上排放总量最大的国家，当然在人均排放量上还不是（World Bank，2017）。在1992年《联合国气候变化框架公约》通过后，中国曾担心采取气候政策将会限制经济发展，但随着时间的推移，人们的想法逐渐发生了改变。他们认识到缓解气候变暖问题可以同时带来多种红利，例如促进清洁产业以推动经济结构调整、减少常规的空气污染、发展战略性可再生能源产业、提高国际声誉、改善地缘政治、增加能源市场的可得性、获取和开发先进低碳技术等（胡鞍钢、管清友，2009）。

随着温室气体排放的增长，中国常规空气污染的压力也不断加大，2005年后达到了前所未有的程度。2013年上半年，北京空气达标天数不足四成，污染物排放量增加成为主因（北京晨报，2013）。2013年10月的一半天数是雾霾天气，北京市气象局和市空气重污染应急指挥部频繁发布霾黄色预警和空气重污染蓝色预警（新京报，2013）。2015年12月，北京市政府发布了空气污染的首个"红色预警"，部分日期的空气污染如此严重以致学校不得不停课（中国日报，2015）。

另一个激励因素是长期以来中国政府一直希望推动经济变革，摆脱严重依赖资源密集型重工业的传统发展模式。从2011年开始，中国政府实施的经济发展战略旨在降低经济的碳强度、鼓励创新、提升制造业水平、以创新为动力，向服务型经济转型，以最终实现"生态文明"。[1]中国政府仍在努力改变经济结构，使其更加依赖技术密集型的工业和服务业，重点发展新能源汽车和清洁能源等战略性产业，这种结构性转变将极大有助于减少温室气体的排放和城市的空气污染。而一项减排的国际协议会加强经济结构改革的力度。

中国也有新的全球抱负。2012年2月，时任国家副主席习近平在访美期间曾表示，拓展两国利益汇合点和互利合作面，推动中美合作伙伴关系不断取得新进展，努力把两国合作伙伴关系塑造成21世纪的新型大国关系[2]。这里所提到的"新型大国关系"（Zeng，2016），也被理解为"大国关系的新模式"。虽然这一概念仍不无模糊之处，但其旨在促进世界主要大国之间形成一种成熟关系，能够使两国即使在一些问题上仍可能存在分歧，但不妨碍在其他问题上开展合作。关于这一概念的讨论以及中国在世界上不断演变的角色，至少可以追溯到20世纪90年代末的中国。江泽民在谈到中俄关系时，首先提出了"新型大国关系"的概念（Zeng，2016）。[3]

在2012年华盛顿的演讲中，时任国家副主席习近平提到了"气候变化"。他说，中美在国际事务中共迎挑战、共担责任，既是两国合作伙伴

---

[1] 书中第二章将更详细地讨论中国的经济发展战略。

[2] 习近平：《共创中美合作伙伴关系的美好明天——在美国友好团体欢迎午宴上的演讲》，《光明日报》2012年2月17日。——译者注

[3]《中美新型大国关系的由来》，新华社，2013年6月6日。——译者注

关系的题中应有之义，也是国际社会的普遍期盼……推进中美在气候变化、反恐、网络安全、外空安全、能源资源、公共卫生、粮食安全、防灾减灾等全球性问题上的合作。[1]

在美国，前白宫幕僚长（White House Chief of Staff）约翰·波德斯塔（John Podesta）等人注意到"新型大国关系"这一概念，并于2013年12月发表了一篇合著论文，就如何在中美关系中运用大国关系概念提出了建议（Podesta et al., 2013）。几个月后，奥巴马邀请波德斯塔担任白宫的总统顾问，而气候变化政策是他负责的主要领域。与此同时，美国国务院也开始考虑达成中美气候变化协议的想法。自哥本哈根会议以来，美国气候变化问题特使托德·斯特恩（Todd Stern）致力于改善与中国国家发展和改革委员会前副主任解振华的关系，解振华长期担任中国在国际气候变化谈判上的外交代表。美国前国务卿约翰·克里（John Kerry）也热切希望加快在巴黎达成协议的进程。2013年4月，克里首次访华并促成了中美气候变化工作组的建立。

2013年11月，托德·斯特恩和美国时任总统奥巴马的科学顾问约翰·霍尔德伦（John Holdren）得到美国学者的一份政策建议，认为可以考虑中美两国就气候变化达成双边协议的可能性。斯特恩随后召集了相关的美国专家，讨论了达成这一协议的风险和利弊。[2] 几个月后，斯特恩向解振华提出了签署"中美两国气候变化双边协议"的想法，时任美国国务卿

---

[1] 习近平：《共创中美合作伙伴关系的美好明天——在美国友好团体欢迎午宴上的演讲》，《光明日报》2012年2月17日。——译者注

[2] 这份备忘录是由本书作者之一的凯莉·西姆斯·加拉格尔（Kelly Sims Gallagher）所提交，虽然奥巴马政府的高级官员接受了双边协议的总体概念，但当时并没有采纳备忘录中的一些建议。加拉格尔主张中美两国可就减少温室气体排放的国内政策达成一项双边协议，而这一协议并不一定要在《联合国气候变化框架公约》之下。

克里也向时任中国国务委员杨洁篪表示了同样的建议，两国试图在2014年11月举行的中美元首峰会上及时达成一项气候协议。[1] 在那年夏天的中美战略与经济对话（Strategic and Economic Dialogue，S&ED）上，时任中国国务院副总理张高丽对美国的提议给予了一个正式的积极回应，双方展开了认真的讨论。[2] 中方建议谈判可从技术交流开始，以帮助双方了解情况以及各自可能行动的主要立场，然后才能开始真正的政治谈判。[3]

谈判的目标是让中美两国在元首峰会上宣布各自的"国家自主贡献预案"（Intended Nationally Determined Contributions，INDCs），换言之，公布各自的减排目标。每个国家减排的"自主贡献预案"（INDCs）本应在巴黎气候变化大会之前提交给《联合国气候变化框架公约》，因此美国和中国打算通过联合声明启动这一进程。谈判的一个重要原则是双方的目标都由各国自主决定，但中美两国最终要共同宣布联合声明，隐含地表明支持对方的目标。上述谈判在北京的元首峰会前及时完成，除了明确排放峰值和减排的数值目标以及中国的非化石能源比重目标外，2014年两国联合声明还包含了一项条款，即开展国家以下层面的地方合作，尤其是次年将举办两国的城市气候峰会。

美国和中国所作出的承诺非常重要并且具有象征意义，因为美国是最

---

[1]《外交部发言人就美国国务卿克里访华等答记者问》，中国政府网，2014年2月14日。——译者注

[2]《第六轮中美战略与经济对话框架下经济对话联合情况说明》，中国政府网，2014年7月11日。——译者注

[3] 技术交流由中方的邹骥博士和美方的加拉格尔所协调，美方成员包括来自美国环保局（EPA）、能源部（DOE）、国务院（State Department）和白宫等政府部门的专家；中方的专家则来自国家应对气候变化战略研究和国际合作中心、中国社会科学院、中国工程院和清华大学等机构。

大的发达排放国，而中国是最大的发展中排放国。如果这两个国家能够打破几十年来的分歧，同意减少排放，那么世界其他国家肯定能够走到一起来达成一项全球协议。

国际气候谈判中有一个特别棘手的问题，即如何对待"共同但有区别责任"（Common but Differentiated Responsibilities，CBDR）原则。该原则指出：由于工业化国家曾经有几十年在没有任何排放限制的情况下获得发展，所以他们有义务承担更大的减排责任，并捐献更多的资金以帮助发展中国家向更清洁的经济过渡。多年来，如何实施这一原则一直困扰着国际气候谈判。中美两国达成的协议体现了"共同但有区别责任"原则的一个解决方案，它承认了这一原则，针对两国提出了不同类型的目标，即美国承诺绝对的减排目标，而中国承诺的是计划中的排放峰值以及非化石燃料占一次能源的比重。在2015年的巴黎国际气候谈判中，解振华反复提到中美两国在处理"共同但有区别责任"原则上的突破。中国专家也强调了这一突破，指出"处于不同发展阶段和全球生产链不同环节的国家之间的协调是实现真正低碳转型的一个困难但必要的先决条件"（Zou et al.，2014）。

不出所料，2014年11月的中美联合声明令国际社会中的大多数人既觉得惊讶，也感到高兴。几位世界领导人随后赞赏这项声明是达成《巴黎协定》的关键转折点。时任联合国秘书长潘基文称，中美两国的联合声明标志着世界两个最大经济体对于未来迈向低碳发展具有共同的愿景和严肃的态度。这一声明为在巴黎达成广泛的全球气候变化协议提供了强有力的领导和示范（新华社，2015a）。在时任世界银行行长金墉（Jim Yong Kim）看来，《巴黎协定》的成功签署是"一系列非常具体事件的结果，如果没有法国为此忙碌一年，就不可能实现；……；如果没有中美两国的联合声明，就不可能实现；但这代表了我们在这场全球危机中所见到的最大转变"（Davenport, 2015）。2016年4月，时任《联合国气候变化框架公约》执行秘书长克里斯蒂安娜·菲格雷斯（Christiana Figueres）则表示，中美气候协议是一个必不可少的因素，"没有它，我不知道是否还能取得进展，但至少不太可能达成巴黎协议"（Figueres, 2016）。

2014年中美的联合声明还有助于其他国家与美国进行谈判以达成联合协议，其中最引人注目的是墨西哥。中美联合声明发布几个月后，墨西哥承诺到2030年温室气体排放量低于照常情景（business as usual）的25%，并于2026年达到排放峰值（Fransen et al., 2015）。许多其他国家也宣布了他们的"国家自主贡献预案"，在召开巴黎会议时已经有100多个国家递交了各自的"国家自主贡献预案"（UNFCCC, 2017a）。

也许最出人意料的是，2014年两国的联合声明在中美关系上创造了一个新亮点，即将"新型大国关系"的概念转变成了现实。[1] 在美国观察人士看来，中国作出气候承诺的决定是其承担重大全球挑战责任的例子之一。联合声明还表明，两国能够以成熟和负责任的方式行事，虽然在一些问题上分歧明显，但仍可在另一些符合全球利益的问题上展开合作。联合声明还显示在两国关系中，首次将环境问题提上了最重要的议程之一。对中国观察家来说，该协议也代表了一个"激活"双边关系的机会，鉴于两国在经济上的紧密联系，双边关系的改善对于促进中国的经济结构调整和国际贸易尤为重要（Zou, 2014）。

2014年的联合声明取得成功后，中美双方都希望在2015年9月的下届

---

[1] 中国外交部将这一术语翻译为"一种新型的大国关系"（a new model of major country relationship），而大多数美国官员使用"主要强国关系"（major power relations）一词。在汉语中，"大国"的直译就是"large country"，但在中国以外，对于大国的用词通常是"强国"（great power）。

元首峰会上保持甚至加快这一势头，双方都迫切希望解决与《巴黎协定》有关的双边分歧，开始实施已经宣布的目标，并计划举办首届城市气候峰会。在2015年的中美战略与经济对话（S&ED）中，两国又建立了国内气候政策的对话机制。在此期间，双方就各自"国家自主贡献预案"的实施情况和经验教训进行了沟通和交流。2015年奥巴马总统和习近平主席的《中美元首气候变化联合声明》包含了两国国内政策的新内容[1]，最引人注目的是中国将在2017年启动全国碳排放交易体系，以及实施绿色电力调度政策，虽然这一政策的细节还不甚清晰。与此同时，美国国家环保局（EPA）也出台了"清洁电力计划"（Clean Power Plan）下所要求的法规。中国还公开承诺为南南气候合作出资200亿元人民币（约31亿美元），令世界感到惊喜（新华社，2015b）。

在2015年两国元首峰会前夕，首届中美气候领袖峰会在加利福尼亚州洛杉矶举行，来自两国的数十位州长和市长都作出了各自的减排承诺。在中国方面，成立了一个新的"达峰先锋城市联盟"（Alliance for Peaking Pioneer Cities，APPC），该联盟中所有城市都承诺在2030年国家目标之前达到各自的排放峰值。在美国方面，有18个州、市和县作出了具体的减排承诺。洛杉矶承诺到2025年将温室气体排放量在1990年的基础上减少45%，到2030年减少60%，到2050年减少80%；休斯敦承诺到2016年在2007年的基础上减排42%；波士顿承诺到2020年在2005年的基础上减排25%，到2050年减排80%。[2]

---

[1]《中美元首气候变化联合声明》，中国政府网，2015年9月26日。——译者注

[2] 有关国家以下各个地区所作的承诺详情，参见 https://ccwgsmartcities.lbl.gov/declaration。

二、为何撰写本书

在上述背景下，本书的其余部分将着重分析中美两国如何制定和实施国内气候变化政策，因为《中美元首气候变化联合声明》甚至《巴黎协定》的成败[1]将完全取决于这些有助于实现减排目标的国内政策能否有效实施。事实上，《巴黎协定》本身还不足以承担起防止气候发生根本性变化的重任，因此有必要在随后几年内不断对其进行修正和更新。毫无疑问，为在21世纪内持续达成新的、更完善的全球气候协议创造条件，美国和中国的领导力将一次又一次地为世界所需要。只有两国认真履行《巴黎协定》下的"国家自主贡献预案"，这种领导力才能为其他国家所接受。而两国能否兑现各自的承诺，则依赖于国内政策的实施成效。

虽然美国前总统特朗普宣称他会让美国退出《巴黎协定》，但在他之后的美国总统仍有可能继续回到这一协定[2]，而且在联邦以下的地区，许多州长和市长都宣布打算通过一项名为"美国誓言"（America's Pledge）的倡议来遵守承诺，这一倡议已经有了一个易记的标签——"我们仍在"（We Are Still In）。[3] 特朗普拒绝《巴黎协定》，就像乔治·W.布什（George W. Bush）拒绝《京都议定书》那样，部分原因是出于对中国为应对气候变化所采取措施的故作无知。特朗普认为中国主要是一个传统经济领域的竞争对手，但他显然还没有意识到中国正在大力发展甚至主导包括清洁能源在内的新"战略"产业。

---

[1] 本书的讨论只针对中国大陆地区，不包括中国香港特别行政区和中国澳门特别行政区，也不分析中国台湾地区的气候政策。

[2] 2021年2月拜登总统在就职首日便签署一项行政令重返《巴黎协定》。——译者注

[3] 根据网站https://www.americaspledgeonclimate.com，美国已经有20个州和400多个城市签署了"美国誓言"倡议。

尽管特朗普政府宣称要退出《巴黎协定》，但中国政府仍然决心坚持国际的气候承诺和国内的气候政策。2017年中国共产党第十九次全国代表大会是特朗普发表退出声明后中国召开的一次重要会议，会上确认了中国气候政策的方向不会改变，一些最为重要的气候措施将延续到未来。在中共十九大报告中，"绿色"被视为五大新发展理念之一，"推进绿色发展"包括了以下的内容：建立健全绿色低碳循环发展的经济体系，构建市场导向的绿色技术创新体系……推进能源生产和消费革命，构建清洁低碳、安全高效的能源体系等（新华社，2017a）。虽然这些表述并非全新的内容，但重要的是，面对美国公开宣布退出《巴黎协定》的局面，中国政府再次确认将延续原先的相关政策。

我们决定撰写本书以比较中美两国的气候政策，是试图为读者提供美国和中国两个参考点。气候政策像一幅马赛克拼图，而分析者往往根据自己最熟悉的国家的情形来看待各个国家的政策决策。如果读者更了解美国的体系，那么他们更容易从美国体系出发，去理解中国体系的差异，反之亦然。我们打算通过客观的分析，帮助读者更好地理解给定每个国家独特的约束和机遇，以及为什么中美两国各自的政策进程如此不同。虽然本书关注的是气候政策，但也有助于读者了解两国更为广泛的当代政策进程。

也许是因为两国的政策决策体系如此不同，也许是因为它们之间的竞争日趋激烈，中美两国之间存在着相当程度的不信任（Lieberthal and Sandalow，2009）[1]，这不仅体现在网络安全、知识产权、外国直接投资等议题上，还存在于气候变化问题中。这种不信任是由对彼此的持续误解所造成的，它导致了一些迷思（myth），即那些似是而非的流行观念。

---

[1] 若引用英文文献，多个作者之间用 "and" 或 "et al."；若引用中文文献，则用 "和" 或 "等"，以下同。——译者注

这些观念往轻里说是错误的，往重里说则大大削弱了两国乃至世界更有效应对气候变化的努力。

在这些流行的迷思中，恰好有两个完全相互对应的说法，即：①对许多中国人而言，气候变化是一个全球阴谋，西方世界的目的是遏制中国的发展；②对许多美国人来说，气候变化是中国政府为了削弱美国竞争力而持续不断制造出的一个骗局。美国关于中国的另一个流行观念也值得一提，即如果中国的领导人想实现某些目标，那么他们只需发布一个命令，就会得到服从和执行（因此，如果中国未能实现某些目标，那只是因为领导人根本不想执行这样的政策）。而中国对美国经常拥有的一个错误观念是美国太过民主了。换言之，因为有太多的声音、太多的政客，所以华盛顿缺乏办成任何事情的能力。在本书的结尾，我们希望能让读者相信，上述流行说法中没有一个是对现实的准确描述。

本书的中心目的是帮助人们了解驱动中美两国气候政策的特定力量，它们大致可分为3个类型：政治类、经济类和社会类。在这3个类型中，对中美两国气候政策结果的差异影响最大的有7个因素：①党派作用（party politics）；②权力制衡（separation of powers）；③政府层级（government hierarchy）；④个人领导力（individual leadership）；⑤经济结构和战略性产业（economic structure and strategic industries）；⑥官僚机构（bureaucratic authorities）；⑦媒体作用（the role of the media）。基于以上因素，本书将解释中美两国在气候变化领域已经做了什么、为什么会这样做，以及未来可能会怎么做。

在本书中，我们试图回答中美两国为什么在气候政策上有明显不同的表现，以下就是想要解答的几个主要谜团。

· 为什么美国的气候政策倾向于"自下而上"（bottom-up），而中国倾向于"自上而下"（top-down）？

· 尽管美国总是在国际上宣扬基于市场（market-based）的政策，但迄今为止它为什么并未采取经济有效和成本最低的市场型气候政策？

· 为什么中国在以行政措施为主的政策环境下，会开始采用排放权交易（emissions trading）的手段？为什么美国曾经利用这一政策工具成功解决了传统的空气污染问题，却不用它来解决温室气体排放问题？

· 为什么美国的气候政策主要采用行政管制措施（regulatory approach），即使它历来声称倾向于基于市场的环境政策方法？

· 中美两国为什么要制定各自的国家排放目标？它们是如何制定的？这些目标是否足够严格？

· 为什么对于气候政策的执行，在美国似乎相对容易，而在中国却较为困难？

· 个人领导力怎样影响这两个国家的气候政策？两国的领导者们如何受到不同的约束？

· 两国制度和行政体系的差异如何影响各自国家的气候政策决策？

· 为什么国际协议在中国似乎比美国更能得到认同和欢迎？

三、本书的主要观点

首先，我们不应期望中美两国在政策上采取相同的做法，因为他们有着不同的历史、文化和制度，而且处于不同的经济发展阶段。两国具有不同的国情，采用不同的标准评估可行的政策，各自的目标也不完全相同。因此，两国所采取的政策措施也必然不同。

其次，通过更好的相互了解，我们或许能够改变互不信任的态度，至少转向一种带有谨慎怀疑的接受，甚至可能更好的是，促进彼此采取更切合实际的方式展开合作。同情和理解是建立伙伴关系的基础。通过更好地理解彼此的差异和各自所面临的特定约束，我们将了解对方的根本利益所在，从而使两国今后的谈判更加富有成效。我们需要更多的知识、更少的怀疑、更尊重基本的不确定性，我们必须互相学习彼此的经验。

在我们看来，中国的政策进程表现出一种"战略实用主义"（strategic pragmatism），而美国的政策进程则以"审慎渐进主义"（deliberative incrementalism）为特征。中国共产党是中国的领导核心，使其在制定政策时可以采取一种战略性的方法。尽管中国的政策过程仍可被认为是"分散威权主义"（fragmented authoritarianism）（Lieberthal and Oksenberg, 1988），但自改革开放以来，随着经济实力的加强，中国政府能将财政资源集中在优先事项上以实现特定的目标。中国政府可从更长远的角度考虑问题，制定战略规划，并以务实和系统的方式加以实施。中国的文化往往赋予政府更多的权力和责任以建设一个美好的社会。儒家传统相信每个人均应致力于道德和善行以达到社会的和谐，而国家领导人在其中常常被认为有带领和引导民众的任务。中国共产党提倡的"中国梦"概念，就体现了每个中国人通过"中华民族伟大复兴"的进程走向繁荣未来的理念（新华社，2017a）。

美国的政策进程具有"审慎渐进主义"的特征。随着不同政党在不同时期选出新的领导人，美国的政策方向时而前进、时而后退。选举周期很快就会到来，所以政治家们更关注的是短期的、象征性的胜利，而非朝着长期的目标采取务实的步骤。美国人一直对未来持乐观态度，他们信奉诸如美国是一个"光辉的山巅之城"（shining city upon a hill，里根总统口号）[1]、"希望"（hope，奥巴马总统口号）、"让美国再次伟大"（make America great again，特朗普总统口号）这样的话语，因为他们生来就相信个人有能力实现更好的生活。美国政府领导人寻求的是渐进式的改善。随着时间的推移，国家的共识逐渐凝聚，杰出的政治家采取行动以协调一致，最终形成诸如《清洁空气法》（Clean Air Act）这样的重要法律。我们将在本书第七章中详细讨论上面所提出的概念。

最后，气候政策是一个窗口，通过它可以进一步了解中美两国处于进展之中的更广泛政策进程。我们将不断增进对气候政策进程的理解，获得相关的洞见，进而更全面地了解彼此的政策制定结构、参与者、过程和方法。

四、本书的路线图

本书第二章介绍了中美两国近期的政策概况，分析了两个国家的国情、经济增长的构成并解释已有的政策。第三章首先评估了中美两国的公众对另一国政府和气候变化的看法，然后系统比较两国的政府结构、参与者、过程和方法，并以气候政策为例进行说明。第四章和第五章提供了政策制定过程的两个案例研究：第四章专门讨论国家减排目标的形成，即两国怎样开始设定气候政策的目标；第五章分析如何通过具体政策和执行程序来实现这些目标。第六章综合分析两国气候政策的结果为何产生差异，

---

[1] "A city upon a hill"（山巅之城）源自《圣经》马太福音五章十四节，耶稣说："你们是世上的光。城造在山巅，是不能隐藏的。"美国政治家引用此语，意指美国要做全世界的标杆和模范。——译者注

强调了其中7个主要的方面。第七章是全书的总结，回应了上面所提到的错误流行观念，解答了相关的困惑和问题，并对美国和中国的政策制定方法进行了更全面的描述。附录则是两国在国家层面所采取的主要气候政策的概要清单，按照国家和政策的不同类型作了相应的区分。

本书基于两位作者20多年的研究积累，他们分别在中美两国生活多年，深入地了解两国在政策、文化、政府、商业环境、教育和日常生活方面的异同。两人均是对政府有直接经验的研究者。凯莉·西姆斯·加拉格尔目前是美国塔夫茨大学弗莱彻学院（Fletcher School，Tufts University）的能源和环境政策教授，她曾于2014—2015年在美国白宫科技政策办公室（White House Office of Science and Technology Policy）和美国国务院气候变化特使办公室（Office of the Special Envoy for Climate Change）担任高级政策顾问。宣晓伟是中国国务院发展研究中心的资深研究员，国务院发展研究中心是一个为党中央和国务院提供政策建议和咨询意见的国家智库（国务院发展研究中心，2013）。

因此就本书的写作而言，部分是基于我们的直接经验，但也相当依赖于原始的材料，尤其是政府文件。此外，现有学者的文章、研究机构的报告以及媒体的新闻报道也是必不可少的资料来源。我们完成了一份两国自2000年起国家层面的气候政策综合清单，通过对两个案例的详细研究，我们回顾了两国政策制定的进程，并深入分析两国的复杂政策制定过程是如何运作的。

总之，我们撰写本书的主要目的是揭开两国在公共政策特别是气候政策上的神秘面纱。我们注意到，相互猜忌是多么容易，互不信任是多么迅速，误解会使两国关系迅速变化。在本书中，我们明确了中美两国所存在的一些根本性差异，这些差异解释了为什么两国在气候政策上不可避免地会有截然不同的做法；但同时也指出了两国的共同之处，这些共同点有助于两国之间更好地相互理解。作为研究者，我们致力于厘清两国政策过程的异同，并希望以此更新关于两国政策过程的普遍认识。

第二章　气候政策的背景和概览

　　尽管美国和中国是全球最大的两个温室气体排放国，但它们的国情截然不同。分析应对气候变化的政策，必须首先理解政策制定和实施的背景。本章首先描述了中美两国的能源禀赋、经济发展水平、当前面临的紧迫挑战、公众对气候变化现象的态度。然后，本章的其余部分概述了两国现有的气候政策。

一、能源资源

　　能源供应的来源对一个国家的常规空气污染和温室气体排放均有很大的影响。在化石燃料中，煤炭的使用通常造成最多的污染，天然气则最少，石油介于两者之间，但三者的实际排放量在很大程度上取决于用于开采、生产和消费这些燃料的技术。发电厂在使用煤炭时，碳排放强度一般是天然气的两倍以上，而基于煤炭的技术通常具有更高的碳排放因子（见表2-1）。

表2-1 发电厂燃烧过程中的平均直接排放因子

类型	tCO$_2$e/MWh
天然气联合循环（natural gas combined cycle）	0.370
煤粉燃烧（coal pulverized combustion）	0.744
带二氧化碳捕获和封存技术的天然气联合循环（natural gas combined cycle with CCS）	0.047
带二氧化碳捕获和封存技术的煤粉燃烧（coal pulverized combustion with CCS）	0.121

资料来源：IPCC AR5，WG Ⅲ，annex Ⅱ，表 A. Ⅱ .13，第1307页，下载自 https：//www.ipcc. ch/pdf/assessment-report/ar5/wg3/ipcc_wg3_ar5_annex-ii. pdf。

无论是燃煤发电厂，还是天然气发电厂，从技术上都可以捕获并封存由此产生的二氧化碳，但截至2017年，此项技术的成本仍然高得令人望而却步。需要指出的是，如果天然气在开采和生产过程中发生泄漏，那么由于甲烷（天然气的主要成分）在10年和20年的时间内具有很高的全球变暖潜值（global warming potential，GWP），它将导致温室气体的总排放量急剧增加（IPCC，2014）。美国和中国的发电厂通常不用石油作为燃料，石油主要用于运输部门。核能、水力发电、太阳能、风能和地热能都是相对低碳和低污染的传统能源，但它们均不能被认为是零碳排放的能源，因为这些技术的生产过程也会造成污染。

美国和中国都拥有极其丰富的煤炭资源，这对两国来说既是好事，也是坏事。说"好事"是因为煤炭推动了工业革命，促进两国的经济发展和减贫；说"坏事"则是因为煤炭是碳排放强度最高的燃料，也是温室气体排放、常规空气污染、酸雨以及相关健康问题的罪魁祸首。

中国在进行改革开放约10年后（1987年）所估计的可采煤炭储量仍低于美国，而到了2016年，中国的可采煤炭储量已经提高到与美国大致相当的水平（见图2-1）。2017年中国可采煤炭储量占世界总量的21%，按现有的开采速度，中国可采煤炭储量仅能继续维持72年。即便如此，中国仍在大量利用煤炭来支持其快速工业化的战略。在19世纪末和20世纪，美国的工业化也主要依赖煤炭。但在第二次世界大战后，美国实现了燃料供应的多元化。2017年，美国的可采煤炭储量占世界总量的22%，储采比（reserves-to-production ratio）为381（BP，2017）。

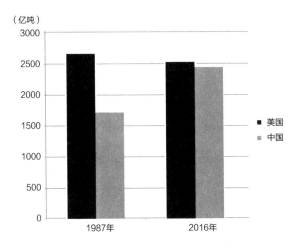

图2-1 美国和中国的可采煤炭储量

资料来源：有关1987年的数据参见"能源观察组"（Energy Watch Group）的《煤炭：资源和未来生产》（*Coal: Resources and Future Production*），2007年第1/07报告；"能源观察组"的数据信息是英国石油公司（BP）发布的《世界能源统计评论》（*Statistical Review of World Energy*）的早先版本。有关2016年的数据则来自BP（2017）。

就天然气而言，中美两国都拥有储量丰富而品种不同的资源，但直到20世纪下半叶之前，两国并未进行正式的开发。美国在1950年以后才真正转向传统天然气的大规模开采；世纪之交后随着技术和经济上变得可行，非常规的页岩气开采也开始进行。美国国内相对廉价的天然气供应充裕，导致电力生产商大幅将燃料从煤炭转向天然气。这种燃料转换极大有助于减少美国的二氧化碳排放，因为与煤炭相比，天然气是一种碳密度低得多的燃料。相对美国而言，中国起初拥有的常规天然气资源较少，但页岩气资源则丰富得多（尽管目前基本上还没有被开发利用）。中国页岩气资源的地质条件比美国复杂得多，开采也更具挑战性，因此除了重庆和四川等西南省份，目前中国其他地区的页岩气生产因成本过高而难以盈利。中美两国天然气的储量远不如煤炭那样在全球占主导地位。目前，即使包括新发现的页岩气，美国的天然气储量仅占全球总量的5.2%，而中国仅占1.8%。

如表2-2所示，中美两国均幸运地拥有可再生能源的巨大潜力，包括风能和太阳能。美国可再生能源的禀赋因地区而异，但总体上还是很丰富的。与美国类似，中国不同地区的可再生资源潜力也存在明显差异。中国最好的太阳能资源位于北部和西部地区，最好的风力资源位于内蒙古、新疆和甘肃等北部和西部省份以及近海区域（中国国家能源局，2017）。

表2-2　可再生能源资源潜力的技术评估

单位：吉（10^9）瓦

	中国	美国
水电（hydro）	400~700	153
陆上风电（onshore wind）	1300~2600	10955
海上风电（offshore wind）	200	4224
公用设施光伏（solar PV：utility）*	2200	1218
屋顶光伏（solar PV：rooftop）	500	665

注：* 不包括集中光伏资源。

资料来源："IRENA REMap 2030 China"（2014年11月）和"IRENA REMap 2030 USA"（2015年1月）（IRENA，2014），见 irena.org/remap。

二、能源消耗

中美两国已拥有了各种各样的能源资源，下一个问题是如何利用这些资源。对这个问题的简单回答是：目前中国对煤炭的依赖程度远高于美国，而美国则更依赖于天然气，两国均在竞相开发可再生能源。

2016年在中国能源消费中，煤炭占62.0%，石油占18.5%，天然气占6.2%，非化石能源占13.3%（中国国家统计局，2018）。相比之下，在美国的能源消费总量中，煤炭占18%，石油占40%，天然气占25%，非化石能源占21%（EIA，2018a）。这种初始的能源结构差异致使与美国相比，中国应对气候变化的挑战更为艰巨。重要的是要认识到，中国为减少煤炭在一次能源供应中的比重已付出了巨大努力，并取得了显著成功。在1999年左右，煤炭还占据中国一次能源供应的75%。这表明中国燃料供应多元化的步伐是相当迅速的（IEA，1999）。

中美两国另一个主要的结构不同是中国的工业能源消耗所占总消耗的比重为49%，远大于美国的17%。这意味着与美国相比，中国的经济增长与能源消耗和温室气体排放之间的联系更为密切（IEA，2017b）。因为中国许多制造业的产品是面向出口的，所以也可以说，国外进口商通过贸易将二氧化碳排放"转包"（outsourcing）给了中国。事实上，中国是全球出口商品所含二氧化碳排放量最大的国家（Davis and Caldeira，2010）。与此同时，中国的商品出口到其他国家，虽然增加了中国的二氧化碳排放，但为中国的制造业提供了就业机会，并为国内生产总值作出了贡献；而其他国家尽管减少了国内的二氧化碳排放，但会因制造业及其相关就业的丧失而遭受经济损失。

三、温室气体排放的来源

由于能源禀赋和经济结构的不同，中美两国温室气体排放的来源也有很大差异。图2-2显示了两个国家不同部门对温室气体总体排放的贡献。很明显，由于中国对煤炭的严重依赖，能源消耗占据了中国碳排放的大部分。在中国由能源消耗所排放的二氧化碳中，有37%来自制造业。能源消耗也是美国温室气体排放的最大来源，尽管其排放量明显小于中国。对中国来说，非能源消耗的工业生产过程（如水泥生产）所排放的二氧化碳也有较高占比。而在交通运输方面，美国的二氧化碳排放量则超过中国。

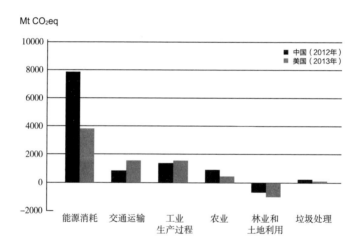

图2-2 温室气体排放的来源

注："工业生产过程"不包括工业部门消耗的能源，"能源消耗"是指所有部门所消耗的能源。

资料来源：中国政府（2016a）；美国国务院（2016）。美国的数据包括所有的温室气体排放。在中国的数据中，能源消耗和交通运输的温室气体排放仅包括二氧化碳，其他方面的温室气体排放则包括二氧化碳、甲烷（CH_4）和一氧化二氮（N_2O）。

四、经济发展

当前，美国和中国的经济状况存在着根本性的差异。20世纪末，中国经济迅猛增长，与缓慢增长的美国经济形成了鲜明的对比。中国已经成为制造业的世界工厂，而美国当时正经历一个痛苦的去工业化过程。2010年以后，中国的经济增长开始放缓，中国试图从出口导向型的制造业大国转向各类产业发展更为平衡、更为依赖国内消费的经济体。尽管在许多美国人看来，中国已是一个富裕的全球挑战者，但大多数中国人认为自己仍生活在一个发展中国家，事实也的确如此。

2017年中国的人均年收入只有8069美元，相比之下，美国的人均年收入为56116美元（按照常规的市场汇率法计算）；如果采用购买力平价方法，中国的人均年收入水平则提高到14451美元（World Bank，2017）。这些人均年收入是全国的平均水平，它们掩盖了显著的收入不平等。在中国，2016年城市居民的收入是农村居民的2.7倍（中国国家统计局，2018）。在美国，城乡收入的差距并不大。2016年美国农村居民的人均年收入为52386美元，而城市居民的人均年收入为54296美元。但美国不同州的农村地区收入差距则更为明显，最高的康涅狄格州（Connecticut）农村人均年收入为93382美元，而最低的密西西比州（Mississippi）只有40200美元（US Census Bureau，2016）。

两国的经济结构也存在着显著差异。如表2-3所示，金融、保险和房地产业是美国经济的主要驱动力，其次是制造业、商业和专业服务业等。在中国，制造业仍然占据经济的主导地位，占国内生产总值的29%，金融、保险和房地产业以15%位居第二。

表2-3 不同行业占国内生产总值的比例

单位：%

	美国（2016年）	中国（2016年）
农林牧渔业	1	9
制造业	12	29
采矿业	1	2
建筑业	4	7
批发零售业	12	10
信息业	5	3
金融、保险和房地产业	21	15
商业和专业服务业	12	6
教育医疗	9	6
艺术休闲	4	1
政府部门	13	4
其他	6	8

资料来源：美国数据来自经济分析局（Bureau of Economic Analysis），2017年4月17日发布，参见 https://www.bea.gov/iTable/index_industry_gdpIndy.cfm。中国数据来自《中国统计年鉴2018》（中国国家统计局，2018），表3-6分行业增加值计算，参见 http://www.stats.gov.cn/sj/ndsj/2018/indexch.htm。

五、经济增长战略

1978年后，中国开始推行对外开放，主要实施两种经济发展战略：从计划经济转向市场经济；学习借鉴日本和韩国出口导向的东亚发展模式。在后一方面，中国政府在产业政策上采取了强有力的措施，促进出口导向型行业的发展。与其他东亚经济体相比，中国更为依赖国外的投资（Kroeber，2016）。进入21世纪后，中国政府的发展战略更加注重发挥市场的作用，继续进行国有企业的改革（虽然这些并非全新的内容），同时推进"循环经济"以减少污染和提高效率。

此外，中国的经济发展战略还非常重视科技和创新，提出了"科学发展观"，强调"坚持以人为本，树立全面、协调、可持续的发展观"（新华社，2007）。随后，中国提出了要走"创新驱动的经济增长模式"，这意味着一种更少资源消耗、更少二氧化碳等污染排放的发展模式。中国还呼吁要建立"生态文明"的发展模式，即尊重和保护自然、节约资源、保护环境、促进循环利用和可持续发展（新华社，2017a）。

美国正在经历一场完全不同的经济转型，即去工业化、制造业的丧失和对服务业的更多依赖。美国制造业的就业人数从2007年经济衰退前的峰值1400万人，下降到2010年的低点1150万人，并于2017年1月回升至1240万人（BLS，2018）。美国政府不像中国政府那样有明确阐述和实施的经济增长战略。2015年奥巴马政府任期将结束时，白宫发布了一项《美国创新战略》（Strategy for American Innovation）。这一战略强调了三方面的内容：加强在研发（Research and Development，R&D）和长期经济增长方面的投资；确定精准医疗、先进车辆等战略领域；使联邦政府本身更具创新性。

罗伯特·戈登（Robert Gordon）在颇具争议的著作《美国增长的起落》（*The Rise and Fall of American Growth*）中指出，第二次工业革命（1920—1970年）期间美国经济快速增长、民众福利迅速改善，而此后再也没有出现如此强的驱动力和与之相匹配的增长步伐。他悲观地预测未来几十年美国的经济增速将会放缓、福利改善程度下降。因为自1970年以来，美国的创新更多地局限于信息技术和通信领域，并不像第一次工业革命和第二次工业革命那样影响广泛。此外，他还指出了美国经济目前面临的困境，包括不平等加剧、教育停滞、劳动力参与率下降以及人口老龄化带来的财政需求增加等（Gordon，2016）。

六、美国的气候政策概览

特朗普在2016年当选总统后，一直指示其政府机构努力撤销在奥巴马总统期间发布的气候法规，并决定退出《巴黎协定》。美国国家环境保护局（EPA）时任局长斯科特·普鲁伊特（Scott Pruitt）曾担任过油气生产大州俄克拉荷马州（Oklahoma State）的检察长，长期以来反对环境领域的监管，他积极承担起了特朗普赋予的任务。在特朗普执政的头6个月里，普鲁伊特就提交了一份旨在削弱或撤销"清洁电力计划"（Clean Power Plan，CPP）的建议，并推迟了一项要求化石燃料公司限制石油和天然气井甲烷泄漏的规定（Davenport，2017）。据报道，他还在美国国家环境保护局内部启动了一个正式的项目，以挑战主流的气候科学（Holden，2017）。普鲁伊特所针对的法规是否会真得被废除，实际上将由法院来决定，这一过程可能历经数年。正如哈佛大学法学院教授乔迪·弗里曼（Freeman，2016）所言："环境保护局负责制定和修改规则……这需要有一个发布和评估的程序，通常需要历时至少一年，经常会是两年，有时甚至更长时间。"质疑者必然会对环境保护局的上述行为提起诉讼，而环境保护局则不得不在法院为自身辩护，提供足够的证据以说服审查法官，让其相信环境保护局的行为并非"武断或反复无常的"。[1]

在前总统奥巴马的领导下，美国气候政策逐步从以往的被动转向了更为积极主动的状态，开始颁布大幅减少温室气体的重点计划。在第一届任期内，奥巴马政府只出台了一项重要的新气候政策；但在第二届任期中的2013年，其发布了气候行动计划的其余组成部分。奥巴马政府的方法是试图应对所有的温室气体排放，而不仅仅是二氧化碳，也包括土地利用变化和林业（Land Use Change and Forestry，LUCF）造成的排放。

美国的温室气体排放总量最早在2007年就达到峰值，为74.42亿吨二氧化碳当量（CO_2eq）。奥巴马总统在2009年于哥本哈根举行的国际气候变化谈判中，承诺到2020年美国的温室气体排放在2005年的水平上减少17%。在《巴黎协定》中，美国进一步承诺到2025年将在2005年的水平上削减26%~28%。截至2016年，美国的温室气体排放量（包括土地利用变化和林业）已比2005年下降了10%，这使美国走在了实现哥本哈根目标的轨道上。美国的温室气体排放主要来自二氧化碳，而电力（占36%）和交通（占36%）这两个部门是二氧化碳排放的主要来源。在美国工业生产过程所导致的二氧化碳排放中，最大来源是钢铁行业，其次是水泥行业和石化生产行业。甲烷排放的三大来源依次是动物消化（肠道发酵）、天然气生产和垃圾填埋。到目前为止，一氧化二氮（N_2O）排放的最大来源是农业土壤管理（agricultural soil management），占到其总量的77%（EPA，2018）。

自2005年以来，美国温室气体减排主要来自电力部门和交通部门。2005—2014年，电力部门的温室气体排放量下降了13%，交通部门的排放量下降了8%。住宅和工业部门的排放量也有所下降，商业部门则略有增

---

[1] 参见 http：//environment. law. harvard. edu/postelection/。

加。而温室气体排放增长的最主要来源是天然气生产部门，其排放量在同期增加了40%（EPA，2018）。

美国温室气体排放的变化趋势是市场力量、人们行为方式和公共政策共同作用下的产物。市场力量对电力部门二氧化碳排放量的下降作出了巨大贡献，美国的页岩气革命使廉价天然气的供应增加，促使许多电力生产商关闭旧的、碳密集型的煤电厂，代之以更清洁、更高效的天然气电厂和基于可再生能源的发电设施。在交通部门，更为便宜的石油使美国消费者每年驾车行驶的距离越来越远，其车辆行驶里程（Vehicle Miles Traveled，VMT）1990—2004年增加了37%（EPA，2018）。这一增长抵消了由汽车燃油经济性标准（fuel-economy standard）收紧所带来的有限的整体收益。直到2008年之后，交通部门的排放量才开始下降。如图2-3所示，近年来美国新轻型乘用车（light-duty passenger vehicles）的"销售加权燃油经济性"（sales-weighted fuel economy）显著上升，奥巴马政府于2012年颁布了新的燃油经济性标准，计划到2025年将其提高到54.5英里/加仑（Miles per Gallon，MPG）。[1]

---

[1]　1加仑约为3.785升，1英里约为1.609公里，1英里/加仑约等于0.425公里/升。
——译者注

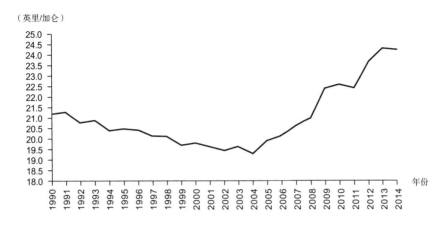

（英里/加仑）

图2-3 1990—2014年美国新轻型乘用车的"销售加权燃油经济性"

在电力部门，由煤炭消耗所排放的二氧化碳量2005—2014年下降了21%，而同期天然气消耗产生的二氧化碳排放增加了39%，公用设施和分布式发电所产生的可再生能源电力在2006—2015年则增长了46%（EIA，2016a）。煤炭发电量减少、天然气发电厂增长以及可再生电力增长共同导致2005—2015年电气部门的温室气体排放量净减少了15%（EPA，2018）。

美国国会从未通过任何形式的综合性气候立法。然而在奥巴马执政期间，国会确实通过了一系列重要的财政激励措施以支持可再生能源和低碳能源，这些措施激发了私人可再生能源市场的发展，其中最显著的激励措施是美国能源部（DOE）实施的贷款担保计划（loan guarantee program）以及为可再生能源的生产和投资提供税收抵免（tax credits）。

贷款担保计划出台于2005年《能源政策法》（Energy Policy Act），并在2009年《美国再投资与复苏法》（American Reinvestment and Recovery Act）中得到了大幅加强。截至2016年6月，该贷款项目的办公室已为美国的清洁能源项目发放了320亿美元的贷款和贷款担保（DOE n.d. –b）。作为《综合拨款法》（Consolidated Appropriations Act）的一部分，可再生能源生产税收抵免（Production Tax Credit, PTC）在2015年被延长至2019年（DOE n. d. –d）。该法还将可再生能源的投资税收抵免（Investment Tax Credit, ITC）延长至2022年（DOE n. d. –a）。在奥巴马执政期间，国会还支持小幅增加投入，以推动能源技术的研究、开发和示范（Gallagher and Anadon, 2017）。

尽管奥巴马一再表示，他更倾向于采用基于市场的方式推动温室气体减排，即采用基于限额和交易计划（cap–and–trade program）或征收碳税（carbon taxes）的方式，但美国国会拒绝通过类似的气候立法。这一现实迫使奥巴马政府必须利用现有气候立法下的管制规则，力所能及地减少温室气体排放，目前生效并已在法庭上经受住考验的最重要的管制行动与运输部门有关。自2009年以来，美国国家环境保护局（EPA）和美国国家公路交通安全管理局（National Highway Traffic Safety Administration, NHTSA）根据《清洁空气法》（Clean Air Act）授予的权限，发布了两个新阶段的轻型乘用车（light–duty passenger vehicles）标准，最终要求在2025年新燃油经济性达到54.5英里／加仑以及将二氧化碳排放量降至163克／英里（US Department of State, 2016）。类似地，美国国家环境保护局和美国交通部（Department of Transportation, DOT）在2011年发布了首个针对重型车辆（heavy–duty vehicles）的温室气体排放和燃油经济性的标准。

在电力部门，奥巴马政府的标志性举措是制定了"清洁电力计划"（Clean Power Plan, CPP），依据《清洁空气法》，该计划欲到2030年将发电厂的二氧化碳排放量在2005年的水平上减少32%。国家环境保护局已于2015年8月发布了关于"清洁电力计划"的最终规则，但该规则立即在法庭上受到了挑战。在撰写本书时，美国最高法院尚未就法规是否能够生效作出裁决。与此同时，奥巴马政府还承诺，将通过内政部

（Department of the Interior, DOI）允许在国有土地上建设20吉瓦（GW）的可再生能源。截至2016年，已批准建设的可再生能源装机容量超过了10吉瓦。美国农业部（USDA）还通过"美国农村能源计划"（Rural Energy for America Program）加快可再生能源的部署，该计划为10700个项目提供了7.89亿美元用于安装可再生能源系统，或在农村小型企业、农场和牧场推进能效升级（US Department of State，2016）。图2-4描绘了2006—2014年美国可再生能源供应的增长情况。

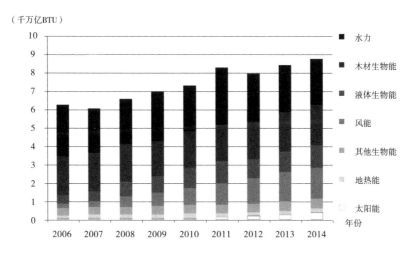

图2-4　2006—2014年美国可再生能源供应

资料来源：EIA，2016b。

根据《能源政策法》，美国能源部有权颁布家电和工业设备的能效标准，2009—2015年更新或发布了34项新的能效标准。对于建筑标准，联邦政府则没有相应的管制权限，但奥巴马政府推出了一项不具强制约束力的"更好建筑的挑战"（Better Buildings Challenge）政策，旨在推动到2020年将建筑的能效提高20%。

虽然二氧化碳是美国最主要的温室气体，但其他温室气体对气候政策目标的实现至关重要，它们的排放量也很显著，而且有些气体的排放量可以迅速减少并对气候产生近期的影响。为了减少氢氟碳化物（Hydro Fluoro Carbons，HFCs）的排放，美国国家环境保护局在2015年制定了一项规则，禁止使用一些温室效应密集程度高的氢氟碳化物，并在其"重要的新替代物政策"（Significant New Alternatives Policy，SNAP）项目中扩大了可接受的替代物名单。美国国家环境保护局还在2015年提出了一项减少石油和天然气行业甲烷（methane）排放的规定，并制定了两项减少垃圾填埋场排放的提议。这些拟出台的规则仍需最终确定并在法院经受住挑战后才能生效。

鉴于国会在气候立法领域的不合作态度，从2005年以来，州政府和地方政府自身制定了大量的新气候政策。已有37个州出台了可再生能源配额标准（Renewable Portfolio Standards，RPS），要求在规定日期前其可再生能源产量达到一定的比例。目前美国主要有两个地方性的排放交易项目。一个是东北部各州的区域温室气体行动（Regional Greenhouse Gas Initiative，RGGI），旨在减少该区域电力部门的排放。该计划经修订后，欲在2020年前将每年的排放限额依次减少2.5%，以达到2020年的排放量比2005年水平减少50%左右的目标。另一个是加利福尼亚州的《全球变暖解决方案法》（Global Warming Solutions Act），它要求通过限额与交易计划（cap-and-trade program）等措施，到2020年将加利福尼亚州的温室气体排放减少到1990年的水平（US Department of State，2016）。

表2-4列出了迄今为止讨论过的最重要的联邦和州气候政策，以及美国政府各项政策在2020年减排影响的估计。如表中所示，预计氢氟碳化物法规（HFC regulation）、车辆性能标准（Vehicle Performance Standards）、清洁电力计划（Clean Power Plan）和能源效率标准（Efficiency

Standards）在2020年对二氧化碳减排的影响较大。如果缺少清洁能源计划或州一级的补充政策，美国将难以实现2025年的减排目标。美国气候政策制定的详细清单参见本书附录。

表2-4　美国联邦政府的气候政策和在2020年对减排的影响

具体政策	实施情况	政策类型	在2020年的影响（Mt CO_2eq）
国家环境保护局对消耗臭氧物质的"重要的新替代物政策"（SNAP）	已实施	管制型（regulatory）	317
轻型乘用车的二氧化碳性能标准	已实施	管制型	236
器具、设备和照明设施的能效标准	已实施	管制型	216
能源之星（Energy Star）标志项目	已实施	管制型	136
可再生能源的投资和生产税收抵免*	已实施	财政型（fiscal）	39~101
清洁电力计划**	已制定，2017年被撤销	管制型	69
石油和天然气部门挥发性有机化合物的新排放源性能标准	已实施	管制型	48
重型车辆的二氧化碳性能标准	已实施	管制型	38
能源部清洁能源贷款担保项目	已实施	财政型	14

注：* 仅包括对生产税收抵免的影响估计，年度影响额是从国家可再生能源实验室（National Renewable Energy Laboratory，NREL）2016年报告中通过2016—2030年的累计额计算得出；** 使用"速率基准法"（rate-based approach）得出在2020年的

影响额，到2030年其影响为415Mt CO_2eq，参见 https：//www.epa.gov/sites/production/ files/2015-08/documents/cpp-final-rule-ria.pdf。

资料来源：US Department of State（2016）、NREL（2016）和 EPA Archive（2017）。

七、中国的气候政策概览

中国历来擅长长期政策的制定，要了解中国的气候政策，考察政策如何随着时间演变，最好的起点是通过其五年规划（five-year plans）。与此同时，某些类型的气候政策由特定的政府部门来负责，我们也将通过部委、各级地方机构和部门来考察中国的气候政策。

中国最重要的气候政策是中央政府为应对气候变化而制定的具体目标（或指标），如碳强度（carbon intensity）、能源强度（energy intensity）、能源消费总量（total energy consumption）、煤炭消费总量限额（overall coal consumption caps）、可再生能源在整体能源结构的比重（share of renewables in the overall energy mix）等，这些目标大多是在五年规划的背景下设定的。在《中美气候变化联合声明》中，中国首次提出了一个目标：在2030年左右达到排放峰值。上述目标的制定和评估过程主要是在政府各部门内进行的。

实现这些目标的责任会进一步分解传递到各级地方政府，上级政府负责评估下级政府的表现。例如，中央政府会设定省级政府[1]的目标并评估其表现。有些情况下，中央政府将对省级以下的地方政府开展直接督导，比如在"十一五"（2006—2010年）期末，当国家能源强度目标的实现存

---

[1] 中国的省级政府在政府行政架构中的级别为省部级的政府，包括省、自治区和直辖市，以下同。——译者注

在困难时,中央政府派出了督导小组推动地方政府的执行(中国国务院,2010a),这种目标责任制(target-responsibility system)能够直接影响各级政府的行为。

自2000年以来,中央政府颁布了近百项重要的气候变化政策(详细清单参见附录),这些政策大部分会随着时间的推移而不断修订和更新,以与中国的五年规划相协调。除此之外,中央层面还存在许多更具体领域的气候政策。与美国类似,中国的省级政府和省级以下的地方政府也出台了许多自身的气候政策。表2-5显示了在中国近百项气候政策中那些较为重要的措施。

表2-5 2006—2015年中国中央政府的气候政策及其平均每年的减排效果评估

具体政策	实施情况	政策类型	平均每年的减排影响（Mt CO_2eq）*
非化石能源比重在2020年达到15%、2030年达到20%	已实施	管制型（regulatory）	194
天然气比重在2020年达到10%	已实施	管制型	58
终端用途产品的节能标志	已实施	管制型	32
工业部门的节能行动**	已实施	管制型	423
可再生电力的税收激励	已实施	财政型（fiscal）	63
新能源车的购置补贴	已实施	财政型	—
器具、工业设备和照明设施的能效标准	已实施	管制型	—

具体政策	实施情况	政策类型	平均每年的减排影响（Mt CO₂eq）*
可再生能源的投资和生产税收抵免	已实施	财政型	—
淘汰小型煤电厂和老旧煤电厂	已实施	管制型/产业型（industrial）	—
国家排放交易项目	2017年启动建设，2021年正式运行	市场型（market-based）	—
全国煤炭消费总量限额	已实施	管制型	—
天然气、石油和煤炭的资源税	已实施	管制型	—
工业部门的升级和改造	已实施	产业型	
千家企业节能行动和万家企业节能行动 ***	已实施	管制型	76
绿色信贷政策	已实施	管制型	—
绿色债券政策	已实施	财政型	—

注：* 基于2006—2015年的平均值；** 基于2011—2014年的平均值；*** 其减排影响与"工业部门的节能行动"会有一些重复计算。

资料来源：表中一些政策来自附录，其他政策和所有估计的减排影响来自《中华人民共和国气候变化第一次两年更新报告》（中国政府，2016a），该报告于2017年7月14日提交给《联合国气候变化框架公约》（UNFCCC），参见 http：//unfccc.int/national_reports/non-annex_i_natcom/reporting_on_climate_change/items/8722.phpon 7/14/17。

中国许多的气候变化政策始于20世纪90年代末和21世纪初，或许是因为受到了1992年地球峰会（Earth Summit）和新签署的国际气候变化协议的影响。1992年《联合国气候变化框架公约》（UNFCCC）通过，中国于

1993年年初批准并加入了该公约（UNFCCC, 2017b）。中国的气候政策一直被看作具有促进"协同利益"的作用，因为所采取的大多数气候政策也为减少常规的空气污染、改善能源安全和提升经济增长提供了帮助。事实上，许多能源政策的主要推动力往往是上述目标之一，而这些政策在气候领域产生的益处也同时受到了欢迎。

最初几年，中国政府的政策重点是提高能源效率，其动机来自减少能源浪费、促进经济发展和增强能源安全。中国于1986年首次发布了建筑能效的设计标准（后来分别在1995年、2010年和2015年进行了更新）。在1999年，中国开始实施提升燃煤发电效率的计划，并持续修订至2016年。此外，中国在1999年制订了首个产能淘汰计划，目标是要淘汰各主要工业部门的落后产能。

"十五"时期（2001—2005年），中国政府极其重视经济增长，其设定的 GDP 年度增长目标为7%，但实际的年均增速达到了9.5%。与此同时，政府试图将研发支出提高到 GDP 的1.5% 以上，从而加快技术进步（中国政府，2001）。在"国家高技术研究发展计划"（亦称"863计划"）的支持下，科技部在新能源汽车（包括燃料电池、电动和混合动力汽车）和先进煤炭技术（包括燃烧前和燃烧后二氧化碳捕集技术）等方面启动了主要的能源研发和推广（Research Development & Depolyment，RD&D）项目。

从气候的角度来看，"十五"期间中国影响最深远的政策可能是建立了对可再生能源特许权的激励措施以及实施对可再生能源的税收优惠政策。与此相关的是中国于2005年通过了《中华人民共和国可再生能源法》，并于2009年进行了修正（全国人大常委会，2009）。国家发展改革委在2003年通过一项指令引入了风电特许权项目，并于2009年确定了风电的上网补贴电价（Feed-in Tariff，FIT），随之又确立了太阳能发电的上网补贴电价，此后对这两个补贴电价进行了定期的调整。国家发展改革委于2016年12月发布了关于陆上风电（onshore wind）和光伏发电（PV power）的上网补贴电价最新调整的通知。在美国和德国对中国的光伏产品采取了反倾销措施后，中国于2009年推出了"金太阳"工程以支持国内的太阳能产业发展。中国政府最初为并网光伏项目提供了50%的前期投入补贴，并鼓励农村地区的电气化而为其离网太阳能发电项目提供了70%的投入补贴（IEA，2017a）。随着太阳能光伏技术成本的下降，这些大量补贴在2012年以后也相应地逐渐缩减了。

国务院于2007年公布了首个全面的国家气候指导文件，即《中国应对气候变化国家方案》（国发〔2007〕17号）（国务院，2007a）。该方案概述了中国应对气候变化的目标、基本原则、重点行动领域以及初步的政策和措施。尽管该指导文件没有正式的约束力，但它向各级政府发出了一个明确的信号，表明气候变化这个特定问题的重要性。更详细的气候政策通常由相关部门制定和发布。该方案的发布可能与2009年年底在哥本哈根召开的国际气候谈判有关（但这项谈判失败了，直到2015年才达成《巴黎协定》）。

"十一五"时期（2006—2010年），中国政府主要致力于提高能效，这也有利于减少温室气体的排放（中国政府，2006）。"十五"期间，由于重工业和制造业产出的大幅增加以及对能源强度的控制不力，全国的排放强度反而上升（Zhang and Huang，2017），为此，"十一五"规划首次提出了"能耗强度"的约束性指标，即2010年的单位GDP能源消耗比"十五"时期末下降20%左右的目标。2007年《中华人民共和国节约能源法》进行了修订，同年，国务院印发了《节能减排综合性工作方案》，后者再次明确了能耗强度这一国家目标，并要求地方政府达到各自的能耗强度削减目标。能耗强度这一国家指标分别在2011年颁布的"十二五"规划以及2016年颁布的"十三五"规划中得到了保留和更新。国家发展改革委和国家质检总局（现为国家市场监督管理总局[1]）在2004年首次发布了能效标志，并于2016年进行了修订。2004年还发布了首个客车燃油效率标准。国家发展改革委、国务院国资委、国家质检总局等部门在2006年启动了"千家企业节能行动"（国家发展改革委，2006），该行动为钢铁、有色、煤炭、电力、石油石化、化工等9个重点耗能行业规模以上的大企业确定了强制性的节能目标，为了达到这些目标，企业获得了相应的补贴以升级安装更节能的设备；2011年这一行动的范围扩大到了1万多家企业（国家发展改革委，2011）。

"十一五"时期的另一个重点是《中华人民共和国循环经济促进法》的出台，以及国务院、国家发展改革委、工业和信息化部等下发的相关指导文件。2005年国务院发布了《加快发展循环经济的若干意见》（国发〔2005〕22号），这些意见逐步转化为相应的指导方针和行动计划，促进循环经济的主要目标是减少浪费、促进资源和材料的再利用。

"十二五"时期（2011—2015年）是中国国家气候政策制定的一个活跃阶段。在此期间，中美两国在2014年发布了关于气候变化的联合声明，国际社会经谈判达成了《巴黎协定》。国家发展改革委在2014年发布了《国家应对气候变化规划（2014—2020年）》（国家发展改革委，2014），该规划对"十二五"时期所制定的气候目标进行了确认和更新，即到2020年单位GDP二氧化碳排放比2005年下降40% ~ 45%，非化石能源占一次能

---

[1] 国家质量监督检验检疫总局是国务院主管全国质量、计量、出入境商品检验等工作并行使行政执法职能的国务院直属机构。根据2018年国务院机构改革方案，将国家质量监督检验检疫总局的职责整合，组建中华人民共和国国家市场监督管理总局。——译者注

源消费比重提高到15%。"十二五"规划也成为第一个包含国家气候适应战略的五年规划。

"十一五"时期和"十二五"时期，中国开始积极投入以大力推广电动汽车，这是基于中国的汽车制造商可以跳过内燃发动机汽车而直接转向电动汽车的理论。对中国的政策制定者来说，实现汽车的这种跨越式发展所带来的收益是非常可观的，中国就不需要进口那么多的石油（从1993年开始，中国成为石油净进口国），还可以降低对外国汽车制造商技术的依赖（Gallagher，2006）以及减少城市的空气污染。然而从气候的角度来看，电动车若依靠燃煤电厂发出的电力，实际上将导致温室气体排放量的净增加（Ji 等，2012）。所以，如果发展电动车要成为中国气候减排战略的一个选项，其电力系统还要逐步去煤炭化。2009年，中国启动了"十城千辆"工程，这是一个节能与新能源汽车的示范和推广项目，旨在通过大量的补贴刺激电动汽车的应用和部署，该项目随后扩展到88个城市。2012年，国务院发布了《节能与新能源汽车产业发展规划（2012—2020年）》，计划到2015年中国的纯电动汽车（Battery Electric Vehicles，BEVs）和插电式混合动力汽车（Plug-in Hybrid Electric Vehicles，PHEVs）累计产销量达到50万辆，到2020年纯电动汽车和插电式混合动力汽车生产能力达到200万辆。上述电动车的发展规划和指导文件都带有从2009年开始对电动汽车进行补贴的条款（这些补贴方案在2013年、2015年和2016年进行了持续的更新）。在大力推进电动汽车跨越式发展的同时，中国政府于2015年对乘用车出台了更为严格的燃油经济性标准，并于同年推出了首个重型卡车的燃油经济性标准。

"十二五"期间，中央政府选择在北京、重庆、上海、天津、广东、湖北和深圳共7个地区开展温室气体的限额与排放交易（cap-and-trade）试点，以获取开展碳交易的经验并准备建立全国性的排放交易市场。在2015年9月习近平主席和奥巴马总统第二次关于应对气候变化的联合声明中，中国政府计划在2017年启动全国碳排放交易体系。[1]2017年年末，该计划宣布将在电力行业开始实施排放权交易试点。此外，财政部在2011—2014年进行了资源税的改革，对原油、天然气和煤炭征收的资源税从"从量（产量）税"改为"从价（价值）税"。

"十三五"规划（2016—2020年）延续并深化了许多早期已经启动的政策。2016年，国家发展改革委发布了一份新的能源发展规划，即《能源发展"十三五"规划》（国家发展改革委，2016a），提出了到2020年将能源消费总量控制在50亿吨标准煤的目标[2]。中国还明确了非化石能源发展的新目标，即在2020年使非化石能源的比重提高到15%以上[3]。为实现这一宏伟目标，到2020年，核电、水电、风电和太阳能发电的装机容量需分别达到58吉瓦、340 吉瓦、210 吉瓦和110吉瓦。

国务院于2016年发布了《"十三五"控制温室气体排放工作方案》（国务院，2016a），这是继《"十二五"控制温室气体排放工作方案》（国务院，2011a）之后，国务院就控制温室气体排放的具体安排制定的第二个工作方案。方案设定了"到2020年单位GDP二氧化碳排放比2015年下降18%，碳排放总量得到有效控制"的目标。此外，国家发展改革委与住房和城乡建设部还在2016年发布了《城市适应气候变化行动方案》（国家发展改革委，2016b），并在2017年遴选了28个城市，启动开展气候适应型城市建

---

[1]《中美元首气候变化联合声明》，中国政府网，2015年9月26日。——译者注

[2] 2020年中国能源消费总量约为49.8亿吨标准煤。数据来源：《中国统计年鉴2021》表9-2"能源消费总量及构成"。——译者注

[3] 2020年中国非化石能源的比重为15.9%。数据来源：《中国统计年鉴2021》表9-2"能源消费总量及构成"。——译者注

设试点。

　　虽然本书主要关注国家层面的治理，但重要的是要了解中央政府的政策大部分是在地方得以执行的。此外，一些省级、市级、县级政府也会结合当地情况出台相应的气候政策和举措（尽管其采取的政策以及措施的严格程度差别很大），通常地方政府在实施自己重要的新政策和举措之前，都会征得上级政府的同意。

第三章　两国政策决策比较：结构、参与者、过程和方法

各国的政策决策过程如何运行？在本书中，我们将公共政策视为政府的决策，它们可以表现为法律（laws）、法规（statutes）、行政决定（executive decisions）或者通常所理解的影响人们行为的准则（norms）（Weible，2014）。作为比较分析，我们最感兴趣的是中美两国的政策制定和实施过程有何不同？为什么会有这些不同？它们又产生了怎样的不同结果？

鉴于中美两国治理体系的历史和现状存在着巨大的差异，因此对太平洋两岸的观察家而言，关于"对方政府如何决策"在很大程度上是神秘并令人困惑的。虽然中美两国的政策方法有着明显的不同，但它们也存在许多相似之处，本章将对此进行阐述。

在美国，1979年中美建立外交关系后，学界对中国政策决策过程的研究逐步开展，理解慢慢加深。最初能够深入中国政府机构进行访谈的美国学者数量很少，渐渐地，接触的条件得到了改善，一些外国人甚至开始能够与中国学者和政府官员合作开展政策研究。即便如此，在李侃如

（Kenneth Lieberthal）和米歇尔·奥克森伯格（Michel Oksenberg）发表了其开创性的著作（Lieberthal and Oksenberg, 1988）之后，美国对中国政策决策过程的学术研究却有所减弱。中国对中美政策进程的研究也是相对较晚的，但近年来有所增长（Lieberthal、Li and Yu, 2014）。一个里程碑事件是1981年中国社会科学院美国研究所的成立，这一机构专门从事美国政治、经济和社会政策的研究。

本章将更新和阐明过去30年来学者和观察家对美国和中国政策决策过程的认识，试图填补相关知识的空白，尤其是对中国政策决策过程的理解。在我们深入探究现今的政策决策过程之前，有必要先了解一下两国公众关于对方国家和气候变化的认识。

一、公众关于对方国家和气候变化的认识

公众观念的形成受到许多因素的影响，其中社交媒体尤其是网络平台发挥着越来越重要的作用，例如脸书（Facebook，现更名为"Meta"）、推特（Twitter，现为"X"）等。在中国，微信（WeChat）、微博（Weibo）等许多应用蓬勃发展。但事实上，社交媒体在美国的广泛使用，也致使气候怀疑论者和利益集团可以通过宣传"另类事实"（alternative facts）来散布对气候变化的质疑和混淆，无论这些"事实"在科学上多么站不住脚。

美国公众往往对中国形成一些错误和似是而非的看法。例如，一个普遍存在的误解是，认为中央政府能够实施任何其选择的政策。根据这一观点，那种不同利益集团之间的政治博弈就不会干扰中国政府的理性决策过程。再如另一个错误观念认为，中国不可能实行市场经济。与此同时，还有近一半的美国民众相信中国已经或即将取代美国成为世界头号超级大国（Wike, 2016）。

　　另一方面，许多普通中国人则错误地夸大了美国总统在制定政策方面实际拥有的权力。事实上，美国国会是宪法中唯一有权通过法律或授权财政支出的机构。此外，大多数中国人并不了解美国总统到底拥有哪些类型的行政权力（Wike、Stokes and Poushter，2015）。

　　气候变化是个尤其热门的话题，中美两国都存在不少怀疑论者。一些中国专家虽然不公开质疑气候变化问题本身的存在，但认为气候问题是发达国家阻碍中国发展的一种特殊手段（Qi and Chen，2017）。在美国，特朗普曾经在2012年的一条推特中宣称"全球变暖的概念是由中国人创造的，是为了让美国制造业失去竞争力"（Trump，2012）。截至2017年7月20日，这条推文被转发了105211次，获得了67509个点赞。

　　两国公众在气候变化问题的看法上存在较大的差异。根据 Tien Ming Lee 及其合作者（2015）的一项研究，超过75%的美国人知道气候变化问题，但只有略多于一半的人将其视为一种威胁（Lee et al.，2015）。在中国，略多于一半的民众知道气候变化问题，但只有不到一半的人认为这是一种威胁。关于气候变化的风险认知，最重要的是大多数中国人相信全球变暖是人为造成的，以及他们对本地空气质量不满。相比之下，在美国只有那些认识到气候变化问题风险很高的人才相信它是由人为污染造成的，并认为当地气温正在上升、政府应该加强对自然环境的保护。一项针对美国和中国大学生的调查发现，中国大学生接受气候变化是科学共识的比例要比美国大学生高得多（Jamelske et al.，2015）。与中国大学生相比，有更高比例的美国大学生表示对气候变化漠不关心。

　　与中国的情况非常不同，美国两大政党在气候变化问题上的分歧很深。与共和党人相比，民主党人更关注气候变化。本章后文和第六章将对此进行更详尽的讨论。由于共和党更为厌恶环境监管并已成为化石能源

行业支持的主要政党，因此两党之间的分歧日益加大。美国在20世纪70
年代陆续通过了《清洁空气法》（Clean Air Act）和《清洁水法》（Clean
Water Act）等环境保护领域的主要法律之后，不少行业认为一些环保监管
已经过度了。当共和党人罗纳德·里根（Ronald Reagan）在1981年当选总
统时，他认可了上述看法，并致力于弱化监管规则（Yang，2017）。

尽管两国民众对气候变化问题还缺乏足够的认识，但总的来说，中国
人似乎比美国人更愿意为解决这个问题而付出。2009年的一项民意调查
发现，68%的中国受访者支持拿出国内生产总值的1%来应对气候变化问
题；相比之下，只有48%的美国受访者愿意这么做。在应对气候变化的责
任感方面，中国仅次于孟加拉国，98%的中国人认为自己国家负有相应的
责任，而只有82%的美国人持有这一看法；77%的中国人认为自己国家
在2009年的气候变化领域做得还不够，而持同样观点的美国人的比例是
58%（World Bank，2009）。2015年的一项调查发现，与美国大学生相比，
中国大学生更愿意支持加入应对气候变化的国际协议（Jamelske et al.，
2015）。这些研究者在2017年对两国的成年人也进行了一项调查，发现两
国绝大多数成年人都支持就气候变化达成一项国际协议，但中国受访者的
支持程度更高。研究人员还发现，在其他条件相同的情况下，民众越多地
接触有关气候变化的媒体内容，就会越增加其对气候变化协议的支持。而
在美国，政治派别强烈地影响了人们对气候条约的支持（Jamelske et al.，
2017）。

然而，我们应该非常谨慎地对待上述公众调查的数据，因为在中国的
城市和乡村、沿海和内陆、发达地区和欠发达地区之间存在着明显的差
异。类似地，美国"红州"（倾向共和党）和"蓝州"（倾向民主党）之间
有着巨大的鸿沟，美国的东北部、东南部、中西部、西海岸、落基山脉和

西南部地区之间也有着显著的不同。

本章的其余部分将探讨美国和中国在政策决策过程中的做法，重点是围绕气候变化政策。这一章以及本书的其余部分均依赖于现有的学术文献，已公布的法律、法规和政策，本书的两位作者在政府服务和政策互动过程中的个人经历，以及对现任和前任政府官员、专家、商业领袖和非政府组织人士的访谈。所有的访谈都是在保证匿名的基础上进行的，目的是能让被访谈者畅所欲言。

为了阐明两国政策决策过程的异同，本章构建了一个比较分析的框架，接下来的几节将介绍这一框架。该框架对中美两国在政策决策中的结构、参与者和过程进行了比较。在本章的最后，我们探讨了两种政策决策体系的优缺点。

二、政策决策结构的比较

对于政治制度如此不同的两个国家，人们自然地会认为彼此间的政策过程是难以识别和比较的，在某些方面也的确如此，中国更容易避免立法的僵局，而这种僵局自20世纪90年代以来在美国的联邦层面已经成为一种惯例。与此同时，美国的司法系统保障了联邦政府的政策能够在各级政府中得到很好的实施，无论是在加利福尼亚州这样的强州，还是在科罗拉多州杰斐逊县（Jefferson County）这样的乡村地区，或是在马萨诸塞州贝尔蒙特（Belmont）这样的小城镇，联邦的政策都能够畅行无阻、有效落实。而在中国，中央政府负责所有的重大决策，政策的具体实施则主要依靠地方政府。因此，如何保证各级地方政府有效贯彻落实中央的政策，是令人困扰的长期问题。

　　尽管两国之间差别很大，但也有着许多类似的情况。例如在两国的决策体系中，个人的领导力发挥着关键的作用，他们起到类似企业家的角色，即充分利用自身的关系网络来塑造观念和推进政策。再如，两国的官僚机构都很强大，这些机构彼此之间往往互相竞争，政府官员必须通过谈判和协商来推进政策议程。而在每一项政策动议中，相关的利益集团和公司总是试图将自身的收益最大化和损失最小化。在本章中，我们梳理了中美两国之间政策决策结构的主要异同点。

　　在美国，共和党和民主党占据了主导地位。在中国，共产党是执政党，其他民主党派是参政党。美国的联邦、州和地方的各级政府机构是平行的，上级政府无权干涉下级政府的人事安排、也不能直接命令下级政府。在中国的政府机构中，地方各级政府要对上一级政府负责并报告工作，地方各级政府都服从中央政府的统一领导（《中华人民共和国宪法》第110条）。

　　美国和中国的决策结构之间最关键的区别在于政党的作用。在美国，政党主要在各级选举中扮演重要的角色。这意味着对美国政党而言，其最重要的任务就是帮助本党的候选人当选，以便可以在政府中占据不同的职位。美国的政党对党员的组织和控制较为松散，美国公民可以很容易地加入或退出政党，也可以保持无党派或独立人士的身份，但均有权参加各级选举的投票。简言之，美国政党并不直接控制政府，民众难以想象共和党或民主党会制定政策，然后交由政府官员执行。

　　中国共产党与美国政党的情形完全不同。中国共产党是一个纪律严明、组织严密的政党。与美国政党相比，中国共产党对政府事务的影响更加直接、广泛和深远，政府负责全面落实党的重大决策。我们将在本章后文和第六章中更详细地讨论政党的作用，但我们希望从一开始就明确这个根本的区别。

（一）美国的政策决策结构

在美国的联邦和州层面，议会（立法部门）、行政首长（行政部门）和法院（司法部门）之间的权力制衡对政策决策体系有着十分重要的影响（见表3-1）。一般来说，联邦或州的宪法赋予了各自的立法机构制定和通过新法律的权力，但新法律必须由总统（或州长）签署才能生效。如果总统（或州长）否决了一项法案，它将被退回立法机构进行重新审议。法律生效后，就赋予了总统（或州长）所统辖的行政部门实施（implement）和执行（enforce）[1] 法律的权力。随后，相关的政府部门要么直接遵循法律的规定，要么根据法律制定相应的条例（rules）和法规（regulations），以实现法律的目标。这些政府部门还负责强制执行立法机关通过的法律，以保证法律得到全社会的遵守。如果其他级别的政府或者受影响的利益相关者认为某一法律与宪法不符，或认为一项新规则在现有法律下是不合法的，他们可以在法庭上对这些法律和规则提出挑战（challenge）。州或联邦法院将听取这些质疑并进行裁决，并试图在本级法院的层面加以解决。如果争议涉及与联邦法律或美国宪法有关的问题，起诉方可以不服从本级法院的裁决并上诉到更高一级的法院，直至上诉到最高法院。

---

[1] 实施（implement）：主要是指行政部门根据通过的法律制定相应的条例（rules）和法规（regulation）等。执行（enforce）：主要是指保证法律和相应的规则得到全社会的遵守，包括对相关的主体采取强制性的手段。——译者注

表3-1　美国各级政府的基本决策机构

	立法	行政	司法
联邦	美国国会	美国总统 联邦政府部门	最高法院 联邦法院
联邦权限	制定和颁布法律	实施和执行法律	就法律含义和法律是否 违反联邦宪法等争议 进行裁决
州	议会	州长 州政府部门	州法院
州权限	制定和颁布法律	实施和执行法律	就法律含义和法律是否 违反州宪法等争议 进行裁决
地方	州以下地方政府部门的设置各有不同，以下只是范例		
县	立法部门	县行政长官	县法院
市或镇	镇会议 市议会	市长 市政委员	市法院

资料来源：作者整理和总结。

在美国，州以下的地方政府在形态上有着相当大的差异。如何设置地方政府是最初在制定联邦宪法时留给州来决定的权力。大多数州都设有县级（county-level）政府，实际上是对州所辖区域进行的一种细分。县级以下是一个个市（city）、镇（town），这些市或镇并非上级政府行政决定的产物，而是一种自治共同体，即自治市（municipalities），在州法律允许的各种治理安排下，它们也有权限制定和执行自身的规则和政策。市、镇通常对当地的教育政策、建筑规范（building codes）和地方经济发展具有相当大的影响力。

美国州以下地方政府的治理结构安排具有很大的差别，且通常带有一些区域性的特征。例如，在新英格兰（New England）地区，一般是由镇来提供各种公共服务，镇的代表委员（town member representatives）由民主选举产生，同时镇还会聘请一位首席市政委员（first selectman），其作用类似于选举出的市长（elected mayor），这些人聚在一起召开镇会议（town meetings），在会上作出关于本地学校、分区法规（zoning regulations）、图书馆、垃圾处理等事项的政策决定。在中西部的农村地区，更常见的情况是直接由县（county）而不是镇来提供地方的各项公共服务，例如学校、法庭、图书馆、消防和治安等。

在气候变化政策领域，美国的各级政府都很重要。迄今为止，对减少温室气体排放最有影响力的主要是联邦和州级发布的政策，但是一些县和市、镇等地方政府的气候政策要比州或联邦的更为积极。地方的领导人经常会尝试新的政策，向州政府和联邦政府表明哪些措施是可行的。同样，州一级政府实行的政策也常常向联邦政府展示了在联邦层面可以做些什么。在气候适应政策（adaptation policies）方面，县级（county-level）和地方（local-level，主要指市或镇）的政策已被证明至少与联邦的政策一样具有影响力。

在联邦层面，当美国国会通过一项新法律并经总统签署生效后，政策执行过程就此开始。随后该法律将被编入《美国法典》（United States Code）。通常，新法律会把执行该法的权力授予联邦行政分支的一个或多个部门。对于气候变化政策而言，大多数的相关法律会授权给国家环境保护局、能源部、交通部、内政部、农业部和一些科技部门，其中包括商务部下的国家海洋和大气管理局^[1]以及国家航空航天局。

接着，联邦政府各个机构负责法律的实施。有些情况下，法律本身就具有可以直接实施和执行的具体条款；在其他情况下，法律会要求联邦机构制定具体的法规（regulations）或条例（rules），以实现法律的目标。例如，《清洁空气法》就明确指示国家环境保护局要开展针对二氧化硫的排放交易计划，但该法对环境保护局更为普遍的要求，是让其制定和更新保护公众健康所必需的国家空气质量环境标准（US Code，2017a）。然后，联邦机构会根据法律的要求，拟定一项法规的提案，并接受公众的反馈意见，这一提案将列入《联邦公报》（Federal Register）。一旦该联邦机构审议了公众意见并加以修改，将会发布法规的最终版本。这个最终版本也需要发表在《联邦公报》上，并编入《联邦法规法典》（Code of Federal Regulations）（EPA，2017a）。

联邦机构还直接负责法律（laws）和法规（regulations）的执行。法律将明确区分违法行为涉及的是刑事还是民事案件，如果是刑事犯罪，违法者可能被送进监狱；如果是民事违法，违法者将可能支付巨额的罚款、被要求纠正违法行为或采取额外的补偿措施（EPA，2017a）。联邦机构不仅在联邦层面开展执法，也可以深入地方层面，例如对一些州的工厂和电厂进行直接执法。所以，联邦监管机构和州监管机构是平行工作的，它们根据自身的职责可以对同一个主体同时进行执法，当然各自执法的依据和内容一般是不同的。

州一级层面的法律制定和执行过程与前几段所描述的联邦情况是极

---

[1] 国家海洋和大气管理局之所以在商务部下，而不是按照惯例隶属于内政部，是因为在国家海洋和大气管理局成立时，当时的内政部部长沃利·希格尔（Wally Hickel）批评尼克松总统的越战政策，因此尼克松决定给希格尔一个惩戒（Mervis，2012）。

其相似的。州法律与联邦法律具有同样的地位，所以美国的公民和企业同时受约束于两套并行的政策体系。各州颁布新的法律或法规并不需要获得联邦政府的批准，当然州法律也不能违反联邦法律。在州以下的地方层面，由于不同的县和市之间存在非常大的差异，所以要对其政策制定和执行过程进行一般性的概况描述是难以做到的（Rabe, 2004）。

在气候变化政策上，地方政府可以采取确立当地的减排目标、改变市政电力公司（如果地方有的话）的运营实践、加强公共交通和分区法律（zoning laws）的管控，以及改变建筑规范（building codes）以提高能源效率等措施，对当地的温室气体排放进行控制。例如，纽约市在2009年制定了本地的建筑能效标准，以提升其建筑物的能源效率。据估计，若在新建筑中推行此项政策，每年可减少340万吨的二氧化碳排放。如果纽约市所推行的"建设永久的城市"（One City : Built to Last）行动计划中所有的政策都得到实施，那么能在10年内累计节省下85亿美元（New York City Government, 2014）。地方政府还可以通过分区政策（zoning policies）、政府和社会资本合作计划（Public–Private Partnerships, PPPs）来推出新的气候适应政策和激励措施。例如，纽约市在2010年建立了"冷屋顶计划"（Cool Roof Program），作为一个PPP项目，其目的是鼓励在城市屋顶涂上白色反光涂层，以提高对阳光的反射率、降低夏季建筑屋顶的温度。截至2016年8月，纽约已经有超过600万平方英尺的屋顶面积覆盖了相应的涂层（New York City Government, 2016）。

（二）中国的政策决策结构

在比较中国和美国的政策决策结构时，本节首先想要强调两个主要的区别，即中国共产党的作用和不同层级政府之间的关系。根据《中华人民共和国宪法》（新华社，2018a），全国人民代表大会是中国的最高国家权力机关，其常务委员会负责监督国务院、中央军事委员会、最高人民法院和最高人民检察院的工作。全国人民代表大会还负责确定国家主席、国务院总理、中央军事委员会主席、最高人民法院院长和最高人民检察院检察长的人选。与此同时，《中国共产党章程》（新华社，2017b）指出"中国共产党是中国特色社会主义事业的领导核心……党政军民学，东西南北中，党是领导一切的"。在中国共产党的中央政治局常务委员会中，总书记负责召集中央政治局会议和中央政治局常务委员会会议，并主持中央书记处的工作（《中国共产党章程》第23条）。

中央层面的政策决策结构在地方各级（省级、市级、县级）层面是大致相同的。与中央类似，各级地方（省级、市级、县级）均有相应党的委员会，其常务委员会领导本地方的工作，例如中国共产党北京市第十二届委员会包括88名委员、16名候补委员，常务委员会的成员是12名。与中央层面不同的是，地方党委常委一般包括组织部部长、宣传部部长和党委秘书长，但不包括地方政协和地方人大的领导。例如前述北京市委的12名常委中，包括市委书记、市长、政法委书记、宣传部部长、组织部部长、市委秘书长、统战部部长、常务副市长等。

在美国，不同层级（联邦、州和县等）的政府各自颁布和执行相应的政策，下一级政府的政策并不需要得到上一级政府的批准。在中国，各级政府的关系是纵向等级制的，下级政府必须服从上级政府的命令和安排，下级政府拟颁布的重要政策一般需要事先报请上级政府的同意。更多情况下，下级政府要根据上级政府（尤其是中央政府）的法律和政策来出台自身的法律和政策。

　　根据《中华人民共和国宪法》（2018年）第八十九条，国务院负责"统一领导全国地方各级国家行政机关的工作，规定中央和省、自治区、直辖市的国家行政机关的职权的具体划分"。在大多数情况下，当中央政府发布了重要的法律和政策文件后，省级政府会根据中央文件并结合自身的实际情况，出台相应的本地文件。例如在气候变化领域，中央政府发布了《"十三五"控制温室气体排放工作方案》（国务院，2016a），随后广东省就发布了相应的《广东省"十三五"控制温室气体排放工作实施方案》（广东省人民政府，2017）。各级政府发布文件的主体、内容是保持高度一致的，如果中央层面文件的发布主体是国务院，那么省级层面就是省级人民政府，市级层面就是市级人民政府；如果中央层面的发布主体是国家发展改革委，那么省级层面就是省级发展改革委，市级层面就是市级发展改革委，依次类推。

　　中国的法律和法规大致分为两种基本类型。第一种是由不同级别的人民代表大会（及其常务委员会）所制定。其中包括全国人民代表大会及其常务委员会制定的国家法律，省级人民代表大会及其常务委员会和设区的市的人民代表大会及其常务委员会制定的地方性法规[1]，以及民族自治地方的人民代表大会制定的自治条例和单行条例[2]。第二种是由各级政府所制定，其中包括国务院制定的行政法规，国务院下属各部门制定的部门规章，以及省级人民政府和设区的市、自治州人民政府制定的地方政府规

---

[1] 除了省级人民代表大会及其常务委员会可以制定地方性法规外，设区的市的人民代表大会及其常务委员会也可以根据其实际需要，在城乡建设与管理、环境保护、历史文化保护等方面制定相关的地方性法规。参见《中华人民共和国立法法》（2023年）第81、82条。——译者注

[2] 民族自治地方的人民代表大会有权依照当地民族的政治、经济和文化的特点，制定自治条例和单行条例。参见《中华人民共和国立法法》（2023年）第81、82条。——译者注

章[1]（新华社，2023）。具体见表3-2。

表3-2　中国的法律法规体系

立法主体	具体的法律法规
全国人民代表大会	刑事、民事、国家机构的和其他基本的国家法律
全国人民代表大会常务委员会	应当由全国人民代表大会制定的法律以外的其他法律
国务院	行政法规
国务院各部门（包括部、委员会、中国人民银行、审计署和具有行政管理职能的直属机构）	部门规章
省级（包括省、自治区、直辖市）人民代表大会及其常务委员会	地方性法规
设区的市的人民代表大会及其常务委员会	城乡建设与管理、环境保护、历史文化保护等方面事项的地方性法规
省、自治区、直辖市和设区的市、自治州的人民政府	地方政府规章

注：国家法律包括：①国家主权的事项；②各级人民代表大会、人民政府、人民法院和人民检察院的产生、组织和职权；③民族区域自治制度、特别行政区制度、基层群众自治制度；④犯罪和刑罚；⑤对公民政治权利的剥夺、限制人身自由的强制措施和处罚；⑥税种的设立、税率的确定和税收征收管理等税收基本制度；⑦对非国有财产的征收、征用；⑧民事基本制度；⑨基本经济制度以及财政、海关、金融和外贸的基本制度；⑩诉讼和仲裁制度；⑪必须由全国人民代表大会及其常务委员会制定法律的其他事项。(《中华人民共和国立法法》，第8条)。

行政法规包括：①为执行法律的规定需要制定行政法规的事项；②《中华人民共

---

[1] 设区的市、自治州的人民政府制定地方政府规章限于城乡建设与管理、环境保护、历史文化保护等方面的事项。参见《中华人民共和国立法法》（2023年）第81、82条。——译者注

和国宪法》第89条规定的国务院行政管理职权的事项。(《中华人民共和国立法法》,
第65条)。

部门规章：属于执行法律或者国务院的行政法规、决定、命令的事项。(《中华人民共和国立法法》,第80条)。

地方性法规包括：①为执行法律、行政法规的规定，需要根据本行政区域的实际情况作具体规定的事项；②属于地方性事务需要制定地方性法规的事项。(《中华人民共和国立法法》,第73条)。

地方政府规章包括：①为执行法律、行政法规、地方性法规的规定需要制定规章的事项；②属于本行政区域的具体行政管理事项。(《中华人民共和国立法法》,第82条)。

就中国气候变化领域的立法工作而言，虽然与国家气候变化综合性立法有关的讨论仍在进行之中，但一些地方已经结合自身的实际情况，发布了气候变化相关的法规，例如青海省率先在2010年以地方政府规章的形式发布了《青海省应对气候变化办法》(青海省人民政府令第75号,2010)，山西省随后也于2011年发布了《山西省应对气候变化办法》(晋政发〔2011〕19号,山西省人民政府,2011)。深圳市人大常委会以地方性法规的形式颁布了《深圳经济特区碳排放管理若干规定》(深圳市人大,2012)，深圳市人民政府则以地方政府规章的形式，在国内各碳交易试点地区中最早出台了《深圳市碳排放权交易管理暂行办法》(深圳市人民政府令第262号,2014)，为地区"碳排放权交易"管理开创了一个很好的范例。

在中国的气候变化领域，事实上主导气候政策的并非法律法规，而是各级党委和政府发布的政策文件，这些由各级党委和政府的不同部门发布的各种政策文件构成了中国气候变化政策的主体。根据文件的发布机构和内容，上述政策文件大致可以分为4个层次，具体见表3-3。

表3-3　中国气候领域的政策文件体系

层次	文件类型	发布机构	举例
一	党中央重大文件	中国共产党全国代表大会、中国共产党中央委员会	党的十九大报告、《中共中央关于制定国民经济和社会发展第十三个五年规划的建议》
二	国务院重要文件、国家领导人重要讲话	国务院	《中华人民共和国国民经济和社会发展第十三个五年规划纲要》
三	国务院各部门制定的重要文件	国家发展和改革委员会、生态环境部等	《中国应对气候变化国家方案》《国家应对气候变化规划（2014—2020年）》
四	各级党委和地方政府制定的相关政策文件	省级、市级、县级党委和政府，以及相关部门	《广东省"十三五"控制温室气体排放工作实施方案》

资料来源：作者整理和总结。

第一个层次，也是最重要的层次，是党中央发布的重大文件，包括中国共产党全国代表大会（每五年召开一次）上党的总书记所宣读的报告，以及中国共产党中央委员会全体会议（通常情况下每年召开一次）所发布的文件。例如党的十九大报告《决胜全面建成小康社会 夺取新时代中国特色社会主义伟大胜利》（新华社，2017a）、《中共中央关于全面深化改革若干重大问题的决定》（新华社，2013）、《中共中央关于制定国民经济和社会发展第十三个五年规划的建议》（新华社，2015c）。这些纲领性文件的目的是凝聚全党的共识，反映全国人民的意愿，指导中国的改革和发展。它们往往包括经济、社会、政治等方方面面的内容，明确和阐明了未来的政策方向，为中国应对气候变化的行动奠定了基调。

第二个层次是国务院制定的重要文件以及国家领导人在国际重要场

合发表的专门讲话。例如，由国务院制定并由全国人大授权发布的《中华人民共和国国民经济和社会发展第十三个五年规划纲要》（中国政府，2016b）；国家领导人在联合国大会上的讲话，如习近平主席2020年在第七十五届联合国大会的讲话[1]。其中，《中华人民共和国国民经济和社会发展第十三个五年规则纲要》专门设立了"积极应对全球气候变化"一章，提出要"有效控制温室气体排放、主动适应气候变化和广泛开展国际合作"。这些文件反映了中国对气候变化的态度和所要采取的主要做法，领导人的专门讲话则有助于向国际社会传达中国在气候变化问题上的立场、策略方针和总体目标。

第三个层次是由国务院下属各部门制定的重要文件，尤其是与气候变化相关的主要政府部门，包括国家发展改革委、生态环境部等部委。例如由国家发展改革委制定、国务院批复印发的《中国应对气候变化国家方案》（国务院，2007a）、《国家应对气候变化规划（2014—2020年）》（国家发展改革委，2014）等。除了这些综合性的气候变化文件，一些部门也会就其分管的特定领域，出台相关的政策。例如交通运输部发布的《推进交通运输生态文明建设实施方案》（交通运输部，2017a）、《关于全面深入推进绿色交通发展的意见》（交通运输部，2017b），住房和城乡建设部印发的《建筑节能与绿色建筑发展"十三五"规划》（住房和城乡建设部，2017）等。这些方案、意见和规划所包括的具体措施和目标往往与气候变化有着非常密切的关系，它们有的是强制性的，有的是自愿性的。

第四个层次是各级地方党委和政府（省级、市级、县级等）以及相关部门制定的气候政策文件，尤其是贯彻落实中央政策的配套文件。如前所

---

[1]《习近平在第七十五届联合国大会一般性辩论上的讲话》，新华社，2020年9月22日。
——译者注

述，在中国的政府架构中，下级政府必须执行上级政府的决策部署，省级政府负责落实中央政府的政策，市级政府则要落实省级政府的政策，依次类推。

总之，中国的气候变化政策主要是由不同层面的政策文件构成和推动的，这些文件的关键区别在于发布主体的层级不同。各级政府机构颁布的气候政策文件在目标和定位方面有所不同，中央政府的政策文件通常以一般原则和总体方向为重点，而地方政府发布的政策文件则更注重执行和实施的细节。

中国气候政策的另一个特点是灵活性。由于气候政策体系由各级政府的政策文件所主导，因此气候政策的法律规范程度相对不足，而且在地方层面对气候政策的重视程度也存在着很大的差别，各地气候政策的实施和影响往往各不相同。中国气候政策体系的灵活性还源于中央的政策文件大多强调的是总体目标和普遍原则，具体如何完成则交由地方来做，这样就为不同层级的地方政府在执行过程中留下了更多的空间。考虑到中国不同地区之间的巨大差异，让地方政府拥有政策执行过程中的自由裁量权，能够根据各自的情况和实际需要加以调整和变通，在一定程度上是合理的。与此同时，中央在出台政策文件后，也常常会附带制定一些地方必须达到的具体指标，如前文所述的能耗强度、碳排放强度等，以有效约束地方政府的行为。

中国气候变化政策所呈现的上述特征是与以行政为主导的政策决策过程，中央统一决策、地方具体实施等一系列因素密切相关的。目前，各级政府部门是制定和实施气候政策的主体。虽然正式法律是由各级人大来颁布的，这些法律也会成为各级政府部门出台政策文件的基础，然而，人大制定的相关法律往往更多体现了原则性、框架性的特点，可实施、可操作的条款相对较少，必须辅以行政部门的部门规章和政策文件，才能在现实中有效发挥作用。例如，《中华人民共和国可再生能源法》由第十届全国人大常委会于2005年出台后，全国人大环资委就曾经函请国家发展改革委、财政部等国务院有关部门制定一些配套规章，以推动《中华人民共和国可再生能源法》的具体落实（何诺书，2016）。

迄今为止，法院系统在中国气候政策体系中扮演的角色并不明显。目前中国还没有制定专门关于气候变化的国家法律，因此也不存在相关的违法案例。在环境保护等领域，司法部门则已经审理过相关的案件，发挥着相应的作用。但事实上，即使在环保领域，也只有很小一部分的环境纠纷是在法院系统中解决的（Economy，2014）。

简言之，中国的应对气候变化政策在很大程度上是由各级政府的行政部门来推动，深受中央和地方关系各项制度安排的影响。中央拥有最高的决策权力，制定并颁布大部分气候政策，尤其是那些重要的政策；而地方政府则主要负责政策的执行工作。因此，这些气候政策的最终效果既取决于中央政府的政策设计、对地方开展的监督和考核，也取决于地方政府在政策实施过程中的有效贯彻落实。

三、主要参与者的比较

在政策决策过程的主要参与者方面，如表3-4所示，在联邦或中央的层级，美国的国会和最高法院扮演着非常重要的角色，而中国共产党在政策决策中所发挥的作用要远大于美国的共和党和民主党。

表3-4 两国政策决策过程的主要参与者比较

美国	中国
总统、国会、最高法院	党委、政府、人大、政协
联邦、州和地方	中央、省级、市级、县级、乡镇级
共和党、民主党	共产党
私营企业	国有企业、民营企业
非政府组织（NGOs）	社团组织
专家	专家

资料来源：作者整理和总结。

中美政策决策参与者的另一个主要区别还有中国国有企业的存在和影响（见专栏3-1）。在中国，国有企业的领导人除了作为企业家外，还常常同时具有党政级别的身份。例如，一些中央企业是副部级单位，其最高领导由中共中央组织部任命和管理。根据"党管干部"的原则，党的组织系统负责任命国有企业领导人的党内职务。可以看到，各级国有资产监督管理委员会（简称"国资委"）在组织部门任免干部的同时，相应任免国有企业高层领导的企业职务。对于国资委而言，它对该国有企业中的具体职位进行任免，是作为党的组织部门任免党内干部的一个配套程序。事实上，每个国有企业往往有集团（最高）层面的党委或党组，也是该国有企业的最高决策机构，而党委（或党组）的书记通常也是企业的董事长，即国有企业的一把手。例如，中国石油天然气集团公司（简称"中石油"）的董事长同时也担任该集团的党组书记。一些大型国有企业的领导常常在党的系统内占据重要位置。例如，国家电网和中国石油化工集团（简称"中石化"）的董事长担任着中共中央候补委员这样的党内职务。

专栏3-1 中国的国有企业系统

中国的国有企业体系结构与政府体系相对应，根据国有企业所属主体（政府）的级别，也分为不同的层次。在中央层面，国有企业属于中央政府，一般称为中央企业（简称"央企"）。央企的具体业务由国务院国资委进行监督和指导。在央企中，如果是中央管理的副部级单位，领导班子由中央组织部管理，其正职（最高）领导的级别是副部级以上，由党中央的组织部门管理；如果是国务院国资委管理的厅局级单位，领导班子由国务院国资委企干二局管理（见表3-5）。承续计划经济系统下的传统，国有企业的员工流动性较小，企业较难解聘具有正式编制的职工，但国有企业也有市场化聘用的人员，如一些职业经理人，他们由企业的人力资源部门管理，可以随着市场状况的变化进行聘用和解雇。

各级地方国有企业的情况与中央企业类似，省级政府拥有的国有企业（即省属国企），其具体业务由省国资委进行监督和指导。如果该企业级别是副厅（局）级单位，那么该企业的最高领导是副厅（局）级以上，由省委组织部管理。地市级政府所属的国有企业（即市属国企），其具体业务由市国资委进行监督和指导，如果该企业为副处级单位，那么企业的最高领导是副处级以上，由市委组织部管理。

表3-5 各级别央企的管理与监督和指导部门

级别	企业类型	最高领导级别	管理	监督和指导部门
中央	中央企业	副部级以上	中央组织部	国务院国资委
		厅（局）级以上	国务院国资委企干二局	
省级	省属国企	副厅（局）级以上	省委组织部	省国资委

续表

级别	企业类型	最高领导级别	管理	监督和指导部门
地市级	市属国企	副处级以上	市委组织部	市国资委

一些国有企业的领导人同时作为党的高级干部，能够影响许多重要的政策决策过程。通常情况下，一般性的政策由政府部门来制定，国有企业并不直接参与决策过程，但如果涉及与国有企业密切相关的政策议题，政府部门通常要征求国有企业的意见，国有企业也会向政府部门提出建议和反馈。在计划经济体制下，一些特殊行业（如石油和电力等）的中央企业（如中石油、中石化、国家电网等）常常会替政府部门制定政策，如资源能源的定价。在市场经济条件下，这些中央企业参与决策的程度虽然减弱了，但仍保留着对相关政策制定的影响力。

需要指出的是，虽然都被称为国有企业，但不同级别的国有企业对政策决策的影响力是非常不同的。在中央层面，中央政府所属的国有企业（央企）通常拥有影响政策决策的较大能力，而各级地方所属的国有企业（地方国企）对中央政策的影响力就比较小了。一般情况下，地方国企的政策影响力主要在地方政府的决策领域。

正如前面所指出的，美国非政府组织对政策决策的影响力很大，而中国民间社会组织在政策决策中的作用通常是更为间接的。在气候和环保领域，在美国有许多著名的非政府组织，如自然资源保护委员会（Natural Resources Defense Council）、环境保护协会（Environmental Defense Fund）、绿色和平组织（Greenpeace）、塞拉俱乐部（Sierra Club）、世界自然基金会（World Wide Fund for Nature）、忧思科学家联盟（Union of Concerned Scientists）等。这些非政府组织通常会聘请科学家和律师作为内部专家，许多都设有专门从事游说的部门。在中国，社会组织在公众教育等领域发挥着作用（Economy，2014；马庆钰等，2015）。

中美两国的私营企业都试图影响政策的决策，美国的私营企业有着更为直接的方式。在美国，私营企业有权组织成立自身的游说机构，例如美国石油委员会（American Petroleum Council）、全国制造商协会（National Association of Manufacturers），这些团体将代表其成员对政策制定者展开游说。相比之下，中国私营企业对政策的影响更为间接，有些民营企业家会成为各个级别的人大代表或政协委员（如全国人大代表、省政协委员等），他们可以通过提出代表建议和委员议案的方式，要求相关的政府部门反馈和办理，从而对政策决策产生影响。

同时，外部专家也可以影响两国政府的决策。但与美国相比，中国政府对外部专家的利用更为常见，方式也更为灵活，这部分是因为美国1972年颁布的《联邦咨询委员会法》（Federal Advisory Committee Act，FACA）。此项法律目的是确保外部专家给出的政策建议应是客观的、并可为公众所知和所得。该法律规定，"每个政策咨询委员会提供或准备的记录、报告、笔录、会议记录、附录、工作报告、草稿、研究报告、议程或其他文件，都应集中在同一个地方以供公众查阅及复制"（GSA，2000）。此项条款和其他规定一起，致使政府部门想要召集专家并把意见传递给相关的决策者变得极其困难和麻烦。对联邦机构设立或使用的任何政策咨询小组而言，如果包括至少一名非联邦雇员（通常情况下总会如此），就必须遵守《联邦咨询委员会法》（GSA，2017）。由于上述规定，许多美国联邦机构放弃了利用临时的专家小组来征求建议的做法，因为相关的程序过于官僚和烦琐，往往难以及时完成。如果政府部门确需外部专家的意见，他们经常会求助那些已有的咨询机构。

在中国，不同政府机构下常设有各自的研究机构，以提供相关的政策咨询意见。例如，国家发展改革委下有中国宏观经济研究院、财政部下有中国财政科学研究院等，这些机构拥有专门从事研究的专家，对口为主管单位提供政策建议。与此同时，政府部门也会成立相关的专家咨询委员会来征求政策建议，这些委员会主要由外部专家组成。此外，政府部门还往往通过设立研究课题进行招标、成立临时性的专家团队和研究课题组等方式，来利用外部专家的研究力量。例如，国家发展改革委在制定五年规划时，会设立许多相关的研究课题向社会上的研究团队进行招标，从而获取外部专家的意见。在气候变化领域，中国专门成立了国家气候变化专家委员会，该委员会的专家来自中国科学院、中国工程院、国务院发展研究中心、清华大学等多个单位，为国家应对气候变化领导小组提供了政策建议（Hart et al., 2015；Lewis, 2008）。国家应对气候变化领导小组（全称为"国家应对气候变化及节能减排工作领导小组"）由国务院成立，是国家应对气候变化工作的议事协调机构，包括国家发展改革委、财政部、生态环境部、中国气象局等多个气候变化领域的重要部门，组长为国务院总理，成员包括各主要部门的部长。在中国的气候政策领域，中国科学院、中国社会科学院、国务院发展研究中心、清华大学等单位的专家拥有较高的权威；此外，国家发展改革委下的国家应对气候变化战略研究和国际合作中心、能源研究所也有很强的话语权。

四、政策决策过程和方法的比较

虽然很难对中美两国的政策决策过程和方法进行综合性的比较，但在本节中我们将努力进行一些尝试。表3-6是比较中美政策决策过程的概要，下文则进行了更为详细的讨论。由于中美之间存在的巨大差异，试图进行直接对应的比较有时是无法做到的。例如，尽管在两国的政策决策中都存在着协商和结盟的情况，并且在决策中发挥存在至关重要的作用，但事实上，中美两国不同层级政府制定和执行政策的过程是完全不同的。

本节首先对美国的情况进行探讨，显示美国政策决策体系的关键要素和突出特点，然后再分析中国的体系。在本章的最后，我们将对中美决策体系各自的优点和缺点展开讨论。

表3-6　美国和中国政策决策体系的比较

美国	中国
立法部门制定法律，并经行政部门首长批准同意	党管干部原则，党的组织部门负责管理各级干部
高级官员由总统任命并经参议院同意，他们经常通过"旋转门"来去	全国人民代表大会根据国家主席的提名，决定国务院总理的人选；根据国务院总理的提名，决定国务院副总理、国务委员、各部部长等的人选
总统有权缔订国际条约，并须得到参议院的批准同意	全国人民代表大会常务委员会决定同外国缔结的条约和重要协定的批准和废除
在行政部门，总统拥有最高权力和最终决策权。在立法部门，依据投票的多数原则	党政军民学，东西南北中，党是领导一切的*
政策参与者之间讨价还价和结成联盟	政策参与者之间存在博弈
最高法院负责对联邦法律和宪法事务的最终解释，并能推翻国会和总统相关决定	司法部门在政策决策过程中的力量需要加强
公众可以直接参与政策过程	公众可以参与政策决策过程
政府部门内存在官僚政治	存在形式主义和官僚主义问题**
利益集团可以直接展开游说	政策相关方参与到决策过程中

美国	中国
公司和个人资助竞选是合法的	惩治腐败，全面从严治党永远在路上
精英阶层私人关系网络有很大影响力	党内绝不允许搞团团伙伙、结党营私、拉帮结派
议员通过选举产生，总统根据选举人团制度由选举产生	共产党是按照民主集中制组织起来的统一整体。民主集中制是民主基础上的集中和集中指导下的民主相结合 ***
众议院议长由众议院成员选举产生	全国人民代表大会和地方各级人民代表大会都由民主选举产生。党的各级领导机关，由选举产生 ****
联邦行政部门直接执行联邦法律和政策，有时需要借助于司法部门	中央决策，地方执行
州一级存在"自下而上"的政策实践	遵循在中央的统一领导下，充分发挥地方的主动性、积极性

注：*《中国共产党章程》总纲（新华社，2017b）。

**《习近平总书记关于反对形式主义官僚主义重要论述摘录》，中国共产党新闻网，2018年5月28日。

*** 中国共产党民主集中制的基本原则是党员个人服从党的组织，少数服从多数，下级组织服从上级组织，全党各个组织和全体党员服从党的全国代表大会和中央委员会等。参见《中国共产党章程》第二章第10条（新华社，2017b）。

**** 参见《领航新时代的坚强领导集体——党的新一届中央领导机构产生纪实》（新华社，2017c）。

（一）美国政策决策的过程和方法

自20世纪90年代克林顿政府以来，由于政党政治的纷争，美国的政策决策过程发生了剧烈的变化，变得越来越两极分化和陷入僵局。民主党人克林顿当选总统后，共和党在众议院议长纽特·金里奇（Newt Gingrich）

的领导下，发起了一场所谓的"共和党革命"（Republican Revolution）运动，最终致使共和党在众议院的席位净增加了54个、在参议院的席位净增加了8个，并在40年来首次出现了众议院和参议院同时由共和党控制的情景。

在这样的局势下，尽管克林顿总统仍然拥有宪法所赋予的否决权，但他想要推进和通过自己所希望的立法也变得非常困难。与此同时，虽然共和党人控制了国会两院，但也难以说服克林顿总统同意将他们提出的法案签署为法律。两党之间的政治僵局日益严重，最终导致了联邦政府部门不得不一度关门。共和党普遍主张精简联邦政府的规模，限制移民、实施减税、缩减政府部门开支，并削减民主党提出的大部分社会事业计划，其中包括社会保障和社会福利等项目。

在环境和气候政策方面，金里奇的亲密伙伴、众议院党鞭（House Whip）[1]汤姆·迪雷（Tom Delay）是一位狂热的反环保主义者，他曾于1995年提出议案，试图废除对消耗臭氧层和温室气体化学品（ozone-depleting and greenhouse gas chemicals）的禁令。迪雷还多次呼吁撤销国家环境保护局（EPA），这个建议得到了特朗普总统的环境保护局局长斯科特·普鲁伊特（Scott Pruitt）的响应。在环境政策领域，迪雷开启了一个政治两极化的新时代，这种趋势一直延续至今。事实上，过去加强环境保护在大多数时候是两党都支持的议题（bipartisan issue），然而1994年的"共和党革命"标志着分裂的开始。与民主党人或无党派人士相比，共和党人普遍对气候政策的必要性持更为怀疑的态度。总体而言，共和党人认为联邦政府在各个方面都存在着监管过度。不无巧合的是，共和党也获得

---

[1] "党鞭"（whip）最初出现于17世纪英国议会，19世纪末被引入美国国会，其主要职责是在议会中代表政党领袖，督导同党议员出席表决并按照政党立场行事。——译者注

了化石能源行业的大部分竞选捐款（详见第六章的讨论）。

在美国的气候政策领域，绿党（Green Party）的出现是另一个重要因素。尽管与共和党和民主党相比，绿党在全美的规模非常小，但它自20世纪90年代中期成立后，却可能影响了美国的总统大选。2000年，拉尔夫·纳德（Ralph Nader）以绿党候选人的身份竞选总统，当时民主党的候选人是时任副总统阿尔·戈尔（Al Gore）。戈尔也以倡导阻止臭氧层破坏和应对气候变化而著称。虽然纳德只获得了3%的全国选票，但这可能足以影响选举的结果，因为如果没有纳德的参选，那些支持气候变化政策的选民就会把更多的票投给戈尔。此外，为了与纳德竞争，戈尔采取的立场就变得更为激进和"左倾"，这使他丢失了许多中间倾向的选民，最终输给了共和党的乔治·布什（Erikson, 2001）。在2016年的美国总统选举中，很少有人会认为绿党是希拉里·克林顿输给唐纳德·特朗普的决定性因素，但事实上许多年轻选民并不像支持奥巴马那样支持希拉里，有十分之一的选民把票投给了第三方候选人，其中包括了绿党的参选者吉尔·斯坦（Jill Stein）。换言之，共和党和民主党在环境和气候政策存在的不同态度，原来会使那些倾向环保和气候政策的选民投票给民主党的总统候选人，但绿党的出现在一定程度上改变了这个现象，它瓜分了民主党的选票，尽管只是很小的一部分，却能够在共和党和民主党两党选情十分胶着的时候发挥出关键性的作用（Mosendz, 2016）。

美国总统大选中的选举人团（Electoral College）制度，不仅让众多外国人难以理解，也使许多美国人感到困惑。为什么在2000年和2016年的总统大选中，阿尔·戈尔和希拉里·克林顿都获得了多数选票，却没能成为总统呢？根据美国宪法，美国总统由选举人团投票产生，并非由选民直接选举产生。选民在投票时，不仅要在总统候选人中选择，而且还要选出代表各州的选举人，以组成选举人团，获得超过半数以上选举人团票的候选人当选为美国总统。选举人团制度是美国历史的产物。在立国时，部分制宪者基于对民主的担忧，认为民众容易被煽动，应该把挑选总统的权力交给更靠得住的精英群体。因此，最初代表各州的选举人都是由州议会直接任命的，普通民众无权参与总统大选。随着历史的演变和民主的推进，各州开始采用民众普选的方式产生选举人，选民在投票给总统候选人时，自动选择了对应的选举人。因此，选举团人制度是精英民主和大众民主妥协的结果，也是大州和小州利益平衡的产物。每个州的选举人人数等于该州国会参议员和众议员的总人数。产生选举人的过程是因州而异的，联邦法律并没有规定每个州选举人的投票必须反映各州的民意。一般而言，当选的选举人会宣誓要将自己的一票投给本州选民青睐的候选人，有的州还制定了法律要求选举人必须这么做。绝大多数州（除了缅因州和内布拉斯加州）采取的是"赢家通吃"（winner-take-all）的规则，即哪位总统候选人获得了该州选票的多数，就得到了该州的全部选举人票（Archives，2017）。废除选举人团制度将涉及美国宪法的修正，考虑到国会的现状，这几乎是不可能的。

在美国的政策决策过程中，最为核心的是宪法所确定的分权制衡（checks and balances）原则，以防任何个人、各州或联邦政府的分支机构变得过于强大。宪法划分了联邦和州各自的权利和责任，联邦政府负责国防安全，它征收大部分的税款并通过国会拨款的方式重新分配给各州。联邦政府本身也有分权制衡的三个独立分支，即由总统领导的行政部门、由国会代表的立法部门和由最高法院领导的司法部门。而在每个分支内部，也存在着分权制衡机制，例如，国会由参议院和众议院两院所组成，其中每州参议员的人数为2名，众议员人数根据该州人口总数按比例确定。联邦最高法院有9名法官，当有空缺时由总统提名并经参议院确认。除非自己选择辞职，否则最高法院的法官是终生任职的。

在美国的联邦体制下，联邦政府可以在州和地方各级层面直接执行国家法律和法规。例如国家环境保护局能够在州和地方的地域内执行其出台的政策。国家环境保护局将全美划分为10个地区，并在每个地区设有相应的地方办事处，负责直接实施和执行相应的政策和项目。

在美国，公众参与政策决策过程的权利是神圣不可侵犯的。出台政策的政府部门需要不断地与利益相关者（stakeholders）见面，举行听证会、征求专家或利益相关者对立法内容等重要议题的看法，并请公众对拟颁布的新法律、法规发表意见。事实上，按照立法程序，大多数涉及监管过程的法律出台都需要公众的参与。例如，对于奥巴马政府制定的《清洁电力计划条例》，国家环境保护局在6个月的征求意见期内收到了430万条来自公众的意见，并被要求在发布最终条例之前以书面形式回复每一条意见（EPA Archive，2015b）。这些意见常常会造成政策的调整，例如《清洁电力计划条例》中，国家环境保护局根据反馈意见修订了企业达到规定标准的时间表，从而提供了合规的"滑行路径"（glide paths）而非"悬崖路径"（cliffs）。具体而言，国家环境保护局规定在2022—2029年内分阶段提高电厂的绩效标准，这可使企业在8年的过渡期内逐步实现减排（EPA Archive，2015a）。

行政部门由官僚体系所统治，在所有联邦政府机构中，退伍军人事务部（Department of Veteran Affairs）拥有最多的雇员，其最新统计人数为337683名。整个联邦政府大约拥有280万名工作人员（BLS，2017）。总统的内阁由副总统和15名部门负责人组成，他们均由总统任命并经参议院确认。此外，内阁还包括7名内阁级别的成员，包括国家环境保护局局长、美国贸易代表（US trade representative）和驻联合国大使（the ambassador to the United Nations）等。这些领导人在内阁会议上讨论政策，并试图影响总统的决策。各部门之间的官员们也就预算权力、政策优先事项和获得白宫的关注展开竞争。

在关于美国政策决策的理论中，最适用于气候政策过程的可能是最初由政治学家格雷厄姆·埃里森（Graham Allison）和莫顿·哈尔佩林（Morton Halperin）于1972年所提出的理论，以及随后由约翰·金顿（John Kingdon）于1984年提出的理论。埃里森和哈尔佩林提出的是关于政府决策的官僚政治模型（bureaucratic politics model），他们认为，"在特定情况下政府的所作所为，在很大程度上可以被理解为政府等级制下各参与者之间讨价还价的结果"（Allison and Halperin，1972）。其中，官僚机构的组织流程和共同价值观对政策决策形成了相应的约束。

在美国，大多数高级官员是由总统任命的，他们作为联邦各个部门和机构的负责人，由总统进行政治提名并经参议院确认。这些由总统政治任命的官员（政务官）通常任职期限较短，一般随着总统的更替而发生变化，而职业公务员（事务官）并不受政治选举的影响，往往有着很长的任职期限。因此，政务官和事务官在进行政策决策时的考虑经常是很不相同的，政务官会更多依据总统的意愿，事务官则更容易基于部门的利益和视角进行决策。此外，职业公务员需要定期接受绩效评估，以对其表现作出评价；而政务官很少需要接受这样的评估，对他们表现的评价主要基于总统本人。事实上，政治任命的官员主要是为总统服务，如果总统对他们的表现不满意，会要求其辞职。这些政务官的人选通常是在总统竞选中资金上的有力支持者或是政策上的顾问（或两者兼而有之），他们获得了总统的信任，被认为会忠于总统的利益、执行总统所想推行的优先政策。

　　总统任命的高级官员（例如内阁中各部门的负责人）往往是其长期的朋友或同事，或者是其竞选活动的主要捐助者。因为总统力求确保他（或她）的决策能够在政府的每个部门中得到贯彻实施，所以他必须任命自己所信任的人，这也是对忠诚于己的人的一种奖励。埃里森和哈尔佩林指出，对于许多较低级别的官员而言，他们具有参与到决策过程中的强烈愿望，其主要目的是能够进入到决策的"游戏"圈子中，为此他们会采取有利于达成目标的立场。个人的抱负——如希望在本部门内部得到晋升或在其他部门获得更高职位——影响着官员们的态度和行为，埃里森和哈尔佩林写道，"官员的声誉取决于他（或她）过去的职业记录，因此官僚机构中的参与者会仔细考虑采取行动的成功可能性，并将其作为职业风险的一部分"（Allison and Halperin，1972）。

　　在政府官员所参与的各种政策决策"游戏"中，个人利益常常与部门利益相结合，"各组织就角色和任务展开竞争"，而且"很少会支持那些需要不同组织间展开紧密配合的政策"（Allison and Halperin，1972），因为政府官员们更愿意独自拥有某项特定任务的所有控制权。有时某个政策议题的产生是因为相关的参与者看到想要改变的东西，然后采取了行动。但更常见的情况是因为某个截止日期临近，或者是触发行动的某个事件出现，激活了政策决策的"游戏"。正如奥巴马总统的第一任幕僚长（chief of staff）在谈到经济衰退时说过的一句名言，"永远不要让一场严重的危机白白地浪费掉"（Wall Street Journal，2008）。当参与者意识到政策决策的"游戏"已经开始时，他必须明确自己的立场，决定是否参与（如果可以选择的话）以及以多大的投入参与（Allison and Halperin，1972）。

　　不同政府机构的个人之间进行讨价还价总存在于政策决策过程中。这些讨价还价"源于试图控制政策的实施、控制如何确定政策问题和可行方案的相关信息、说服其他参与者（包括那些官僚体制之外的参与者），以及增强自己影响他人在其他政策议题（如国内的其他政治议题）中实现目标的能力"（Allison and Halperin，1972）。如果能够控制政策决策过程中的某些部分，参与者就可获取很强的优势。如果一个人能够决定谁将被邀请参与某个特定的决策环节、谁可以参加哪个会议、谁将负责起草决策备忘录（decision memos）、谁将因政策决策的结果而受益，那么他也就拥有了巨大的权力。一项关于英国政府的政策关系网络研究使人们认识到，这种网络可以对政策结果产生重大影响。

政策决策的渐进过程也会被突然的变化所打断（Baumgartner、Jones and Mortensen，2014）。伴随着外部和内部的冲击，那些倡导特定政策的联盟团体是产生上述政策突变的重要力量之一。这些联盟团体展开对政策的学习，被定义为"分享政策核心信念的参与者，采取协调一致的显著行动以影响某项政策"（Jenkins-Smith et al.，2014）。联盟团体覆盖的范围越广，就越容易辩称它代表了广大美国民众的观点。关于非同寻常的成功联盟团体，人们总会提起"浸信会和私酒贩"（Baptist and bootlegger）联盟。19世纪的美国曾兴起过一场在周日禁止售卖酒的运动，而这一运动居然是由两个看起来互不搭界甚至相矛盾的团体（浸信会教徒和私酒贩子）联合推动的。浸信会教徒支持该项政策的原因是出于禁欲的道德理由，要求人们每周至少有一天要禁止喝酒，而私酒贩子（那些非法卖酒的人）则是为了获得更高的利润。在"浸信会和私酒贩"联盟的努力下，最终悄悄地说服政客们出台了相应的法律（DeSombre，2000）。

除了不同于一般的联盟团体外，有组织的利益团体（interest group）在美国的政策制定中也拥有着巨大的能量。利用政府对公众参与的承诺，利益团体可以通过多种渠道影响政策决策：他们可以为民选官员的竞选活动提供资金，以便在他们当选后影响政策；他们可以组织公众对监管程序发布意见、就特定法案或待决立法议题向国会议员写信。利益团体还可以要求政府官员与其代表会面，从而表达他们对特定政策的担忧或支持。当然，他们还可以围绕特定问题开展公共教育活动，以影响公众舆论。马丁·吉伦斯（Martin Gilens）和本杰明·佩奇（Benjamin Page）在一项对1779个不同政策议题的研究中，分析了不同类型的利益团体对美国政策结果的影响，他们发现"代表商业利益的经济精英和组织团体对美国政府的政策决策具有重大影响，而普通民众和大众利益团体的影响很小甚至没有"（Gilens and Page，2014）。

精英和商业团体之所以如此具有影响力，主要原因之一是美国法律关于支持政治竞选支出（通常所谓的竞选资金）的规定。根据相关的法律，尽管个人、公司（通过政治行动委员会[1]）、政党委员会直接为政治竞选捐款的实际数额受到了明确的限制，但有钱的利益团体还可以通过其他方式来影响选举。2002年《两党竞选改革法》（Bipartisan Campaign Reform Act）试图制定任何组织对竞选公职人员的捐款金额上限，但2010年在声名狼藉的"联合公民诉联邦选举委员会案"（Citizens United vs. The FEC）中，联邦最高法院以5∶4的投票，以"宪法中的言论自由原则"裁定废除了对公司、工会和其他协会在"政治言论"（political speech）上的支出限制（Supreme Court of the United States，2010）。结果是，公司和其他利益团体目前被允许在广告和其他媒体上不受限制地花钱以影响选举。正如《纽

---

[1] 政治行动委员会（Political Action Committee，PAC）：主要目的是汇集成员的竞选捐款，并将这些资金捐赠给竞选活动，以支持或反对某位候选人，或致力于某些立法的投票方面的倡议。根据《联邦竞选法》，任何收到或花费超过1000美元以影响联邦选举的组织便成为政治行动委员会（PAC），需要在联邦选举委员会注册。——译者注

约时报》（*New York Times*）的一篇文章所指出，"最高法院……向游说者们提供了一种新武器，游说者现在可以告诉任何当选的官员：如果你投错了票，我的公司、工会或利益团体将会花费不受限额的金钱进行宣传，来明确反对你的连任"（Kirkpatrick，2010）。民主党人一直反对联邦最高法院在2010年的判决，宣称要通过新的宪法修正案来推翻最高法院的裁决。

　　政策决策过程通常伴随着大量的妥协。"妥协来自获得支持的需要，来自避免过度伤害利益相关者（包括那些有组织的利益团体）的需要，以及来自防止其他参与者形成极度糟糕预期的需要"（Allison and Halperin，1972）。为了通过新的重要立法，必须在游说者、利益团体、官员甚至政府部门之间达成妥协。

　　在埃里森和哈尔佩林发表了他们关于官僚政治的开创性研究之后，约翰·金顿（Kingdon，2010）对美国联邦政府的政策过程开展了多个案例的研究。他认为，问题（problems）、政策（policies）、政治（politics）在政策体系中不断流动（stream），"政策窗口"（policy windows）会出现在某个特定的时间点上，政策企业家（policy entrepreneurs）[1] 能够抓住这个时机将上述三个"流"（stream）汇集起来以推进特定的政策进程。政策企业家可以是个人、群体甚至组织。正如我们所知的，上述的多元流方法（Multiple Streams Approach，MSA）并不假定行动者是纯粹理性（purely rational）的；该方法认为政策制定是各竞争群体之间进行商议的过程，其中每个群体都试图提出合理的论据以希望说服决策者（Zahariadis，2014）。

　　在政策制定者可能选择解决的众多问题中，为什么有一个问题会上升到优先事项的首位？根据组织选择"垃圾桶"（garbage can）模型的解

―――――――――――

[1] 政策企业家通常指在政府部门中的某些官员，他们善于把握机会、协调各种资源，以成功出台并实施相关的政策，就好像市场中的企业家那样。——译者注

释，在任何给定的组织或政府中，人们来来去去，他们被相互竞争的想法所吸引，将时间消耗在各种各样的需求中。因此，人们并没有共享的目标，问题需要通过讨价还价加以解决。随着时间的推移，政府中的人们不断积累了各种问题和可能的解决方案，就好像将它们存储到了一个虚拟"垃圾桶"中。在这个理论中，决策的机会产生于"决断""连带""转移"等各种场景中。在"决断"场景中，随着时间推移，问题被明确必须得到尽快解决，由此促成相关的决策。在"连带"场景中，想要解决的问题与其他的问题发生了关联，如果有足够的动力来推动相关问题的解决，作出新的选择，那么政策决策也会碰巧发生。而在"转移"场景中，想要解决的问题发生了转化，这个看起来与原先不相关联问题的解决变得更具吸引力，也带来了相应的决策。简言之。"只有当问题、解决方案和决策者不断变化的组合恰巧使行动成为可能时，才会产生政策抉择"（Cohen、March and Olsen，1972）。

总而言之，机会窗口出现在新的政策被制定和实施之时。只有当解决某个由人们行为所引发的问题在政治上被认为可接受时，这些机会窗口才会开启（Stone，1989）。它可能是因为人们围绕某个特定问题的政治立场发生了转变，或是一个问题被另一个问题所替代，或是公众的态度发生了变化，均会引发对新政策的需求。在协商理论（negotiation theory）中，这种现象被称为成熟度（ripeness），即协商达成的时机就像多汁水果的成熟一样（Zartman，2000）。类似地，政策突破通常发生在时机成熟的节点。在奥巴马总统的第一个任期内，美国在气候变化问题上似乎出现了一个达成政策的机会窗口，但在参议院却没能获得足够多的支持票数以通过综合性的气候立法。根据协商理论来看，可能是这个问题的成熟度还不够，也可能是因为当时立法所希望采取的政策——排放交易（emissions trading）

措施并非最佳的选择；还可能是由于奥巴马总统并没有投入足够多的政治资本以说服参议员支持该法案。

（二）中国政策决策的过程和方法

在中国政策决策的研究领域，李侃如（Kenneth Lieberthal）和米歇尔·奥克森伯格（Michel Oksenberg）的开创性著作《中国的政策制定——领导者、结构和过程》（Lieberthal and Oksenberg，1988）首次以外部视角对中国的政策制定过程进行了全面、深入的分析。书中的许多观察（以及李侃如之后的研究）至今仍然敏锐而有意义。自那以后，许多西方学者继续观察和分析中国的政策过程（Barnett，1985；Fewsmith，2013；Gallagher，2006；Hart et al.，2015；Kong，2009；Lampton，1987；Lieberthal，1995；Lieberthal、Li and Yu，2014；Mertha，2009；Saich，2011；Lawrence，2013），一些中国的学者也在这个研究议题上作出了贡献（Yu，2016；朱光磊，2008）。

在中国，中国共产党在政策决策过程中扮演着最重要的角色。中国共产党领导着各级政府，维护国家主权、安全、发展利益，是政策决策过程中的决定性力量，政治因素在政策决策中发挥着重要作用（Yang，2014；Yu，2014）。根据"党管干部"的原则，中国共产党的组织部门负责管理干部，掌管着干部的人事任命。与此同时，按照总揽全局、协调各方的原则，中国共产党在同级各种组织中发挥领导核心作用，通过制定和执行党的路线、方针和政策，促进经济社会的全面发展。中国共产党的全国代表大会和其中央委员会是党的最高领导机关。在中央委员会全体会议闭会期间，中央政治局和它的常务委员会行使中央委员会的职权（《中国共产党章程》，第三章第23条）。

中国是共产党执政的国家，与此同时也存在着参政的多个民主党派。根据《中华人民共和国宪法》（2018年），中国共产党领导的多党合作和政治协商制度将长期存在和发展。中国人民政治协商会议在中国共产党领导下，由8个民主党派、无党派民主人士、人民团体等组成，是国家治理体系的重要组成部分，是具有中国特色的制度安排[1]。在政府部门中，也有非共产党人士，其中包括少数的高级官员。

与西方的政党不同，中国共产党在政治、经济、军事、外交等各个方面发挥决定性作用，既管理公共事务，也推动意识形态，又维护国家统一。中国共产党通过双重领导的方式实现对国家的治理，即领导人在具有党员身份的同时，又同时担任其他的相关职务。例如，党的总书记同时也是国家主席和中央军委主席。国务院总理负责领导国务院的工作，同时也是党中央政治局的常委。国务院总理虽然是国务院的最高负责人，但在政治局常委会中排在党的总书记之后。如前所述，党的中央政治局和其常务委员会领导党的全部工作。国务院即中央人民政府，是最高国家权力机关的执行机关，也是最高国家行政机关［《中华人民共和国宪法》（2018年），第三章第三节第85条］。根据宪法，国务院规定各部和各委员会的任务和职责，统一领导其工作；并统一领导地方各级国家行政机关的工作。关于中国中央和地方关系的特点，具体见专栏3-2。

---

[1] 参见中国人民政治协商会议全国委员会官网。——译者注

专栏3-2　中国的中央和地方关系

与美国联邦和州的关系相比，中国的中央和地方关系具有两个显著的特征。第一个特征是"中央决策，地方执行"，即中央政府负责制定大政方针，地方政府负责具体政策的落实（刘尚希，2010）。理论上中央政府拥有绝对的权威，不仅可以对全国性的事务进行决策，也能对涉及地方的任何事项进行决策，中央政府进行政策决策的范围是不受限制的。与此形成鲜明对照的是，美国联邦和州各自的职权范围在宪法中有明确的划分。根据《中华人民共和国宪法》第一百一十条，地方各级人民政府对上一级国家行政机关负责并且报告工作。对各级地方官员而言，"与中央保持一致"是需要时刻遵守的重要原则（Ma、Li and Ye，2012）。由于中国的中央政府主要负责政策的决策，以及对下级政府的监督、检查和考核，因此中央政府的规模相对很小。事实上，中国的中央本级公务员所占比例只有6%左右，而在许多发达国家，这一比例约为1/3。同样，中央政府的本级财政支出（2013年）占政府支出总额的比例仅为14.6%，而经济合作与发展组织（OECD）国家的这一比例平均值为46%。在英国、美国和法国，这一比例均超过了50%（楼继伟，2013）。在中央政府主要负责政策决策的情况下，政策的具体执行就交给了各级地方政府。所以，虽然中央政府拥有决策权，但政策如何实施是由地方政府来具体负责的。考虑到中国幅员辽阔、人口众多、地区差异巨大，因此各级地方政府在政策的执行过程中有较大的裁量空间。

中国中央和地方关系的第二个特征是"事权共担，部门同构"，即不同层级政府在各个事项上都分享权力，各级政府之间的部门设置非常相似（朱光磊和张志红，2005；CECC，2017）。虽然一般而言，在某个具体事项上中央拥有决策权，地方拥有执行权，但对于各级政府在不同事务上权力和责任的划分很不明确，并没有相关的法律加以界定，更多时候是依靠文件或者惯例进行操作，存在着很大的不确定性。与此同时，为了能够将中央的决策逐级贯彻落实到基层，各级政府的部门结构需要非常相似，因为中央政府的许多政策主要是通过各个部门来逐级实施的。例如，在碳排放强度政策上，首先国家发展改革委确定要达到的全国目标，同时经过与各省份的协商，确定各省份所应该达到的目标；其次，各省份的发展改革委根据本省所要达到的碳强度目标，又确定其下各地级市的目标；最后，地级市的发展改革委又将目标分解到辖区内的各县；如此等等。可以看到，碳强度政策是在各级政府的发展改革委部门间层层传递的。所以，就中央政府设立的部门而言，下面各级政府也需要设立有对应的部门，以逐级传导中央的决策，这样的结果是各级政府的部门结构设置是极其相似的。

在中国的政策决策领域，与党和政府部门相比，立法部门（各级人大）和司法部门（各级人民法院）的作用需要进一步发挥，在气候政策领域亦是如此。立法和司法部门应尽快制订、完善和实施相关的应对气候变化法律和法规。

接下来，我们转向分析中国政策决策的过程，随着中国经济社会的发展，总体上需要进行决策的事项越来越多，决策程序也越来越规范，政策决策理性化程度的不断增加所带来的一个结果是不同部门所负责的事务越来越专门化，这样会引发决策权力的分散化，不同领域的领导人之间就各自所管辖的事务拥有相应的权力。在一些重要事务的决策上，就需要在这些领导人之间形成共识（Lampton，2014b）。如前所述，中国的政策决策体系是金字塔式的结构，就像"一个倒置的漏斗"，各种各样的问题大多出现在金字塔的底端，即基层政府。但基层政府自身能力和决策权力非常有限，更多时候问题会被层层向上反映和集中，因此中央政府面临着来自全国各地的种种挑战，需要对最棘手的问题及时作出决断（Lampton，2014a）。为了维护团结，在重要事务的政策决策上就要在高层领导人之间达成一种共识，"形成共识已经成为一种被广泛接受的决策风格"。共识的达成过程当然涉及各种各样的争议，在形成政策决策时经常要进行大量的协商（Yu，2014）。尽管在政策决策过程中，领导人试图寻求多赢的结果（mutual gains）——用谈判理论（negotiation theory）的话来说，但许多时候他们会发现处于零和博弈（zero-sum game）的境地，在这种情况下必须进行权衡和抉择。

中国的治理体系被称为"条块结构"。所谓"条"，是纵向的特定政府部门，例如从国家发展改革委一直到县发展改革委；所谓"块"，是横向的每一级政府，包含着同级的众多部门。中国的政策决策既包括"条"的纵向协调，即上级的特定部门对下级对应部门的管理；也包括"块"的横向控制，即每一级政府内对不同部门的管理。

就中国的政策决策结构而言，纵向从上到下共有中央、省、市、县、乡镇五级，横的每级结构是类似的，例如，在省、市、县、乡的地方层面，也与中央层面一样，成立有相应的共产党地方委员会，地方党委的常务委员会负责领导本地方的工作，常委会成员（常委）是地方的领导人，其中党委书记（包括省委书记、市委书记、县委书记、乡党委书记）是最高负责人，而地方行政首长（包括省长、市长、县长、乡长）通常担任地方的党委副书记，是排名第二位的地方领导。在中国多数级别的决策体系中，都包括所谓的"四大班子"（党委、政府、人大、政协），其在地方政策决策中的作用是很不相同的。如前所述，在"中央决策、地方执行"的模式下，中国各级的政府结构和部门设置是非常相似的。例如，中央层面有生态环境部，省级层面对应有省生态环境厅、市级层面有市生态环境局。就中央层面设置的部门而言，一般情况下地方的各级政府都要有相关的机构与其相对应。

因此，在中国"条块结构"的政策决策体系中，各级地方政府的具体部门接受的是"双重领导"：既受到来自上级部门的业务指导，也接受同级政府的领导。例如，浙江省发展改革委，既接受国家发展改革委的指导，也接受浙江省委和省政府的领导。在"双重领导"下，来自上级部门的领导多是业务指导，来自本级党委和政府的领导则重要得多，因为地方各具体部门的人事和预算等关键事项主要是由本级党委和政府来决定的（宣晓伟，2018）。

在上述政策决策体系中，协商不仅在领导人之间普遍存在，而且在各级政府的不同机构之间也是必要的。在不同层级的政府内部，权力分散在各个部门，任何重大政策倡议必须得到相关部门的积极配合。李侃如和奥克森伯格用"碎片化权威"（fragmented authoritarianism）一词来描述在上述权力结构下，各级政府的所有相关部门需要通过协商来推进共识和出台政策的情况，因此政策决策的过程常常是"漫长、不连续和渐进的"（Lieberthal and Oksenberg，1988）。

新的重大政策或计划在出台时，各部门之间经常由于利益和意见的分歧而相持不下，有时会导致政策决策陷入僵局。在这种情景下，就需要一个或多个高层领导人对新政策或计划的强力支持（Lieberthal和 Oksenberg，1988）。而为了获得高层领导人的支持，下级部门的努力必不可少。在通常的政策决策过程中，高层领导人一般会支持其分管部门的意见。然而重大政策要想获得通过，除了决策过程的常规性因素外，非常规的因素也发挥着重要作用，有时人际关系在下级官员说服高层领导、获得其支持中的作用至关重要。在中国的文化传统中，人际关系主要指人与人之间的社会网络。费正清（John King Fairbank，1979）将中国的政治传统描述为"一种复杂的人际系统，其中每一位官员都必须尽心维护与其上级、同僚和下属的关系"。

人际关系常常在绕过或突破正式规则时起作用，例如，在政策决策过程中，逐级汇报是一般性的规则，即下级官员只能向上一级官员汇报，不能随便越过其直接上级而向更上一级官员汇报。因此政策决策过程通常是逐级汇报、逐级决策的，越级汇报是不被允许的（张国宝，2016）。然而在有些时候，下级官员也会利用人际关系来获得更高层官员的支持，以达到推进政策的目标。当然，更一般的情况下官员是利用其正式的权力和规则来推进或阻止政策的出台。

如果一项新政策达成共识，通常会发布相应的官方文件，例如各类意见、通知等；而政策的具体实施主要依靠各级地方党委和政府。由于中央政府偏重于政策的设计和对下级政府的监督，因此如何通过合理的考核使各级地方官员忠实执行中央的政策是至关重要的。目前的考核体系主要有两类，一类是针对个人的，另一类是针对政府部门的。前者是干部考核制度，由党的组织部门来负责；后者是政府绩效考核制度，一般由政府的专门机构来执行，如地方党委或政府下设的考核办、绩效办等机构。总体来看，对于具体政策执行的考核，更多来自同级政府的内部；而从上到下的考核（如上级政府部门对下级政府部门）相对比较弱。

地方官员行为的激励和约束主要来自晋升的愿望，他（她）会努力达到上级政府设下的目标，如推动经济增长、维护社会稳定等，以获得晋升的优势（Qi et al.，2008）。在中国"中央决策、地方执行"（或"上级决策、下级执行"）的模式中，上下级之间存在典型的委托—代理（principal-agent）关系，也表现出普遍的"激励不相容"（incompatible incentives）等问题。所谓"激励不相容"是指下级政府自身的利益与上级政府的目标存在不一致，上级想让下级做的并非下级官员基于自身利益想做的。例如，环境保护常常成为上级政府为下级政府设定的目标，而加强环境保护又可能需要关闭污染企业或增加企业的环境保护成本，从而给地方的经济增长和税收带来负面的影响，此时下级官员就难以忠实地执行上级的政策。在上下级政府之间的委托—代理关系中，有些下级官员会根据自身利益采取选择性的行为，对不同的考核指标，有的"实做"（切实完成考核指标所安排的各项任务），有的"虚做"（并未在现实中执行，只是在表面上完成指标），从而达到上级设定的各种目标（Fewsmith，2013；Miller，2005；彭云等，2020）。

随着中国转向市场经济体制，各级政府官员受到权钱交易腐蚀的风险增加（Fewsmith，2013）。中国共产党的最高领导人一直强调要惩治腐败现象，习近平总书记在十八届中央纪委二次全会上指出，"反腐败斗争形势依然严峻，人民群众还有许多不满意的地方。党风廉政建设和反腐败斗争是一项长期的、复杂的、艰巨的任务……我们要坚定决心，有腐必反、有贪必肃，不断铲除腐败现象滋生蔓延的土壤，以实际成效取信于民"[1]（人民网，2013）。显然，当腐败肆虐时，人民群众就不满意。正如习近平总书记指出的："如果不坚决纠正不良风气，任其发展下去，就会像一座无形的墙把我们党和人民群众隔开，我们党就会失去根基、失去血脉、失去力量。"[2]（人民网，2013）

在中国的政策决策体系中，各种计划或规划发挥着非常重要的作用，

---

[1][2]《习近平在十八届中央纪委二次全会上发表重要讲话》，人民网，2013年1月22日。
——译者注

其中五年规划占据核心的地位。每五年，中央层面会制定"中华人民共和国国民经济和社会发展五年规划纲要"，中国从1953年开始制定第一个五年计划（1953—1957年），从"十一五"（2006—2010年）起，为适应市场经济体制的要求，将"五年计划"改为"五年规划"。五年规划是对整个国家未来五年经济和社会发展的总体展望，确定各项目标，如GDP增速、居民人均收入增速、污染排放控制水平、能耗强度等。与此同时，各地区、各行业也会根据国家的五年规划，结合自身的实际，制定相应的五年规划。例如，各省、市、县的五年规划，以及交通运输、水力、能源、电力等行业的五年规划。所以，中国的"五年规划"并不是指某一个规划，而是一个规划体系，既包括全国层面的规划，也包括地方层面的规划；既有整个国民经济的规划，也有具体行业的规划。此外，中国也会就特定的重要领域制定时间跨度更长的中长期规划，例如《国家中长期科学和技术发展规划纲要（2006—2020年）》（国发〔2005〕44号），规划中提出了"到2020年，全社会研究开发投入占国内生产总值的比重提高到2.5%以上，力争科技进步贡献率达到60%以上，对外技术依存度降低到30%以下"[1]等目标（国务院，2006）。

　　需要指出的是，中国各类规划中所定下的除约束性指标外，各种目标绝大多数只是具有指示意义，表达的是一种发展的愿景，并没有必须达到的强制性要求，各级政府和各部门的官员或相关的人员也不会因为达不到规划目标而受到直接的惩罚。正是有鉴于规划约束性不强的缺陷，从"十一五"开始，国家层面的五年规划区分了"预期性指标"和"约束性指标"，后一类更为强调指标实施的刚性要求，主要包括污染控制、能源效

_____

[1]《国家中长期科学和技术发展规划纲要（2006—2020年）》，中国政府网，2006年2月9日。——译者注

率提升等目标。各类规划约束性不强的另一个原因是规划制定的科学性有待加强，许多规划的严谨性还需要提高，例如，有的规划在制定过程中为了更容易达到规划目标，就会设定较低的指标值。此外，规划的执行也常常缺乏足够的相关人员监督实施。中国正式公务员的数量约为700万人，是美国的2倍，但中国人口是美国的4倍多（Lu and Cheng，2016）。当然，中国还存在着许多事业单位编制的人员，大多也是由财政供养，人数约在5000万（Chi，2016）。总体来看，中国的各种规划普遍存在"重编制、轻执行"的问题，各类规划的真正效果有时难以得到有效保证。

在中国的政策决策过程中，高层领导人的教育背景也发挥着重要作用。与美国的政治人物多出身于律师相比，中国领导人的科学技术背景显得非常突出。在规划制定的过程中，各级政府部门经常利用专家的力量、征求他们的意见。官员较强的科技背景以及政府部门正式雇员的相对不足，也许都成为利用专家来编制规划的促成因素。如前所述，许多政府部门都有对应的下属研究机构，这些研究机构常常在该部门的规划编制中发挥重要的作用，如国家发展改革委下属的中国宏观经济研究院。当然，政府部门也会寻求外部专家的帮助，尤其是在一些重大规划的形成过程中，例如，在上述《国家中长期科学和技术发展规划纲要（2006—2020年）》的编制过程中，就有近4000位来自不同领域的专家参与（Zhou，2014）。

专家学者主要通过两种途径在政策决策过程中发挥影响力。第一种途径是凭借其所在的机构。中国存在许多研究机构和大学，例如，前面所提到的中国科学院、中国社会科学院、国务院发展研究中心、北京大学、清华大学等，以及一些政府部门管理的研究机构。这些研究机构通常会在国家的重大决策过程中发表意见，如五年规划的制定。它们或者受政府委托开展研究，或者自身进行相关的研究。这些机构所属的研究人员就可以通过相关的研究成果发表意见，从而影响政策。第二种途径是通过专家学者自身的影响力和关系网络。例如，许多政府部门常与一些专家长期开展合作，形成了较为固定的合作关系。当然，专家的机构背景是政府部门必须考虑的，但这些专家更多凭借个人的学识和关系来影响政府官员及其政策。专家如果要参与政策决策过程，需要频繁地与政府部门打交道，这样地理位置接近成为一个很重要的优势。所以在中央决策层面，在北京的研究机构和专家学者拥有了地域优势，其对政策的影响力往往更大。而在地方层面，靠近地方决策层的地方研究机构和专家学者往往更有话语权。

改革开放以后，中国政策决策的一个显著变化是企业影响力的增加。在转向市场经济的过程中，中国越来越鼓励有利于经济增长的创业精神，更注重发挥企业和企业家的作用（Huang，2008；Cheng，2016）。在这种模式下，一些企业和企业家试图影响握有资源配置权力的各级政府官员，从而有碍于政策决策的公平性和有效性（Wu，2015）。

如前所述，国有企业的巨大影响力是中国政策决策过程中的一个特色。在能源、银行、通信、航空等战略性行业，国有企业均占据着主导地位。在政策决策过程中，这些国有企业既作为企业在政府外部发挥作用，又被当作"自家人"在政府内部产生影响。如前所述，许多重要国有企业的主要负责人占据较高的职位，那些副部级以上的国有企业领导是由党的中央组织部门直接管理的，他们可对政策决策产生重要影响。国有企业和企业领导人的双重身份一方面使他们必须接受级别更高、自上而下的政府决策，有时这些命令需要他们暂时牺牲自身的利益以满足全社会的需要。例如，为了维护社会稳定和经济增长，中国的国有石油企业有段时间需要在国际上购买高价原油，却以相对的低价在国内销售成品油（Stocking and Dinan，2015）；此外，有时国有企业领导人不得不接受对其薪酬进行限制的行政决策。另一方面，国有企业和企业领导人也会利用其地位影响政府的政策决策，维护企业自身的利益，从而可能导致相关政策的僵局。

社团组织的增加是改革开放后中国政策决策的另一个变化。一些特定类型的非政府组织被允许成立，各种利益集团涌现并试图表达自己的声音，尤其是行业协会的出现。这些行业协会本身是20世纪80年代以来改革的产物，大多原先是政府的组成部门，成立后仍与政府保持着密切的联系，许多行业协会的领导也依然由主管的政府部门来任命。因此，行业协会一方面承担了政府部门原先管理企业的一些职能，另一方面又代表协会内的企业与政府进行沟通，试图影响相关的政策决策以维护企业的利益（Fewsmith，2013）。此外，一些致力于社会公益的组织也被允许和鼓励，如从事环境保护的社团组织。与此同时，政府也加强了对社团组织尤其是境外社团组织的管理。目前在中国，国内的社团组织在民政部注册登记，并必须有相应的业务主管部门或单位（参见《社会团体登记管理条例》）；而境外的非政府组织的登记管理机关是公安部门，并要有政府的相关部门和单位作为其业务主管单位（参见《中华人民共和国境外非政府组织境内活动管理法》）。与此同时，社团组织只能在指定的地区开展业务，只能从事登记时被批准的活动（Yu，2011）。

总体来看，社会相关组织在中国政策决策过程中的影响力还不大，尽管他们也在努力发声，表达愿望或不满。对于政府决策者来说，当前最明显的社会公众压力主要集中在健康和环保领域。例如，2008年爆发了牛奶质量安全事件，当时不法厂商为了降低成本和提高产量，在牛奶和婴儿配方奶粉中加入三聚氰胺以提高蛋白质含量的指标，结果造成许多地方的婴儿患病甚至死亡，由此导致大众的愤怒。随后，中国政府打击了违法的企业，通过了新的食品安全法规，并成立了一个国家级的食品安全委员会，以化解公众对食品安全问题的普遍担忧（Bottemiller，2010；国务院，2010b）。然而，目前食品安全仍然是众多中国家庭持续关注的问题。

类似地，随着北京等城市的空气污染问题日益凸显，人们被迫戴上口罩出门，患哮喘、支气管炎和其他呼吸系统疾病的儿童不断增加，学校上课和其他活动有时因空气污染红色预警而被取消。从中央到地方的各级政府都对空气污染问题进行了政策回应，它们制定了新的规则，采取限制煤炭消费和车辆出行等措施，甚至暂时全面禁止导致污染的各种经济活动，都是为了控制空气污染。然而，"蓝天保卫战"的任务仍非常艰巨。

在上述健康、环保等领域，尽管政府努力对社会公众的关切作出回应，但总体来说社会公众的迫切要求对政府行为的约束还有待加强，社会组织在此过程中的应有作用也需要得到有效发挥，公众仍然对食品安全、空气污染等问题存在着担心。因此，提高政策决策过程透明度、加强监管力量、严格惩罚措施都是改善上述状况的多种举措。在《中华人民共和国立法法》（2023年）的第39条和第74条中明确规定，无论是人大的法律，还是国务院的行政法规，在正式出台前都需要向社会公布相关的草案并征求公众的意见，要确保这些反馈意见得到重视，其参与政策决策过程的权利得到保障。

与党委和政府相比，司法部门在政策决策中的作用还需要加强。在中国，公安、检察院和法院统称为"公检法"系统，其接受党委的政法委员会（简称"政法委"）领导。政法委是各级党委领导和管理政法工作的职能部门，是实现党对政法工作领导的重要组织形式。在中央层面，中央政法委在党中央领导下履行职责、开展工作，对党中央负责，受党中央监督，向党中央和总书记请示报告工作。地方（省级、市级、县级）的情形与中央类似，地方政法委受当地党委的领导，事实上许多地方的政法委书记是本地的党委常委，成为各级地方最高领导之一。

司法部门受到影响的重要原因之一是属地管理原则，即在原先的制度安排下，地方检察院和地方法院的人事、预算等重要事项都是由地方政府来负责的，因此就很容易造成各级司法部门受地方主要领导影响的现象。目前进行的司法管理体制改革，正在推动省以下地方法院、检察院人财物统一管理[1]，探索建立与行政区划适当分离的司法管辖制度，加强各级司法部门的公正性和独立性，以保证国家法律统一正确实施（新华社，2013）。

五、中美决策体制的比较

上文描述了美国和中国政策决策的结构、参与者、过程和方法，我们就可以比较各自体系的优点和缺点。在这里，我们的目的是阐明一些关键性的差异，而不是详述所有可能的区别。如表3-7所示，美国和中国的决策体系都有很突出的优点，但也都有明显的缺点。

表3-7　美国和中国政策决策体系的比较

美国的政策决策体系		中国的政策决策体系	
优点	缺点	优点	缺点
分权制衡	各政治分支分别掌握权力，容易导致政策僵局	全国一盘棋，集中力量办大事	权力过分集中*
联邦、州、县等的多中心治理体系	政策决策受竞选中捐赠因素的影响过大	中央决策、地方执行；发挥中央和地方两个积极性	政策的执行力需要加强，政策效果有待保障

---

[1] 2017年7月最高人民法院通报了推进司法责任制等四项基础性改革的有关情况，人财物统一管理等相关改革已在18个省（区、市）完成。——译者注

续表

美国的政策决策体系		中国的政策决策体系	
优点	缺点	优点	缺点
公众和企业有各种充足的正式和非正式渠道参与和影响政策决策	由于短期的竞选压力，长期性和全局性的公共利益难以保证	中央决策有助于采取长远、全局的视角，以统一考虑整体的利益	公众对政策决策的参与和影响力需要加强
联邦、州等平行的治理结构使各级政府的政策决策和实施互不干扰	存在联邦以及50多个州等多套监管体系，治理规则异常复杂	大政方针自中央出，决策容易做到高效和迅速	上有政策、下有对策，地方官员的行为需要得到有效控制
多数政府部门欢迎技术专家的政策建议	政府部门很少主动纳入外部专家开展决策，国会取消了技术评估办公室	政府部门经常利用外部专家的力量帮助政策决策	外部专家参与决策的途径有待规范
不同和反对意见表达渠道通畅，政策决策的透明度高	利益集团通常利用金钱等各种资源影响公众观念，混淆是非，导致决策的混乱和僵局	决策更为坚决和果断	各种重要决策的纠错机制有待完善
—	—	开展五年和中长期等各种规划	规划制定的科学性和执行力需要加强，规划效果有待保证

　　* 邓小平：《党和国家领导制度的改革》，《邓小平文选》（第二卷），人民出版社1994年版。

　　资料来源：作者整理和总结。

　　对美国气候变化行动的倡导者而言，美国体系的第一个优势是其分权制衡制度，它为阻止共和党总统当政期间出台反对气候的政策提供了保障，无论是在国会还是在最高法院，都提供了相应的途径。分权制衡制度甚至为推出新的气候政策提供了可能。另外，由于美国每个权力分支都有很强的制衡能力，所以如果至少有两个分支不赞同时，新的政策是很难出台的。当然，分权制衡的另一个好处是那些明显有害或者显失公平的政策很容易被一个或多个部门所阻止，从而不会得以实施。

美国体系的第二个优势是其联邦制度。一方面，联邦制下联邦政府不仅要制定政策，还必须亲自实施政策，这使联邦政策的范围一直可以延伸到各地方层面。另一方面，联邦体系可被描述为一个多层次治理结构（Selin and VanDeveer, 2009），这意味着各州（states）、县（counties）、市（cities）、镇（towns）都可以分别制定和实施自己的政策，而不需要得到联邦政府的同意。这样，州和地方就能在各自管辖范围内出台适合自身实际情况的政策，而且各地方的领导人也有权尝试新的政策。联邦和州之间的权责界限相当清楚，一旦发生争议也可诉诸法律渠道以解决纠纷。

当然，在分权制衡制度下不同的权力相互制约，各种政治和利益集团力量交错，这使要想在重要议题上取得政策进展，有时需要很长的时间，甚至陷入根本无法解决的困局。这种政策决策过程中的固有迟缓虽然被宪法制定者认为是协商民主的优势，但也成为其体制的一个主要弱点，因为政府有时需要能够及时地解决问题。政策决策过于缓慢，就会丧失及时解决问题的有利时机，气候变化政策就是一个很好的例子。

在美国，由于民选的领导人只能任职一段时间，因此他们就会倾向于更重视当前或短期的问题和机遇。与此同时，因为当选的领导人受惠于相关的选民，所以他们更可能专注于取悦狭隘的选民群体，而不是整个国家的利益。此外，除非他们对连任有信心，否则他们也很难考虑其行动的长期后果。在美国的背景下，一个中国式的中长期计划几乎是无法想象的。

相比之下，中国共产党具有统一领导的力量，可以集中力量办大事。当然，如果在决策体系内部缺乏共识，政策的推进也是相对困难的。但总体来看，中国的政策决策体系的第一个优势是政策在必要时可以在很短的时间内出台。通过严密的组织和严格的纪律，中国共产党在管理和协调不同的权力和利益集团方面发挥着决定性的作用[1]。

中国决策体系的第二个优势是中央政府能站在全国利益的角度出台政策，较少受到任何单独的地区或利益集团的过度影响。此外，在制定了国家目标后，政府可以在很短时间内调集和分配大量的资源以推行政策。当然，中国的决策体系也必须要求明智和有道德的领导人，"是以惟仁者宜在高位，不仁者而在高位，是播其恶于众也"（《孟子》·离娄上），中国的决策体系要发挥出自身的优势，对领导人提出了极高的道德和智力要求。因此，中国政策决策体系的第一个缺点是难以百分之百确保领导总是能够作出明智的决策。一个地区或部门的最高决策者对该地区和部门的发展有着巨大的影响力。如果决策失误，则很难被及时纠正，带来的不良后果将是很严重的。

中国政策决策体系第二个缺点是存在着委托—代理问题（principal-agent problem），政策的实际效果难以得到保证。由于中央政府负责政策的决策和监督，地方政府负责政策的执行，因此难以保证政策在地方得到真正落实。在中央和地方的委托—代理关系中，存在"激励不相容"和"信息不对称"的问题，前者意味着地方政府和中央政府的目标并不总是一致的，地方会有自身的利益；后者表明对于本地的实际情况地方总是拥有相比中央更多的信息，而地方不倾向于向中央分享对自身不利的信息。虽然中央政府能够采取对地方进行绩效评估并经常开展视察和监督的方式，来

---

[1] 中国的各层级政府都设有党的委员会，在每个层级的各政府部门和国有企业则设有党组。《中国共产党章程》（2017年）规定："党的各级委员会实行集体领导和个人分工负责相结合的制度。凡属重大问题都要按照集体领导、民主集中、个别酝酿、会议决定的原则，由党的委员会集体讨论，作出决定。"所以各党委或党组的人数常常是单数，以便实行多数决原则。——译者注

减轻"激励不相容"和"信息不对称"的严重程度，但仍难以真正解决这些问题，所以"上有政策、下有对策"成为中国政策体系的一大问题。

第四章　两国减排目标的形成

本章首先讨论各国如何制定其气候变化政策的目标，我们将分析中美两国减排目标的设定过程，然后比较两国目标形成过程中的异同。

在习近平主席和奥巴马总统签署的历史性的《中美元首气候变化联合声明》中，美国计划到2025年将其温室气体排放量比2005年减少26%~28%，中国则计划将在2030年左右碳排放量达到峰值、非化石能源的占比达到20%。此外，美国还宣布将"尽最大努力"达到减排目标的设定上限，中国也表示将"尽最大努力"在2030年之前就达到排放峰值。

一、设定减排目标和时间表的方法

在本章开始，我们先要了解为什么美国和中国都采用了所谓的"目标和时间表方法"（targets and timetables approach），即指定在某一个日期之前将温室气体排放量减少的额度。这种方法最初在1987年各国签订关于消耗臭氧层物质减少使用的《蒙特利尔议定书》（Montreal Protocol）中所使用，当时正是用此方法规定了各国消耗平流层臭氧的氯氟烃化合物（Chlorofluorocarbons，CFCs）的使用减少量。五年后的1992年在巴西的里约热内卢召开了地球峰会，会上通过了《联合国气候变化框架公约》（UNFCCC），参会的谈判者也应用了目标和时间表方法。在1992年签署的《联合国气候变化框架公约》中，工业化国家（industrialized countries）同意在自愿的基础上将温室气体排放量降低到1990年的水平。在随后的协议——1997年谈判所达成的《京都议定书》（Kyoto Protocol）中，工业化国家答应将作为一个整体在2008—2012年的承诺期内将温室气体排放量在1990年的水平上减少5%，并在该议定书的附件中详细列明了各国的量化排放限值或减排承诺（Quantified Emission Limitation or Reduction Commitments，QELRCs）（UNFCCC，1998）。

在2015年《巴黎协定》中，各国采用了一种自下而上的新方法，即不再作为一个整体就减排的目标和时间表进行谈判，各个国家单独确定自身的减排目标。这一方法被称为"承诺和审查法"（pledge and review），在该方法下，每个国家都要先作出承诺，然后在《联合国气候变化框架公约》的谈判背景下，对各国承诺的妥当性进行审查。在2015年的巴黎气候会议之前，从美国和中国开始，几乎每个国家都宣布了各自的减排承诺，即所谓的"国家自主贡献预案"（Intended Nationally Determined Contributions，INDCs）。随后在2016年《巴黎协定》生效后，这些"国家自主贡献预案"就转变为"国家自主贡献"（Nationally Determined Contributions，NDCs）[1]。

目标和时间表方法得到了各国的广泛认可，尽管欧洲曾经提出过一种替代的方法，即"政策和措施协调法"（Proposed Harmonizing Policies and Measures），该方法建议各国采取协调一致的绩效标准或排放税。例如，各国可以同意制定相同的汽车燃油经济性标准，或者征收相同水平的

---

[1] 各个国家的"国家自主贡献"登记列表可参见 http：//unfccc．int/focus/ndc_registry/items/9433．php（UNFCCC，2016a）。

碳排放税，以在经济上形成公平竞争。

近年来，人们也提出了一些基于公平考虑的分配排放配额的设想，如根据各国人均排放量相同的原则，但这些建议从未在国际气候谈判中获得真正的影响力[1]。

各国设定的减排目标可以采取多种形式，例如，绝对排放量下降百分之多少；可以包括所有的温室气体，也可以只针对一种气体，如二氧化碳。减排目标中也可包括土地利用变化产生的排放，如森林砍伐导致的碳排放。瑞士的减排目标是目前所有工业化国家中最雄心勃勃的，其承诺到2030年将排放量降低到1990年水平的50%。

中国率先提出了设定排放峰值目标（peaking targets）的方法，即明确自身的排放量不再上升的时间点，这意味着其排放在此之后将逐步开始下降，当然在峰值水平上可能会有一个延伸的平台期。峰值目标的方法为许多发展中国家所采用，在中国宣布了2030年的峰值目标后，墨西哥制定了一个更雄心勃勃的时间表，将峰值目标设定在2026年。

另一种方法是设定强度目标（intensity target），即每单位经济产出的温室气体排放量，如温室气体排放量/GDP。当一个国家希望避免减排对经济增长的限制时，其倾向于选择强度目标。例如，通过关闭燃煤发电厂并建设同等规模的风电场，就可以降低经济体的碳排放强度。中国向《联合国气候变化框架公约》递交的"国家自主贡献预案"中，宣布要在2030年将其碳强度水平在2005年的基础上下降60%~65%。

一些国家也采用基础情景（Business as Usual，BAU）减少的方法来设定减排目标。在这种方法下，这些国家通常会（但并不总是）先设定预期

---

[1]　对这些建议的综述，参见（Mattoo and Subramanian，2012）。

的基础排放情景，然后再确定相应的减排目标。基础情景减少方法下所设定的目标一般是增长目标（growth target），即在该方法下，排放量仍然预计要增长，只是增长速度会比原本的水平要低。例如，埃塞俄比亚设定了一个限制温室气体排放的目标，即到2030年将其排放量（包括土地利用变化所导致的排放）限制在145Mt CO_2eq。而在基础排放情景下，埃塞俄比亚的净排放量预计将达到400Mt CO_2eq，这表明埃塞俄比亚设定的排放目标将比基础情景下减少64%。当然，基础情景减少方法所面临的问题在于一个国家经常高估基础情景下的预计排放量，从而使其减排目标看起来更引人瞩目。

重要的是，上述不同方法所设定的减排目标其实是很难进行比较的。对于各国不同的减排努力的比较，想要做到像一个苹果和另一个苹果那样的对比是不可能的。通常采用的方法是考虑各国温室气体每年减排的速度；如果排放总量仍在增长，则考虑排放强度下降的速度[1]。

二、减排目标的制定方法

（一）美国国内目标的制定

在美国的历史上，其减排目标都是在白宫的协调下由行政部门来制定的。在此过程中，联邦政府的相关机构提出相应的建议，最终由总统作出

---

[1] 万斯·瓦格纳（Vance Wagner）和凯莉·西姆斯·加拉格尔（Kelly Sims Gallagher）曾用此方法在奥巴马政府签署《巴黎协定》之前，比较了美国、中国、欧洲国家和其他发展中国家的减排承诺。瓦格纳曾在美国国务院的气候变化特使办公室（State Department's Office of the Special Envoy on Climate Change）担任中国问题的顾问。

决定。事实上，美国国会也有权通过气候变化的立法，来设定具有国内约束力的减排目标，但迄今为止，国会从未能够通过有关气候变化的法案。

美国的第一个减排目标是在《联合国气候变化框架公约》背景下所设定的，尽管它很难被认为是一个"目标"（target）。在1992年的《联合国气候变化框架公约》谈判期间，因为所有工业化国家都需要设定相同的减排目标，美国必须与其他国家达成相关的共识。因此，国际谈判的需要推动了美国国内的政策进程，在白宫的协调下，美国国务院推进了相应的议程。在当年于里约热内卢举行的地球峰会上，商定了《联合国气候变化框架公约》的最终目标，即"防止对气候系统造成危险的人为干扰"（UNFCCC，2017a）。对于减排的具体目标，谈判代表原本试图在公约的第4（a）条和第4（b）条中将其设定为"到2000年将排放量减少到1990年的水平"。而根据当时美国代表团的成员丹尼尔·雷弗斯耐德（Daniel Reifsnyder）的说法："对于老布什政府来说，设定减排目标和时间表是一条不可触及的红线。"

在里约谈判的一个主要分歧是，工业化国家是"必须"（shall）达到1990年的水平，还是"旨在"（aim）实现这一目标。美国坚持使用后者，它意味着目标的达成完全是自愿的，这与许多其他国家的意愿相反（Gupta，2010）。《联合国气候变化框架公约》最终并未指明2000年是达到减排目标的年份。事实上，在公约的第4（a）条中提出："在未来10年末，人为的排放应恢复到早些时候的水平。"这可以把达标的年份解释为1999年或2000年，而且也没有具体说明工业化国家是否应该在2000年之后继续保持这一水平。当时，美国政府中的每个人都将达成减排目标看作完全自愿的，因此参议院很快就批准了《联合国气候变化框架公约》。

几年后，《联合国气候变化框架公约》下的谈判代表开启了"柏林议程"

（Berlin Mandate），该议程试图在1997年前达成一个更具雄心和法律约束力的条约，由此产生的便是《京都议定书》（Kyoto Protocol），它为工业化国家设定了2008—2012年减排的约束性承诺（参见其附件Ⅰ）。在《京都议定书》中，美国的目标是2012年比1990年的排放水平减少7%。在时任副总统阿尔·戈尔的积极鼓励下，克林顿总统最终同意了这一目标。戈尔还亲自前往日本京都，以表示美国对气候谈判的大力支持，并帮助达成了最终的协议。但是，美国在《京都议定书》中的减排目标并未通过美国国内的具体政策过程，而只是在国际谈判中提出。

事实上，《京都议定书》从未被递交给美国参议院，也不可能得到参议院的批准。由于在《京都议定书》中对主要的发展中国家（尤其是中国和印度）并未设定有约束力的减排目标，美国参议院对《京都议定书》表示了压倒性的反对态度。在京都谈判的前几个月，共和党参议员查克·哈格尔（Chuck Hagel）和民主党参议员罗伯特·伯德（Robert Byrd）提出了一项非约束性的决议（resolution），获得了参议院其他成员的一致赞同。尽管该决议并不是正式的立法，但在这种情况下，决议表达了参议院的态度，即不会批准《京都议定书》。参议院通过的决议认为，美国不应签署任何气候协议，且"在条约附件Ⅰ中作出新的承诺限制本国的温室气体排放"……"除非该协议或其他协议也设定新的条款，明确要求发展中国家承诺在相同的履约期内实现温室气体排放的限制或减少"（Byrd–Hagel Resolution，1997）。哈格尔参议员在后来的采访中表示，他并不认为《京都议定书》是公平的，因为像中国这样的大国并没有像美国那样作出减排承诺，尽管两国的发展水平迥异。他说："我确实认为这不公平，因为它（《京都议定书》）并没有包括世界上所有的国家……事实上，只有30个国家承诺了要将人为的温室气体排放量降低到1990年水平以下5%~7%的目标，但这些国家不包括中国、韩国和印度等国家，世界上大多数国家都没有作出承诺，这样公平吗？"（PBS Frontline，2007）

在克林顿政府之后，副总统戈尔尽管赢得了多数民众的选票，却输掉了选举人团（Electoral College）的选票，共和党乔治·W. 布什（George W. Bush，即"小布什"，下同）当选总统。在美国并未批准《京都议定书》的背景下，小布什政府开始制定有关气候变化政策的目标。2002年2月，小布什总统宣布，美国将在自愿的基础上，到2012年将温室气体排放强度在2002年的水平上降低18%，2012年正是《京都议定书》第一个承诺期结束的那一年。当时的分析预测，这一强度目标将可能导致美国的排放量在此期间增加约12%（C2ES，2002）。但实际上，美国的碳排放量从2002年的7185Mt CO_2eq 下降到了2012年的6643Mt CO_2eq，相应减少了7.5%。2012年的碳排放相比于1990年则增加了约4%（回想一下，在《京都议定书》中对美国设定的目标是2012年比1990年的水平减少7%）（EPA，2018）。事后来看，小布什政府之所以设定了与实际情况大相径庭的减排目标，是因为没有充分考虑到当时在电力市场上高碳煤向着天然气的转变。

观察人士对小布什政府时期气候政策的结论是，产业团体在其中发挥了重大影响。在《卫报》（the Guardian）通过《信息自由法》（Freedom of Information Act，FOIA）所获得的文件中，美国国务院官员被发现"对埃克森石油公司高管的积极参与表示感谢，并在制定气候变化政策中寻求他们关于怎样的气候政策对公司而言是适宜的建议"（Vidal，2005）。《纽约时报》的一篇报道也曝光，在2001年"能源行业为共和党提供竞选资金最多的25位人士中，有18位进入了副总统迪克·切尼（Dick Cheney）的国家能源工作组（national energy task force）并为其提供建议"（Van Natta and Banerjee，2002）。

尽管美国于2001年退出了《京都议定书》，但它仍然是《联合国气候变化框架公约》的缔约国之一，因此还会继续参加年度的缔约方国际会议。为了商定《京都议定书》之后的协议，《联合国气候变化框架公约》的谈判代表设定了一个新的最后期限，即2009年12月在丹麦哥本哈根举行谈判。

奥巴马总统于2008年当选后，立即在演讲中誓言要开创气候政策的"新篇章"。具体而言，他认为美国应该建立一个限额与交易计划（cap-and-trade program），到2020年将温室气体排放量减少到1990年的水平，到2050年进一步减少80%（Obama，2008）。2009年，奥巴马总统在对国会的一次特别演讲中，要求国会建立一个限额与交易计划（Samuelson，2009）。国会议员亨利·维克斯曼（Henry Waxman）和爱德华·马基（Edward Markey）接受了这一建议，在第111届国会上提出了《美国清洁能源和安全法案》（American Clean Energy and Security Act）的草案，简称《维克斯曼—马基议案》（The Waxman-Markey Bill）。该议案（HR2454）确立了一个新的减排目标，即到2020年将美国的温室气体排放量在2005年的水平上减少17%，并为此制定了一项国内限额与排放交易计划。2009年6月，美国众议院以219票对212票通过了该议案。但参议院多数党领袖哈里·里德（Harry Reid）并未将该议案对应的参议院版本提交给以参议员约翰·克里（John Kerry）、约瑟夫·利伯曼（Joseph Lieberman）和林赛·格雷厄姆（Lindsey Graham）为首的参议院进行全体表决。虽然奥巴马总统支持该议案，但他未尽全力推动议案的通过。据报道，奥巴马总统出于政治考虑，决定先全力推进医疗改革。与此同时，不幸的是墨西哥湾的马孔多油井（Macondo well）正好发生泄漏，而在参议院的议案中，为了平衡能源行业的利益，打算扩大海上的石油钻探规模（Lizza，2010）。此外，虽然当时民主党占据了参议院的多数，但也有许多来自煤炭开采和制造业州的民主党参议员反对这项议案。

尽管如此，当奥巴马总统于2009年12月出席哥本哈根会议时，参议院的议案尚在进展中。奥巴马总统采用了《维克斯曼—马基议案》中设定的目标，即到2020年温室气体排放量比2005年的水平降低17%，并将其作为美国政府的官方承诺。虽然哥本哈根会议并未像预期的那样达成一个正式的国际协议，但奥巴马总统决定制订一项计划来兑现所提出的目标。2013年6月，他宣布了一项气候行动计划（Climate Action Plan），主要包括3个部分，即减少美国的"碳污染"（减缓，mitigation）、为适应气候变化的影响做准备（适应，adaptation/resilience）以及在国际气候领域发挥美国的领导力（White House, 2013）。其中的减缓部分旨在通过一系列国内政策和项目使美国走上实现2020年目标的道路。

与此同时，《联合国气候变化框架公约》下的国际气候谈判又设定了2015年12月的新最后期限。人们为了避免像在京都或哥本哈根的会议那样无法达成一项各国都可以接受的协议，设想采用了一种新的方式和进程。在最终达成《巴黎协定》的新议程中，各国采取的是"自下而上"（bottom-up）的方法，即每个国家在2015年12月会议前均先提出各自的"国家自主贡献预案"。换言之，正如本章开始时所描述的那样，减排目标不是由谈判产生的，而是由各国先自行制定的。由于以气候变化特使托德·斯特恩（Todd Stern）为首的美国高级官员们都认为这一方法可以打破工业化国家和发展中国家之间的历史障碍，达成一个所有国家都能参加的普遍协议（Stern, 2015），因此奥巴马政府也大力推动和支持这个方法。

为了制定一个有力并得到足够支持的"国家自主贡献预案"，在时任总统行政办公室（EOP）能源和气候副主任（Deputy Director for Energy and Climate）里克·杜克（Rick Duke）的带领下，白宫工作人员在2014年启动了一个跨部门的议程，为美国实现2020年后更雄心勃勃的目标确定相应的政策和措施。议程首先考虑的是奥巴马总统在第一个任期内已经实施的政策，最重要的是汽车燃油经济性的新标准，还包括能源部开展的贷款担保项目、能源研发和推广的投资政策、对可再生能源生产和投资的税收抵免以及能源部发布的能效标准。除了现有的政策外，还需要考虑出台新的和其他潜在的政策和法规，包括"清洁电力计划"（Clean Power Plan），这是一项新的规则，由美国环境保护局最终发布。所有上述的政策都用综合能源评估模型 EPSA-NEMS 进行了建模评估（US Department of State, 2016）。除"清洁电力计划"外，其他主要的新政策还包括环境保护局的甲烷条例（methane rule），根据《蒙特利尔议定书》和"重要的新替代物政策"（Significant New Alternatives Policy，SNAP）计划所制定的限制氢氟碳化物（HFCs）的新规定，以及重型车辆能效标准。土地利用变化和林业的温室气体排放还存在相当大的不确定性，但它们最终还是被纳入了国家自主贡献预案中。

白宫的国内政策委员会（Domestic Policy Council，DPC）和环境质量委员会（Council on Environmental Quality，CEQ）在总统顾问约翰·波德斯塔（John Podesta）的领导下开展了跨部门的工作，当时波德斯塔是气候政策的最终协调人。国内政策委员会和环境质量委员会都位于总统行政

办公室，在联邦政府中发挥着协调作用^[1]。总统顾问在其中所扮演的角色

非同寻常，他进入白宫就是为了帮助奥巴马总统，专注于实现总统最为重视的几项优先任务，其中之一便是气候政策。跨部门协调是一个缓慢、反复、自下而上的过程，包括所有相关的联邦政府机构和白宫的其他办公室，也包括国家安全委员会（National Security Council，NSC）和科技办公室（Office of Science and Technology Policy，OSTP）[2]。通常情况下，政策决策的进程从底层的工作人员开始，逐渐上升到内阁一级的官员，最终由他们向总统提出建议。

与此同时，2013年年底奥巴马政府开始考虑与中国共同宣布"国家自主贡献预案"的可能性，以推动其他国家尽早制定它们的"国家自主贡献预案"。2014年年初，奥巴马政府向中国政府提出联合宣布"国家自主贡献预案"的设想后，必须将国内气候政策的决策过程与中美双边谈判的日程安排相匹配。由此，定于2014年11月举行的奥巴马总统和习近平主席的会谈[3]，为美国"国家自主贡献预案"的内部决策过程设定了最后期限。

随着唐纳德·特朗普当选美国总统，美国实现减排目标的可能性再次受到了威胁，这与当年戈尔输给小布什之后的情景极其相似。就特朗普总统而言，他在竞选中就宣称要退出《巴黎协定》，并取消一些能使美国实

---

[1] 国内政策委员会和环境质量委员会都是白宫的内设机构，直接为总统服务。国内政策委员会隶属于白宫政策办公室（Office of White House Policy），侧重于向总统提供国内政策的相关建议；环境质量委员会隶属于总统行政办公室（Executive Office of the President，EOP），它与各机构和白宫其他办公室密切合作，制定环境和能源领域的政策。总统顾问由总统聘请和任命，深得总统的信任，承担总统亲自赋予的职责并可直接向总统提出建议。——译者注

[2] 国家安全委员会隶属于总统行政办公室（EOP），就国家安全和外交政策向总统提供建议，并在不同的政府机构之间协调政策。科技办公室也隶属于总统行政办公室（EOP），就科技对国内外事务的广泛影响向总统提供建议。——译者注

[3]《中美气候变化联合声明》，新华社，2014年11月12日。——译者注

现其减排承诺的相关政策，其中最重要的就是"清洁电力计划"。本书第五章将进一步详细讨论美国的减排前景，包括分析特朗普政府在执政第一年内所采取的相关行动。

（二）中国国内目标的制定

中国制定国家气候政策目标的历史可以分成四个阶段，即"无强制目标"时期、"能源强度目标"时期、"碳强度目标"时期和"确立排放峰值"时期。这些阶段依次出现，每个阶段与新一轮的五年计划（规划）大致吻合。五年计划（规划）的制定可以追溯到苏联的传统，苏联在1928—1932年制定了其第一个五年计划。中华人民共和国在1949年成立后，学习借鉴了苏联的集中计划经济体制，也在1953—1957年制定了本国的第一个五年计划。中国第十三个五年规划的期限是2016—2020年，"十四五"规划的期限为2021—2025年。中华人民共和国成立后的前30年，实施的是集中式的计划经济，五年计划在其中发挥着至关重要的作用，它直接决定着整个国家未来一段时间的资源分配。1978年改革开放以后，中国逐步向市场经济体制过渡，五年计划主要发挥的是指导作用，确定国民经济和社会发展的方向和目标。所以，在"十五"（2001—2005年）期间还叫"五年计划"，但从"十一五"时期（2006—2010年）开始，就改称为"五年规划"。虽然在英语中，"计划"和"规划"对应的是同一个单词（plan），但在中文语境中，两者的含义有很大的差别[1]。长期以来，中国在制定的五年计划（规划）中都会设定各种经济和社会的发展目标，因此在2005年以后，将与气候变化有关的各种目标纳入五年规划中也是顺理成章的。

中国从一开始就参与了《蒙特利尔议定书》（Montreal Protocol）和《联合国气候变化框架公约》（UNFCCC）的谈判，因此对这些公约中所采用的基于目标的方法非常熟悉。与美国不同的是，中国作为一个发展中国家，并没有在1992年《联合国气候变化框架公约》下设定相应的气候政策目标。在1997年的《京都议定书》下，中国可在自愿的基础上设定相应的减排目标，但中国并没有这样做。中国第一个正式的减排目标是在2009年的哥本哈根会议上提出的，但那次峰会未能达成新的国际条约。随后，中国在中美气候协议的背景下提出了第一章中所描述的一系列减排目标，并最终载入了2015年的《巴黎协定》。

中国气候政策制定的第一个阶段是2005年以前，可被看作"无强制目标"（或"自愿目标"）时期。2005年是第十个五年计划（2001—2005年）结束的那一年。在"十五"期间，中国对能源领域并没有制定明确的强制性目标。在《中华人民共和国国民经济和社会发展第十个五年计划纲要》第二章"国民经济和社会发展的主要目标"中，有关资源能源的表述只提出"资源节约和保护取得明显成效"，但并没有明确相应的目标。尽管如此，由于参与国际气候谈判的需要，中国也开始逐渐意识到了气候变化问

---

[1] 在中文语境下，"计划"主要对应于计划经济体制，即由政府部门决策来直接决定经济如何运行，例如投资和生产多少；而"规划"则对应于市场经济体制，经济如何运行主要由市场决定，但政府提供相应的指导。在各种规划中，政府也会设定相应的发展目标，这种目标通常分为两类：一类是"强制性目标"，即各级政府努力要实现、保障要达到的目标，如能源强度的下降；另一类是"预期性目标"，这类目标是中央政府对未来经济和社会发展的预测，具有指导含义，并不要求必须实现，如经济的增长率。

题。中国政府于1992年6月11日签署了《联合国气候变化框架公约》，并于1998年5月29日签署了《京都议定书》。

在20世纪90年代，对于气候变化问题，中国一方面在国际上参与相关的气候变化谈判，另一方面在国内主要将其放在可持续发展的框架下加以考虑。为了支持参与国际气候谈判，中国政府于1990年在国务院环境保护委员会下设立了国家气候变化协调小组，组长为当时的国务委员宋健，协调小组办公室设在国家气象局（邹晶，2008）[1]。此外，1992年6月，联合国在巴西召开了环境与发展大会，会议通过的《21世纪议程》成为指导各国制定和实施可持续发展行动计划的纲领性文件。国务院成立了由当时的国家计委（国家发展改革委前身）和国家科委（科技部前身）牵头的领导小组，"组织和协调《中国21世纪议程》的制定和执行工作"（United Nations，1997）。1994年，中国发布了《中国21世纪议程——中国21世纪人口、环境与发展白皮书》，同年，国务院要求各级政府将推动可持续发展的《中国21世纪议程》作为制定各自国民经济和社会发展计划的指导性文件（国务院，2003a）。

在气候政策制定的第一阶段，气候变化在中国主要被视为国际问题和科学问题，与国内的具体政策没有直接的联系（Lewis，2008）。因此，外交部和中国气象局在此期间发挥着重要作用，前者主要负责参与国际谈判，后者主要负责气候科学问题。随着时间的推移，气候变化日益与国内问题交织在一起，尤其是在经济和能源领域，国家计委开始发挥越来越重要的作用。1998年，国家气候变化对策协调小组成立，办公室设在国家计

---

[1] 国家气象局于1993年6月改名为中国气象局，沿用至今。——译者注

委[1]，组长是当时的计委主任曾培炎。国家气候变化对策协调小组是中国政府关于应对气候变化问题的跨部门议事协调机构，其主要职责是讨论涉及气候变化领域的重大问题，协调各部门关于气候变化的政策和措施，组织对外谈判，对涉及气候变化的一般性跨部门问题进行决策。2002年8月，中国正式批准了《京都议定书》，国家气候变化对策协调小组调整扩大到了17个部门，国家发展改革委为组长单位，外交部、科技部、中国气象局和环境保护总局[2]4个部门为副组长单位，协调小组的组长是当时的国家发展改革委主任马凯，协调小组办公室仍设在国家发展改革委。

中国气候政策的第二阶段与"十一五"规划的时间大致吻合，即2006—2010年。在这一阶段，中国政府首次设定了能源强度目标，即要求到2010年的全国单位国内生产总值能耗比2005年下降20%。能源强度目标是间接气候政策的一个很好例子，虽然它不直接针对二氧化碳等温室气体，但通过减少能源浪费、降低能源强度，也有助于减少空气污染和二氧化碳排放。据一项研究估计，中国在"十一五"期间所采取的提高能源效率的各项政策和措施避免了47.23亿吨的二氧化碳排放（Price et al., 2011）。

中央政府不仅制定了全国性的能源强度总体目标，也督促各地区以及相关的各行业分别制定了各自的能源强度目标。从全国目标到地区目标和行业目标，并非一个精确的数学分解过程。各地区能源强度目标的确定，有时可被看作一个协调的过程。例如，广东作为全国最为发达的省份之一，国家发展改革委在为其制定能源强度目标时，就会提出一个高于全

---

[1] 国家计委（国家发展计划委员会）于1952年成立，1998年在国家计委和国家经委基础上，成立了新的国家发展计划委员会，2003年再次改组为国家发展和改革委员会（简称"国家发展改革委"），沿用至今。——译者注

[2] 国家环境保护总局是国务院主管环境保护工作的直属机构，2018年国务院机构改革方案决定组建中华人民共和国生态环境部，不再保留国家环境保护总局。——译者注

国平均水平的目标，而对于那些经济相对落后的省份，所制定的目标就没有那么严格。一般情况下，各省份如果认为目标不合适，可以反映自己的意见，并与国家发展改革委进行沟通和协商，但最终决定权还是在中央政府层面。此外，相关部门也通常会制定相应的能源强度目标，这些部门又会把目标下达到各自监管的行业和企业，例如，交通运输部制定整个交通行业的能源强度目标，工业和信息化部则要求其所监管行业的大型企业制定各自的能源强度目标（见表4-1）。总体而言，国家发展改革委可代表中央政府为各省级政府确定目标，但它并不能确定其他中央部门的目标。因此，尽管有国家气候变化领导小组以及国家发展改革委的协调，有国家目标、地区目标、行业目标等一系列指标，但这些目标之间的关系并非严丝合缝，而是不同的部门、不同的地区之间相互协调的结果。

表4-1　中国"十一五"期间各行业的能源强度目标

	单位	2000年	2005年	2010年
电力生产				
煤炭	克标准煤/千瓦时（gce/kwh）	392	370	355
小型机组	%	87	n/a*	90~92
风电	%	70~80	n/a*	80~85
工业				
粗钢冶炼	吨标准煤/吨（tce/t）	0.906	0.760	0.730
铝冶炼	吨标准煤/吨（tce/t）	9.923	9.595	9.471
水泥	吨标准煤/吨（tce/t）	0.181	0.159	0.148

注：*n/a（not avaiable），即数据难以获得。
资料来源：引自Zhou、Levine and Price，2010。

在气候政策的第二阶段（"十一五"时期的2006—2010年），中国继承以往可持续发展的理念，提出了科学发展观，气候变化问题也被纳入科学发展观的大框架下加以考虑。科学发展观强调"坚持以人为本，树立全面、协调、可持续的发展观，促进经济社会和人的全面发展"，并要推动建立"资源节约型"和"环境友好型"社会。在"十一五"期间，《中国应对气候变化国家方案》于2007年发布（国务院，2007a），方案明确了中国应对气候变化的指导思想、原则和目标，提出了中国应对气候变化的相关政策和措施，以及中国对国际气候变化谈判的基本立场。在《中国应对气候变化国家方案》中，提出了"到2010年实现单位国内生产总值能源消耗比2005年降低20%左右"的目标，它与"十一五"规划中的目标是完全一致的。此外，《中国应对气候变化国家方案》还提出了到2010年，使可再生能源开发利用总量（包括大水电）在一次能源供应结构中的比重提高到10%左右。

在国际层面，2009年9月胡锦涛出席了联合国气候变化峰会，并发表了《携手应对气候变化挑战》的演讲，阐述了中国应对气候变化的目标、立场和主张[1]。他在讲话中提出了中国气候政策的4个目标，即"一是到2020年单位国内生产总值二氧化碳排放比2005年有显著下降。二是到2020年非化石能源占一次能源消费比重达到15%左右。三是到2020年森林面积比2005年增加4000万公顷，森林蓄积量比2005年增加13亿立方米。四是大力发展绿色经济，积极发展低碳经济和循环经济，研发和推广气候友好技术"（新华社，2009）。在2009年召开的哥本哈根气候谈判国际会议上，中国明确提出了"到2020年单位国内生产总值二氧化碳排放比2005年下降40%~45%"的减排目标。

---

[1]《胡锦涛在联合国气候变化峰会开幕式上讲话》，中国政府网，2009年9月23日。——译者注

在中国气候政策的第二阶段，国务院于2007年成立了国家应对气候变化领导小组（也是国务院节能减排工作领导小组，为一个机构、两块牌子），由当时的国务院总理温家宝担任组长，副组长是时任国务院副总理曾培炎（分管经济领域）和国务委员唐家璇（分管外交领域）；成员包括时任国务院副秘书长张平、国家发展改革委主任马凯、外交部部长杨洁篪、科技部部长万钢、财政部部长金人庆、建设部（2008年组建住房和城乡建设部）部长汪光焘等29人，领导小组在国家发展改革委下设办公室，具体承担日常工作。马凯当时兼任办公室主任，解振华（时任国家发展改革委副主任）、武大伟（时任外交部副部长）、刘燕华（时任科技部副部长）、周建（时任环境保护总局副局长）和郑国光（时任中国气象局局长）担任办公室副主任。国家应对气候变化领导小组（或国务院节能减排工作领导小组）的成立，反映出中国的气候变化问题日益与节能减排问题相结合，主管经济和能源领域的国家发展改革委所起的作用也越来越重要。2008年，国家发展改革委成立了应对气候变化司，实际承担起了国家应对气候变化小组办公室的各项具体工作，当时应对气候变化司的司长苏伟兼任了国家应对气候变化领导小组办公室的秘书长（国务院，2007b）。

在地方层面，各省、自治区、直辖市也参照中央的设置，相继成立了各自的应对气候变化领导小组和工作机构，部分副省级城市[1]和地级市也设立了应对气候变化办公室。例如，广东省于2007年成立了广东省节能减排工作领导小组，2010年调整为广东省应对气候变化及节能减排工作领导小组，由省长担任组长，领导小组的日常工作由省发展改革委承担（广东省人民政府办公厅，2010）。中国应对气候变化领导小组的组成参见

---

[1] 副省级城市为在中国行政架构中行政级别为副省级建制的城市，包括深圳、大连、青岛、宁波、厦门等15座城市。——译者注

表4-2。

表4-2　中国应对气候变化领导小组组成（2007年）

	领导小组	组长	副组长	成员
中央层面	国家应对气候变化领导小组	温家宝	国务院副总理曾培炎（分管经济领域） 国务委员唐家璇（分管外交领域）	国务院副秘书长张平、国家发展改革委主任马凯、外交部部长杨洁篪、科技部部长万钢、财政部部长金人庆、建设部部长汪光焘等29人
地方层面	省级（市级）应对气候变化领导小组	省（市）长	副省（市）长	各部门的厅（局）长

资料来源：《国务院关于成立国家应对气候变化及节能减排工作领导小组的通知》（国发〔2007〕18号）。

在中国，领导小组的设立通常是为了专门处理涉及多个部门的重大事项，如粮食安全领导小组、深化医药卫生体制改革领导小组等。领导小组的重要任务是协调各相关部门的政策和举措，根据事项重要性的不同，中央层面领导小组的组长可以由总书记、总理或者副总理等人担任，地方层面的领导小组构成一般参照中央的设置。领导小组的成员则包括所涉及部门的主要负责人，领导小组通常下设办公室，这个办公室设在主管的职能部门之下。例如，应对气候变化领导小组的办公室设在国家发展改革委，深化医药卫生体制改革领导小组的办公室则设在国家卫计委（现为国家卫生健康委）。领导小组办公室负责日常的具体工作，如筹备领导小组会议等事项。

国家发展改革委的应对气候变化司同时作为国家应对气候变化领导小组的办公室，在制定气候政策方面发挥着重要作用，其负责牵头拟订中国应对气候变化的重大战略、规划和重大政策，组织实施有关减缓和适应气候变化的具体措施和行动，包括"开展低碳城市试点""推进地区碳交易试点"等一系列举措。在国家发展改革委下，还有专门分管能源领域的国家能源局（副部级单位，国发〔2013〕15号），其负责拟订并组织实施能源发展战略、规划和政策，并推动能源行业节能和资源综合利用，还参与研究能源消费总量控制目标建议，指导、监督能源消费总量控制等有关工作。因此，尽管国家能源局与气候领域并没有直接的关系，但国家能源局出台的许多政策与气候政策的目标密切相关，如煤炭消费总量的限定等。

环境保护部（2008年以前为国家环境保护总局，2018年后改组为生态环境部）负责拟订并实施环境保护规划、政策和标准，并组织制定主要污染物排放的总量控制和加以监督实施。环境保护部所监管的是常规性污染，即大气、水和土壤的污染，并不包括温室气体；但对常规性空气污染的控制也会带来相关温室气体的减排。此外，环境保护部还负责落实关于消耗臭氧层物质《蒙特利尔议定书》的各项具体举措，对具有温室效应的氢氟碳化物（HFCs）使用加以管制。财政部主要负责气候领域的财政政策，包括相关的税收和补贴等。一直以来，财政部是开征碳税的支持者，还参与制定石油、天然气和煤炭等的资源税政策。与此同时，财政部和国家发展改革委、国家能源局共同制定了中国的可再生能源上网电价补贴制度。工业和信息化部通常负责制定和实施产业政策，与气候领域有关的措施包括推进节能、淘汰落后产能、促进转型升级和提高能源效率等。科技部与中国科学院、中国工程院、教育部等部门一起，主要负责推动科学与技术领域的传承、发展和创新。虽然本书并未专门讨论土地利用所引起的温室气体排放变化，但这个领域在中国主要是由农业部[1]负责管理，农业部还负责制定减少农业的温室气体排放、增强农业气候变化适应能力等相关政策。国家林业局[2]则主要负责提高森林覆盖率、森林蓄积量等目标的具体实施。此外，外交部、住房和城乡建设部、国土资源部[3]、交通运输部、国务院国资委也在自身职责范围内参与气候变化政策的制定和实施，它们都是国家应对气候变化领导小组的成员单位，在各自领域发挥着重要的作用。

与美国不同的是，中国还专门成立了国家气候变化专家委员会，作为国家应对气候变化领导小组的专家咨询机构，就气候变化的相关科学问题及中国应对气候变化的长远战略、重大政策提出相应的意见和建议。2006年第一届国家气候变化专家委员会成立，2010年和2016年分别成立了第二届国家气候变化专家委员会和第三届国家气候变化专家委员会（中国气象局，2010、2016），对应的主管单位是国家发展改革委和中国气象局。第三届专家委员共42人，来自中国科学院、中国工程院、清华大学、国务院发展研究中心等研究机构，包括了气候变化科学、经济、生态、林业、农业、能源、地质、交通运输、建筑及国际关系等诸多领域的院士和专家，第三届国家气候变化专家委员会名誉主任由解振华、中国工程院原副院长杜祥琬担任，主任由科技部原副部长刘燕华担任。

在国家发展改革委之下，与气候政策研究相关的还有国家应对气候

---

[1] 2018年3月，中国国务院机构改革，将农业部的职责重新整合，组建农业农村部。——译者注。

[2] 2018年3月，中国国务院机构改革，将国家林业局的职责重新整合，组建国家林业和草原局，由自然资源部管理。——译者注。

[3] 2018年3月，中国国务院机构改革，将国土资源部的职责重新整合，组建自然资源部。——译者注。

变化战略研究和国际合作中心及中国宏观经济研究院能源研究所。前者是国家发展改革委下属的事业单位，侧重于开展国际合作，也进行应对气候变化政策、法规、战略、规划等方面的研究；承担国内履约、统计核算与考核、碳排放权交易管理、国际谈判、对外合作与交流等方面的技术支持工作。后者由国家发展改革委中国宏观经济研究院归口管理，是综合研究中国能源问题的国家级研究机构，以国家宏观能源经济与区域能源经济、能源产业发展、能源技术政策、能源供需预测、能源安全、能源与环境、节能与提高能源效率、可再生能源和替代能源发展等领域为主要研究方向。

中国气候政策的第三阶段是2011—2015年，即"十二五"时期。在这一阶段，中国政府第一次明确设立了"碳强度目标"，即2015年的单位国内生产总值二氧化碳排放比2010年的水平降低17%，这是对中国在哥本哈根会议上所提出的减排目标（2005—2020年碳排放强度下降40%~45%）的具体落实和细化。此外在"十二五"规划中，还提出了与气候政策相关的一系列目标：即单位国内生产总值能源消耗降低16%；非化石能源占一次能源消费比重达到11.4%；森林覆盖率提高到21.66%，森林蓄积量增加6亿立方米（参见《中华人民共和国国民经济和社会发展第十二个五年规划纲要》第一篇第二章"主要目标"，2011）。

在第三阶段，国务院在2011年分别颁布了《"十二五"控制温室气体排放工作方案》（国发〔2011〕41号，国务院，2011a）和《"十二五"节能减排综合性工作方案》（国发〔2011〕26号，国务院，2011b），前者明确了"十二五"时期中国控制温室气体排放的总体要求和重点任务，要求各地区、各部门将控制温室气体排放工作纳入本地区、本部门的总体工作布局，并明确地方各级人民政府对本行政区域内控制温室气体排放工作负总责，政府主要领导是第一责任人。后者提出了"十二五"时期中国节能减排的总体要求和主要目标，并要求各地区和各部门严格落实节能减排的目标责任制，形成以政府为主导、企业为主体、市场有效驱动、全社会共同参与的推进节能减排工作格局。此外，国家发展改革委会同相关部门于2014年出台了《国家应对气候变化规划（2014—2020年）》，提出了在此期间中国应对气候变化工作的指导思想、目标要求、政策导向、重点任务及保障措施，试图将减缓和适应气候变化融入经济社会发展各方面和全过程，加快构建绿色低碳发展模式（国家发展改革委，2014）。

在中国气候政策的第三阶段，中国一方面继承了第二阶段（"十一五"时期）的气候政策目标，仍旧延续制定了能源强度目标，并通过《"十二五"节能减排综合性工作方案》将目标分解到各地区；另一方面，推出了新的碳强度目标，并制定《"十二五"控制温室气体排放工作方案》，确定了各地区的碳强度减排目标。此外，国家发展改革委还负责对各省份进行及时的评估和审查，以保证各地的能源强度目标和碳强度目标得以顺利实现。

中国气候政策的最后阶段（第四阶段）可以称作"排放峰值"时期。在2014年11月习近平主席和奥巴马总统的联合声明中，中国明确宣布了"在2030年左右二氧化碳排放达到峰值"的目标，并提出以最大努力尽早达到峰值[1]。在国内，这个目标的提出经历了一系列政策过程。国家发展改革委气候司等部门在副主任解振华的领导下开展工作，寻求相关专家团队的专门建议。解振华一直负责参与气候变化领域的国际谈判工作，2015年他担任了中国气候变化事务特别代表，是中国推动气候变化政策目标制定的关键人物。国务院时任常务副总理张高丽（也是国家应对气候变化领

---

[1]《中美气候变化联合声明》，新华社，2014年11月12日。——译者注

导小组的副组长）牵头从事跨部门的协调工作。与美方类似，中方所有的决策过程都需要在中美两位领导人会面的日期前结束，因此这一气候目标的决策过程也是异常迅速的。

在气候政策制定的第四阶段，中国在国际上于2015年正式向联合国递交了国家自主贡献预案，其中不仅包括上述峰值目标，还包括到2030年碳排放强度比2005年的水平减少60%~65%，非化石能源占一次能源消费比重达到20%左右、森林蓄积量比2005年增加45亿立方米左右等目标（新华社，2015d）。

在国内，中国在"十三五"规划中提出2016—2020年单位国内生产总值能源消耗降低15%，单位国内生产总值二氧化碳排放降低18%，非化石能源占一次能源消费比重达到15%，森林覆盖率达到23.04%、森林蓄积量达到165亿立方米等一系列约束性目标（参见《中华人民共和国国民经济和社会发展第十三个五年规划纲要》，2016年）。此外，延续"十二五"时期的做法，国务院在2016年分别出台了《"十三五"控制温室气体排放工作方案》（国发〔2016〕61号，国务院，2016a）和《"十三五"节能减排综合工作方案》（国发〔2016〕74号，国务院，2016c），分别围绕温室气体排放和节能减排的工作，对各地区和各部门作了部署和安排（具体举措详见本书附录）。

2018年，中国经历了新一轮机构改革。在原环境保护部的基础上成立了新的生态环境部，由其主要负责应对气候变化工作，包括组织拟订应对气候变化及温室气体减排重大战略、规划和政策，与有关部门共同牵头组织参加气候变化国际谈判，并负责履行《联合国气候变化框架公约》相关工作（生态环境部，2018）。原来在国家发展改革委下的应对气候变化司以及国家应对气候变化战略研究和国际合作中心也划转到新成立的生态环境部。国家应对气候变化领导小组的具体工作由生态环境部、国家发展改革委按职责承担（国办发〔2018〕66号，国务院，2018）。这一变化反映出中国越来越把气候变化问题与应对国内空气污染的工作相结合。

综观中国气候变化政策的4个阶段，即"无强制目标"时期、"能源强度目标"时期、"碳强度目标"时期和"排放峰值目标"时期，从历史中可以总结出，存在两股主要力量推动着中国气候政策的不断演变，一方面来自国际，另一方面来自国内，这与美国的情况相似。

在国际气候谈判的早期阶段，中国的人均国内生产总值和人均温室气体排放量都很低，中国也一直坚持自己发展中国家的身份，并没有提出任何强制性的减排目标。当时，在《联合国气候变化框架公约》下附件一国家（发达的工业化国家）的二氧化碳排放（1860—1990年数据）占全球的78%，但其人口（1990年数据）只占全球的22%。在1990年，附件一国家的人均二氧化碳排放为3.25吨，非附件一国家（发展中国家）的人均二氧化碳排放量只为0.48吨，中国当时的人均排放量是0.55吨。

与七十七国集团（G77）的其他发展中国家一样，中国也强调"共同但有区别"的减排责任原则，这一原则也写入了《联合国气候变化框架公约》，它意味着工业化国家应当在减排方面先做出表率，因为它们贡献了到1990年大部分的全球温室气体排放，并且更为发达和富有。中国当时采取的策略是将应对气候变化问题纳入可持续发展的框架，这显示出中国将推动发展放在更为优先的位置，而不是减排。

然而，经过几十年的高速增长，中国已经成为全球最大的温室气体排放国和第二大经济体。随着中国在全球温室气体排放中所占份额的快速增长，中国面临的国际压力也越来越大。尽管人口众多，但中国的人均温室气体排放量已接近一些东亚和欧洲工业化国家，虽然还赶不上美国的水平。

随着中国经济实力的迅速增强，中国也需要在国际社会中发挥出更多的领导作用。中国一直将自己定位为国际社会中"负责任的大国"，应对气候变化则为中国提供了一个在国际社会展现其领导力和获得各国信任的舞台。此外，在中国与其他国家发展良好关系时，气候变化也经常成为一个建设性的议题。例如，在中美关系中，中国决定于2014年与美国共同发表《气候变化联合声明》，显示出中国希望将气候变化作为合适的外交手段，以此推动两国之间的信任与合作。考虑到中美两国在其他领域依旧存在许多纷争，气候变化议题成为两国开展合作的优先选项。

从国内来看，在20世纪90年代，中国由于快速发展的迫切要求，并未对限制温室气体排放采取任何直接措施。中国气候政策制定的第一个转折点发生在2005年左右。2000年以后，中国进入新一轮重工业化发展阶段，在汽车、房地产等产业的带动下，能源、钢铁、冶金、石化等重化工业快速发展，由此也带来了能源消费和相关排放的大幅增加。"十五"期间（2001—2005年），中国的能源强度不断上升。自1980年以来，中国的能源强度一直在下降，但在"十五"时期不降反升。能源强度上升是一个强烈的信号，它让中国政府意识到了问题的严重性和紧迫性。尽管中国早就提出了"转变发展方式"，要求改变过去那种高投入、高消耗、高排放的增长模式，但长期以来并未取得实质性进展。因此，中国政府亟须推动发展方式的转变，尤其是约束各级地方政府的盲目发展行为，确立能源强度目标就成为合理的政策选择。在"十一五"规划中，中央政府制定了约束性的能源强度目标和常规污染物的减排目标，还建立了严格的地方、部门和企业的目标责任制，对各级地方政府的能源强度减排目标进行层层分解和逐级考核，以确保国家目标的实现。

中国气候政策制定的第二个转折点是在2010年左右，当时的标志性事件是将碳强度目标正式纳入"十二五"规划（2011—2015年）中。此外，"十二五"规划还延续"十一五"规划的做法，保留和制定了能源强度目标。因为碳强度和能源强度有着密切的联系，表面上看，确定两个强度目标显得有些冗余，但碳强度目标明确出现在"十二五"规划中，表明中国国内已经达成共识，必须对气候变化问题采取直接的应对措施。碳强度目标政策的实施机制与能源强度目标十分类似，也采取了地方、部门和企业的目标责任制方法，并由中央政府加以监督和实施。

中国气候政策制定的第三个转折点是在2015年左右，即中国开始设定二氧化碳排放达到峰值的时间。当时，中国开始逐步进入"新常态"的增长阶段，经济增长速度降低到了6%~7%。伴随着经济增速的下降，能源消费和相关污染排放的增速也在明显放缓，由此中国的能源强度和碳强度呈现快速下降的趋势。然而，随着城市空气污染的问题日益严重，"蓝天保卫战"成为各级政府的首要任务之一。因为空气污染主要源于化石能源的消耗，尤其是煤炭，而这又与温室气体排放息息相关，所以中国越来越倾向于把控制温室气体排放与解决空气污染问题结合在一起解决。严峻的空气污染形势也促使中国政府在气候政策领域设定更为严格的目标。

总的来看，中国的气候政策是随着国际和国内两方面形势的变化而不断演变的。中国气候政策制定的逻辑具有两个主要特征。一是延续性，这意味着后面出台的政策一般不会推翻前面的做法，而是继承原有政策的重要方面，一些气候政策会随着时间的推移而不断得以保留。例如，"十一五"规划中的能源强度目标分别在"十二五"规划和"十三五"规划中得到延续。二是变化性，即随着时间的推移，新政策不会盲目照抄照搬以往的内容，而是根据内外部环境的变化而推出一些新的政策，逐步引入更多更严格的气候政策目标。例如，"十二五"时期在保留能源强度目标的基础上，又引入了碳强度目标；"十三五"时期在保留能源强度和碳强度目标的基础上，又确定了排放峰值的目标。

第五章　两国减排目标的实施

　　要实现温室气体的减排目标，需要一个国家的各级政府采取不同类型的多种政策手段。通常情况下，一套完整的减排政策应针对经济体中所有部门中的各种排放源采取有效的措施。从根本上来说，有两种类型的气候政策工具：直接型政策和间接型政策。直接型政策是明确针对各种温室气体制定的相应的减排或适应举措。例如，征收碳税或制定二氧化碳排放量下降的目标。无论是征收碳税还是设定二氧化碳减排目标，一般来说，政府制定直接型政策就是为了减少二氧化碳排放，而不是基于其他理由（当然，增加政府收入也可以成为鼓励碳税的原因）。间接型政策是为了其他目的而出台却间接带来温室气体减排的举措。因此，间接型政策通常会产生协同效益（cobenefits）（Smith and Haigler, 2008），能够带来不止一种有益效果。例如，"能效标准"政策实施的直接目的是提高能源使用效率，但间接地减少了能源消耗或降低了石油、天然气的进口，还会带来温室气体排放的减少。

　　气候政策工具可以区分为以下几种类型：财政型（fiscal）、管制/行政型（regulatory/administrative）、市场型（market-based）、信息型（informative）、创新型（innovation）、外交型（diplomatic）等（见图5-1）。

财政型政策工具主要使用财政激励或惩罚来改变人们的行为。例如，通过可再生能源的上网电价补贴或可再生能源安装的税收抵免来鼓励可再生能源的发展。管制/行政型政策工具可以设定相关的规则。例如，出台汽车的排放性能准则，即行驶每英里（或每公里）所允许的最大二氧化碳排放量。管制/行政型政策工具在美国和中国的实施有时存在着很大的区别。例如，中国常采用的管制/行政型政策工具是将减排责任分配给不同的地区或部门，而美国不会也不能采取这样的做法。创新型政策工具通常包括政府对清洁能源技术研究、开发和示范的投资，对先进技术或低碳技术的公共采购，以及在商业化早期对这些技术的起始补贴。

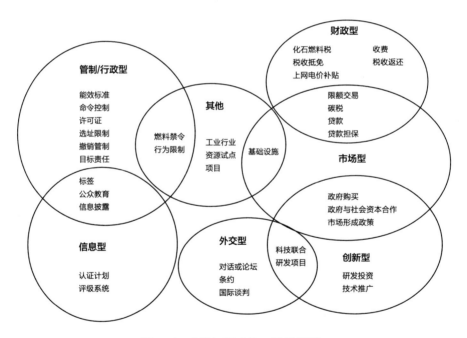

图5-1 减排气候政策工具的类型

资料来源：K.S.Gallagher，2017。

　　市场型政策通常会创造新的市场或者为现有的市场设置新的条件。例如，限额和交易计划（cap-and-trade program）为温室气体排放的许可证创造了一个交易市场。信息型政策旨在对公众进行教育，或告知消费者相关信息以影响其购买行为。例如，美国的能源之星（the Energy Star）项目就要求制造商在电器等设备上贴标签，说明与其他型号相比的节能程度，以便消费者在作出购买决策时考虑到这些因素。

　　外交型政策的目的是推动与其他国家开展气候领域的合作。2014年《中美气候变化联合声明》的发布就是外交型政策的一个很好例子。此外，还有一些气候政策工具并不完全符合上述的类别。例如，基础设施型政策，既可能导致温室气体排放的增加，也可能减少相关的排放。当然，有些气候政策可以覆盖上面的一种或几种类型，如产业政策或部门政策。大多数的气候政策既可以在国家层面实施，也可以在地区层面执行；既可以面向整个经济体，也可以针对特定的行业和地区。

　　本章将探讨美国和中国气候政策目标的实施方法，主要关注的是减缓（mitigation）政策，而非适应（adaption）政策。这使我们可以仔细考察在第四章中所确定的减排目标是如何在两个国家中得以具体落实的。

　　在中美两国所执行的气候政策工具中，有些政策工具非常相似。例如，类似于美国的能源之星项目，中国也有大致相同的能源效率标记计划。但由于体制、结构、政治和程序等方面存在的差异，两国有些气候政策工具的发布和执行方式是非常不同的。例如，中国实施的减排目标责任制在美国的情景下是难以想象的，它是中国所特有的气候政策工具。

一、美国减排目标的实施

（一）2009年之前

国家层面，在奥巴马总统之前没有任何一届美国政府出台过直接针对温室气体减排的正式政策。尽管如此，美国仍有许多间接型的政策在减少温室气体排放方面产生了实质性的影响，否则其温室气体排放水平可能达到更高的数值。最重要的间接型政策是那些促进可再生能源的部署、提升能源效率和激励能源技术创新等的举措。

1. 可再生能源

可再生能源的企业生产税收抵免（Production Tax Credit，PTC）政策最早于1992年前后开始实施，一直以来它是美国用来鼓励风能和太阳能发展的最主要政策工具。可再生能源的生产税收抵免是间接型政策的一个很好例子，多年来支持这项政策的政治动机各有不同，有时主要是出于能源安全的考虑，有时是希望创造"绿色工作"（green jobs），有时它又成为减少常规空气污染的一种举措。美国国会已经多次明确了可再生能源生产税收抵免政策的截止时间，但它总是又重新得到授权而不断延续。例如在1998—2008年，风能的生产税收抵免政策曾中止过多次（见图5-2）。这无疑是对可再生能源行业发展的一种挑战，也是一种破坏。这种政策的难以预期性和不稳定性导致了风能行业反复陷入繁荣与萧条的周期（Barradale，2010）。

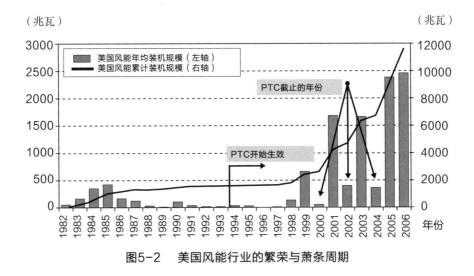

图5-2 美国风能行业的繁荣与萧条周期

注：第一次风能生产税收抵免政策截至1999年12月中旬（而非2000年），但1999年年末该政策的即将失效已影响到了2000年的风能发展。

资料来源：Wiser、Bolinger and Barbose，2007。

虽然历年来对于不同类型的可再生能源税收抵免的精确额度总在发生变化，但可再生能源生产税收的抵免对象一直是生产出并被与生产者无关的纳税人在纳税年度所购买的可再生能源电量（单位为千瓦时），抵免额度还会经过通胀因素的调整（DOE，2017）。在撰写本书之时，可再生能源生产税收抵免的政策覆盖范围是头十年内运营的可再生能源电厂设施。在2016年《综合拨款法》（Consolidated Appropriations Act）中，风能的生产税收抵免额度为0.023美元/千瓦时，并随着时间的推移而逐步下调。奥巴马政府期间，在《美国复苏和再投资法》（American Reinvestment and Recovery Act，ARRA）中提出了针对可再生能源的投资税收抵免政策（Investment Tax Credit，ITC），本章后文将对此进行讨论。

由于缺乏政治共识，美国国会从未在国家层面通过可再生能源配额标准（Renewable Portfolio Standard，RPS）政策。但在州一级层面，即使在奥巴马政府之前，许多州通过使用公共福利基金、电力市场的管制放松和重组等举措，都为其出台可再生能源配额政策提供了额外的激励。在州级层面，因为清洁能源被视为有利于环境和可以创造新的就业机会，可再生能源配额政策获得了公众的普遍支持。即使在政治保守的州，例如得克萨斯州，也制定了强有力的可再生能源配额政策（Ansolabehere and Konisky，2012）。在得克萨斯州，州立法机构在2000年就开始制定可再生能源发电的配额目标，要求到2015年该州新增的新能源发电规模应达到5000兆瓦，到2025年达到1万兆瓦。根据得克萨斯州电力可靠性委员会（Electric Reliability Council of Texas，ERCOT）的数据，得克萨斯州的可再生能源发电规模已迅速超过原先预期的目标，2013年其新增的可再生能源发电能力达到了13359兆瓦（相比于1999年），其中大部分是风能（DOE DSIRE，2016）。

2. 能源效率

根据美国能效经济委员会（American Council for an Energy-Efficient Economy）的估计，美国的能效政策避免了在1990—2005年兴建313座大型（规模500兆瓦）电厂的需求，并且仅在2015年就使电力行业减少了4.9亿吨的二氧化碳排放（Molina、Kiker and Nowak，2016）。推动实现这些变化的联邦能效政策包括实施电器和设备的能效标准、美国环境保护局的能源之星项目以及联邦能效采购项目（政府在其办公大楼中采购节能产品）。根据国会此前通过的法律，能源部和环境保护局有权实施并更新上述政策。

虽然美国的汽车燃油经济性标准（Fuel Economy Standards for Automobiles）在1975年颁布后已经几十年没有更新，但这一标准仍然避免了大量的石油消耗和温室气体排放。于1998年进行的一项针对客车燃油经济性（Corporate Average Fuel Economy，CAFE）计划的研究表明：如果美国没有实施1975年的标准，那么在1998年会多消耗550亿加仑以上的汽车燃油，成本约为700亿美元（以1995年美元计算）（Greene，1998）。

2007年，美国国会通过了《能源独立与安全法》（Energy Independence and Security Act，EISA），该法规定2020年前应通过逐步制定更高的能效标准以提高灯泡的能源效率，并淘汰老式的白炽灯泡（EPA，2017d）。《能源独立与安全法》还授权相关机构持续更新家用锅炉、风机、空调、热泵、冰箱等电器设备的能效标准，并制定一系列提高能效的激励措施。

3. 能源技术创新

尽管美国国内从未就明确的气候变化政策达成过政治共识，但历史上两党对能源技术创新投资的支持一直存在。当然，政府对能源技术创新投资的支持力度以及所针对的能源技术历年来存在着很大的不同（见图5-3）。经历了石油危机之后，在卡特政府的强力支持下，美国1978年对能源技术研究、开发和推广（Research，Development，and Demonstration，RD&D）的公共投资达到了创纪录的近90亿美元（以2015年美元计算），支持的范围从核裂变到可再生能源，甚至包括煤炭的液化。里根总统当选后，美国政府对能源技术研发的投资急剧下降，总额还不到1978年峰值的一半，对可再生能源、能效和核裂变等技术的支持难以持续，但20世纪80年代和90年代初对"清洁煤"（clean coal）技术的投资还在延续。在克林顿政府期间，对能源技术研发推广的投资基本保持了稳定，但20世纪90年代末在核裂变技术上的投资几乎消失。小布什政府时期，政府启动了对氢能研发的支持计划，并重新燃起了对清洁煤和核能技术的热情，由此带来了公共能源研发投资的小幅和短暂上升。

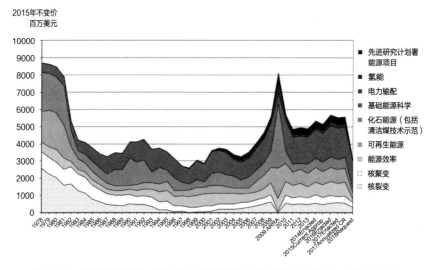

图5-3 美国能源部对能源技术研发推广的投资（1978—2018年）

资料来源：Gallagher and Anadon，2017。

（二）奥巴马政府时期

奥巴马政府时期，美国开始实施明确的气候政策，这在一定程度上与美国十几个进步州的努力有关。在小布什政府期间，马萨诸塞州（Massachusetts）政府代表11个州、3个城市、1个领地和相关的公益性非政府组织，对美国联邦环保局发起了诉讼，认为二氧化碳会对公众的健康和福利造成威胁，而根据美国的《清洁空气法》，环境保护局有责任将二氧化碳纳入污染物中进行管制。美国联邦最高法院在2007年以5∶4的投票结果支持了马萨诸塞州的主张。起诉美国环境保护局的州声称，他们必须站出来这样做，因为他们的公民正因为缺乏联邦气候变化政策的保护而受到威胁。例如，马萨诸塞州提出，由于气候变化所导致的海平面上升，该州公民正在失去他们沿海地区的财产。根据1970年由国会通过、并于1977年和2000年修订的美国《清洁空气法》的第202（a）（1）条款，对那些"经合理预期可能危害公众健康和福利的空气污染"，美国环境保护局必须对导致或贡献上述空气污染的污染物设置排放标准（US Code，2017a）。小布什政府期间环境保护局的管理者此前曾认为，温室气体不应被视为空气污染物，所以环境保护局没有责任对其进行管制。但联邦最高法院的判决推翻了环境保护局的决定，要求其必须对温室气体的排放进行规范（Greenhouse，2007）。

到了奥巴马政府时期，环境保护局的新任局长根据联邦最高法院的裁决，开始启动程序对二氧化碳的主要排放源制定相应的管制规则。环境保护局关于气候变化的第一个重要法规是为机动车制定二氧化碳排放的性能标准。第一个阶段是2012—2016年，目标是减少新车和轻型卡车的温室气体排放；第二个阶段针对的是2017—2025年的新车。环境保护局声称，据模型估算上述规定可使汽车整体在2025年的排放性能达到163克二氧化碳 / 英里（$gCO_2/mile$），相当于54.5英里 / 加仑（miles per gallon：mpg）的能效标准，从而使2012—2025年售出的新车在其整个使用寿命期内减少了60亿吨的温室气体排放（EPA，2016）。

机动车二氧化碳排放的新性能标准是奥巴马政府第一个任期内在气候变化方面取得的主要成就。此外，还有一项间接的法规也可能产生持久的影响，即《汞和空气有毒物质标准》（Mercury and Air Toxics Standards，MATS），它要求所有的新旧燃油电厂和燃煤电厂都必须限制汞、砷和其他有毒金属的排放（EPA，2017e）。虽然已有各种控制技术可以用来减少上述物质的排放，但这必然会增加电厂的运营成本，从而对新建燃煤电厂产生额外的抑制作用。正如第四章所述，在奥巴马总统的第一个任期内，美国国会曾试图通过一项重要的气候立法，但由于遭到了强烈的政治反对，最终未能在参议院获得通过。

2012年奥巴马总统连任后，据报道，他决定将应对气候变化作为其第二任期内的优先任务之一（Broder，2013）。由于此前国会的立法失败，所以奥巴马政府想要限制美国的温室气体排放，很明显必须充分利用现有法律已授予的权力。2013年6月，奥巴马总统宣布了一项新的气候行动计划（Climate Action Plan，CAP），声称"我们有道德责任让我们的孩子生活在一个没有被污染或破坏的星球上"（White House，2013）。该行动计划主要包括三部分内容，即"减少碳污染"（减缓，mitigation）、为适应气候变化的影响做准备（适应，adaptation）和为应对气候变化引导国际努力（外交，diplomacy）。

由于在气候领域的综合性立法上缺乏国会的支持，奥巴马政府别无选择，为了实现其提出的美国在2020年温室气体排放比2005年水平下降17%的目标，只能主要依靠管制/行政型、信息型、外交型和创新型等政策工具。根据美国宪法的第1条第8款，出台财政和基于市场的政策必须得到国会的批准，这意味着只有国会才有权向公众征税和决定财政支出。[1] 因此，如果没有国会的立法授权，美国总统不能制定和实施联邦层面的碳税或碳交易等政策工具。然而在州级层面，如果州议会通过相关的立法，这些政策就可以在州的范围内得以执行。根据现有的联邦法律，尤其是《清洁空气法》，奥巴马政府已拥有利用相关政策推动减排的实质性权力。此外在一些重要的间接型气候政策方面，也可与国会达成妥协以获得相应的支持。

1.管制/行政型政策

奥巴马总统宣布了新的气候行动计划（CAP），随即要求美国国家环境保护局利用《空气清洁法》授予的权限对电厂排放的温室气体进行管制。国家环境保护局局长吉娜·麦卡锡（Gina McCarthy）立即启动了

---

[1] 更多的信息请参见http://history.house.gov/Institution/Origins-Development/Power-of-the-Purse/。

一项规则制定程序，用于建立电厂碳排放的性能标准，即通常所称的清洁电力计划（Clean Power Plan, CPP），该项计划欲将美国电厂的二氧化碳排放水平在2005—2030年下降32%。条例的制定历时数年，最终的版本于2015年发布，但它马上遭到了27个反对州在法庭上的诉讼质疑。同时，还有另外约50个针对清洁电力计划的法庭诉讼（E&E News Reporter, 2017）。联邦最高法院对此作出了不同寻常的决定，批准了暂缓执行，这意味着在诉讼得到最终判决之前，国家环境保护局不得执行该项计划（Stohr and Dlouhy, 2016）。围绕清洁电力计划的诉讼首先会在下级法院展开，最终可由联邦最高法院裁决。鉴于特朗普总统有机会提名一位最新的联邦最高法院的大法官，他会倾向提名一位保守派的法官，那么联邦最高法院的组成就将发生变化，将不同于当时根据《清洁空气法》判定温室气体必须被视为污染物的最高法院组成。而联邦最高法院的新组成则意味着多数大法官可能不会支持清洁电力计划（CPP）[1]。

在奥巴马的气候行动计划（CAP）中，其他主要法规还包括：允许在联邦政府拥有的土地上发展可再生能源；制定重型车辆二氧化碳排放的性能标准；提高电器的能效标准；以及根据环境保护局的"重要的新替代物政策"（SNAP）项目减少氢氟碳化物（HFCs）的排放。

特朗普政府的国家环境保护局局长斯科特·普鲁伊特（Scott Pruitt）上任后，试图全方位地制止或撤销奥巴马政府时期所采取的众多管制措施。2017年3月，美国联邦环境保护局宣布将撤销其对2022—2025年销售的新车实施更严格燃油经济性标准的最终决定（Eilperin and Dennis,

---

[1] 联邦最高法院一共有9名大法官，按照多数决的原则进行裁决。当年支持"温室气体为空气污染物"的裁决票数是5∶4，当新的保守派大法官上任后，一般他会持反对态度，因此清洁电力计划（CPP）就可能无法得到大法官中的多数支持。——译者注

2017）。此外，普鲁伊特还试图停止执行奥巴马时期要求石油和天然气公司减少甲烷泄漏的法规。然而，各州和非政府组织就此提起了新的诉讼，以反击特朗普政府在监管方面的倒退。2017年7月，美国联邦上诉法院（US Federal Court of Appeals）裁定国家环境保护局不能终止甲烷排放规则的实施，局长普鲁伊特遭遇了其首次失败（US Court of Appeals, 2017；Friedman, 2017）。

因此，管制/行政型政策工具的制定和实施在美国充满了法律风险，因为国家环境保护局或其他联邦机构所出台的新法规如果没有得到公众和被监管行业的广泛支持，就有可能会在法院系统中被耽搁多年。司法诉讼的应用对美国的行政监管带来了两方面的影响：那些积极的气候法规在司法程序中可能被拖延甚至被否决；而事实上那些试图废除现有法规的做法也可能被延缓或被叫停。

2. 创新型政策

奥巴马政府时期，在先后两任能源部部长的朱棣文（Steve Chu）、埃内斯特·莫尼兹（Ernest Moniz）和白宫科技政策办公室主任约翰·霍尔德伦（John Holdren）的领导下以及在白宫管理和预算办公室（Office of Management and Budget）的支持下，政府对能源研发和推广的投资领域发生了巨大的变化。奥巴马政府一直在向国会要求比其最终拨款更多的能源创新预算。经通胀因素调整后，先进研究计划署能源项目（Advanced Research Projects Agency-Energy, ARPA-E）的新投资在2009—2016年大幅增长了2896%；对能源效率研发推广的投资增长了20%，对基础能源科学的支持增长了8%。然而，政府对氢能研发的投资削减了45%，对化石能源的研发支持也减少了35%。与此同时，对可再生能源和核能的研发投资保持了稳定。总体而言，奥巴马政府期间对能源研发和基础能源科研的财政支出仅增长了1%，当然这并不包括《美国复苏和再投资法》（American Reinvestment and Recovery Act）下的相关资金投入。先进研究计划署（ARPA）在能源创新方面投入了巨额资金（见图5-3），其投资总额超过了80亿美元，已接近1978年的历史最高水平。

奥巴马政府还利用联邦建筑的采购政策，通过行政指令来为各类能源设备的使用来设定目标，从而鼓励采用更清洁和高效的能源技术。此外，国防部也开始在世界各地的美国军事装备和设施中推广使用生物燃料和可再生能源。

3. 财政型政策

在国会的支持下，奥巴马政府实施了几项重要的财政政策，间接影响了二氧化碳的排放。第一项是"可再生能源税收抵免"（tax credits for renewable energy）政策，其在《2016年国会拨款法》（Congressional Appropriations Act of 2016）中得以延续，"生产税收抵免"（production tax credits，PTC）覆盖的范围扩展到风能、地热、生物质能、水电、城市固体废物、垃圾填埋气、潮汐能、波浪能等。目前，美国太阳能产业的发展非常依赖于"投资税收抵免"（Investment Tax Credits，ITC）政策的执行。在奥巴马任期末，该项政策为民用和商用的太阳能系统提供了30%的税收抵免，这意味着每投资100美元用以安装、开发或资助新的太阳能设施，就可以获得30美元的税收抵免。2008年《紧急经济稳定法》（The Emergency Economic Stabilization Act）中，将针对商用和民用太阳能的"投资税收抵免"政策延长了8年。因此，在整个奥巴马总统执政期间，"投资税收抵免"政策一直有效，它极大地促进了美国太阳能产业的发展（SEIA，2017）。奥巴马政府时期还为电动汽车的购买提供了税收抵免。个人在购买电动汽车时可在个人所得税上获得抵免，这意味着他（或她）在申报个人所得税时可以得到相应的抵扣。

第二项有影响力的财政政策是提供贷款担保（loan guarantees），这支持了清洁能源的发展。虽然这些"贷款担保"政策在2005年《能源政策法》（Energy Policy Act）中就已获得通过，但在2009年《美国复苏和再投资法》中得到了极大的扩展，该法为美国能源部下名为"1705"的贷款担保项目提供了40亿美元的支持（Gallagher and Anadon，2017）。由于这些贷款担保被当作推动美国经济复苏的手段，所以该政策要求被支持的可再生能源或输配电项目必须在2011年前开工建设（DOE，n. d. –b）。更早期针对汽车工业的贷款担保政策也被当作支持经济复苏的措施而加以出台，它被称为"先进技术汽车制造"（Advanced Technology Vehicle Manufacturing）项目，该项目将贷款担保扩展到那些打算生产更多节能汽车的制造商。

4. 外交型政策

在奥巴马总统2013年提出的气候行动计划（CAP）中，第三部分内容是致力于推动国际合作，尤其是呼吁"引领国际努力"以应对全球气候变化问题。奥巴马总统在2009年出席了哥本哈根的《联合国气候变化框架公约》缔约方会议，有关其亲身经历的许多报道显示，他对国际谈判的混乱状态既觉得惊讶，也感到困扰。

奥巴马总统随后积极鼓励国务卿约翰·克里（John Kerry）和气候变化特使托德·斯特恩（Todd Stern）使美国在国际气候谈判中发挥出更主动的作用。这对他们而言并非易事，因为美国虽然一直参与国际气候谈判，却退出了《京都议定书》，所以美国在此问题上缺乏应有的国际信誉。尽管如此，奥巴马总统还是宣布了美国的气候行动计划并开始加以实施，使得斯特恩在参与国际谈判时，拥有了一个更为坚实的基础和更为可信的道德声誉。斯特恩强烈建议采取"承诺和审查"（pledge and review）的方法（参见第四章）。这种各国"自下而上"建立减排目标的方法可使所有国家根据自身情况提出合适的减排目标，从而达成一个普遍的最终协议。这个方法能消除美国签署国际气候协议中的一个主要政治障碍，因为美国参议院曾拒绝批准《京都议定书》的根本理由是，主要的发展中国家——尤其是中国——没有确定相应的减排义务。

正如第一章所述，美国国务卿约翰·克里主动向中国提出了两国联合发布气候声明的建议，随后在白宫的约翰·波德斯塔（John Podesta）和国务院的托德·斯特恩（Todd Stern）的领导和参与下，美国与中国进行了谈判并最终发布了《中美气候变化联合声明》。许多人认为，正是2014年中美联合声明（以及2015年联合声明）的发布，才使《巴黎协定》的签署成为可能[联合国气候变化新闻室（UN Climate Change Newsroom），2014]。

在联合国时任秘书长潘基文的召集下，2014年联合国气候峰会在纽约召开，奥巴马总统出席并发表演讲。在演讲中，奥巴马总统承认，许多发展中国家对如何适应气候变化有着特别的关切，他宣布要建立一个新的政府和社会资本合作项目，以类似于天气服务那样的方式，向发展中国家提供相关的气候服务。这个被称为"适应型发展的气候服务"（Climate Services for Resilience Development）的项目于2015年正式启动，合作伙伴还包括英国政府、Esri公司、谷歌公司、美国红十字会（American Red Cross）、斯科尔全球威胁基金会（Skoll Global Threat Fund）、亚洲开发银行（Asian Development Bank）和美洲开发银行（Inter-American Development Bank）等组织。在美国国际开发署（US Agency for International Development，USAID）的领导下，美国政府的大多数主要科技机构也同意提供相关的气候数据和工具，以满足主要发展中国家的信息需求，这些机构包括美国国家航空和航天局（National Aeronautics and Space Administration，NASA）、国家海洋和大气管理局（National Oceanic and Atmospheric Administration，NOAA）以及美国地质调查局（US Geological Survey，USGS）等。

（三）特朗普政府时期

特朗普总统兑现了他在竞选过程中作出的承诺，于2017年宣布让美国退出《巴黎协定》，尽管这遭到了众多共和党参议员和商界领袖的反对。如前所述，在退出《巴黎协定》这个象征性的步伐之后，特朗普政府还采取了一系列的行动以全面撤销奥巴马总统所启动的气候行动计划（CAP），包括清洁电力计划（CPP）、限制石油和天然气基础设施中甲烷泄漏的规则以及最新的轻型车辆燃油经济性标准等措施。

一些非政府环境保护组织以及"进步州"（progressive states）通过起诉特朗普政府下的环境保护局、能源部或内政部，阻止监管政策的倒退（HLS，2018）。由于联邦最高法院曾经裁定，二氧化碳和其他温室气体必须根据《清洁空气法》加以管制，这些诉讼最终可能获得胜利，但即使如此也需要历经数年。然而，特朗普总统在当选后提名了一位保守派大法官，从而打破了联邦最高法院组成的平衡，联邦最高法院也可能不再支持上述的环境保护诉讼。[1] 此前，在联邦最高法院的9名大法官中，有4名自由派和4名保守派，还有1名独立法官，其立场根据议题的不同而

[1] 在奥巴马总统任期即将结束之时，联邦最高法院的安东尼·斯卡利亚（Antonin Scalia）大法官去世。然而，当时的参议院共和党多数派领袖米奇·麦康奈尔（Mitch McConnell）拒绝就奥巴马总统所提名的大法官候选人在参议院进行投票确认。共和党方面的算盘是，当一位共和党人当选总统后，就可以提名一位保守派的大法官。麦康奈尔的做法在美国历史上是少有的，这也是反映2017年美国国会两党之间极端关系的一个很好的例子，参见 https://www.politico.com/story/2016/11/supreme-court-mitch-mcconnell-231150。

在自由派和保守派之间摆动。随着特朗普总统任命新的保守派大法官尼尔·M.戈萨奇（Neil M. Gorsuch）并得到了参议院的确认，保守派大法官已在联邦最高法院中占据了多数，从而对环境保护案件的判决可能产生不利的影响。虽然联邦最高法院的大法官被认为是不关心政治的，但事实上由于他们是由总统提名并得到国会的批准，总统总是倾向于提名与其政治立场较为一致的大法官。因此，大法官的政治立场通常是众所周知的。

特朗普政府在2016年上台后，仍未对许多已有的法规提出质疑，例如能源部颁布的大部分能效标准。国会通过的《2015年综合拨款法》（Consolidated Appropriations Act of 2015）中对大多数可再生能源技术的生产和投资税收抵免也在特朗普总统的第一个任期内继续实施（DOE，n.d.–a、DOE n.d.–d）。最后，由于特朗普总统在提交给国会的首个预算请求中提出的对美国能源创新预算投入进行大幅削减的主张并未得到国会的支持，因此美国政府对能源创新的投资在特朗普政府时期只会经历小幅的削减（DOE，n.d.–c）。当前的拜登政府对气候变化的大部分政策持更为积极的态度，美国在2022年通过了《通胀削减法案》，加大了对新能源和气候变化项目的投入。

（四）美国政策的总体减排效果

考虑到前述所有的减排政策，再加上表2–4中所列的其他措施，奥巴马政府估计美国在2020年前可实现比2005年的温室气体排放水平下降17%的目标（奥巴马总统在哥本哈根大会上提出的目标），如果配合土地利用吸收的乐观情形和其他新政策，美国到2025年可以实现其在《巴黎协定》中所提出的比2005年排放水平下降26%~28%的目标（见图5–4）（US Department of State，2016）。奥巴马政府将上述减排目标递交给《联合国气候变化框架公约》（UNFCCC）时所预设的是在各种政策照常实施的情景（"现有措施"情景），其包括了新的气候行动计划（CAP）可能带来的减排效应。汽车标准和能效标准在先前阶段的实施，已清楚地表明可以减少温室气体的相应排放。如果一些管制／行政型和财政型的政策能够在特朗普时期幸存下来，那么美国的温室气体排放量还会继续下降，但下降的速度就不能像这些法规没有在法庭上受到羁绊时那样快。

在奥巴马时期的预测情景中，假设全面实施了气候行动计划下的所有政策，包括清洁电力计划、限制甲烷排放规则、减少氢氟碳化物使用和众多的能效标准等举措，但当时并未将其他的新政策纳入预测分析中。

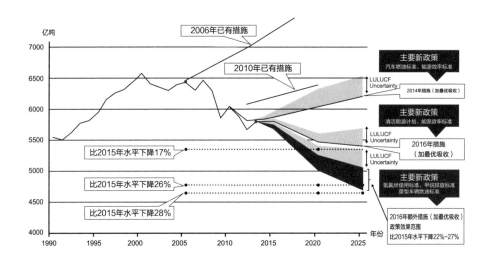

图5-4　美国的排放预测：2016年措施与气候行动计划下新增举措的
潜在减排比较

注："LULUCF Uncertainty"（Land use, land use change and forestry Uncertainty）为土地利用、土地利用变更、林业的不确定排放额。

虽然特朗普总统对气候管制抱有敌意，但某些现行的政策不太可能被撤销，因为在过去几十年内它们一直得到两党的支持。根据美国2016年提交给《联合国气候变化框架公约》的双年度报告，美国已实施80余项有助于应对气候变化的政策（US Department of State，2016），其中一些政策的历史可以追溯到20世纪70年代，不少政策是在共和党执政期间提出的。在里根政府时期，曾出台过节能住宅的激励措施（1985年）、鼓励农民保护易受侵蚀耕地的保护储备计划（1985年）以及启动电器和设备的能效标准（1987年）等政策。乔治·H. W. 布什（老布什）政府时期，从1990年开始执行重要的新替代物政策（SNAP）项目，该项目的实施是为了减少消耗臭氧层的化学物质的使用，其中一些化学物质也是温室气体的排放源。据估计，SNAP项目仅在2020年就会实现超过3亿吨二氧化碳当量的减排（US Department of State，2016）。在乔治·W. 布什（小布什）政府期间，则分别实施了碳封存引领（Carbon Sequestration Leadership）项目以示范应用碳捕获和封存技术（Carbon Capture and Storage，CCS）、巧运输合作（SmartWay Transport Partnership）项目以减少商品运输中的温室气体排放（2004年），生物燃料原料合作（Biofuel Feedstock Partnership）项目以支持生物质能源的供应，以及氢氟碳化物减少使用项目（2006年）。当然，上述政策并非温室气体减排的主要驱动因素（SNAP项目除外），但历史表明，这些已实施的政策很少被后来的政府所逆转或撤销。

（五）州级层面的政策

除了上述联邦层面政策，州和城市制定和实施的政策对美国的温室气体排放也有着巨大的影响。只要不违反联邦的法律，美国各州和城市均有权通过比联邦更为积极的立法。正如在联邦层面的气候政策可以被区分为直接型政策和间接型政策，在地方层面亦是如此。

在州级层面，得克萨斯州（Texas）是美国二氧化碳排放最多的州，接下来分别是加利福尼亚州（California）、宾夕法尼亚州（Pennsylvania）、佛罗里达州（Florida）和伊利诺伊州（Illinois）。较小规模的州，如佛蒙特州（Vermont）、罗得岛州（Rhode Island）和特拉华州（Delaware），温室气体排放也较少。必须指出，这3个州虽小，却都参与了此前所述的区域温室气体行动（Regional Greenhouse Gas Initiative，RGGI），为减少各自的排放做出了巨大的努力。2000—2015年，有7个州将其温室气体排放减少了20%以上，分别是哥伦比亚特区（District of Colombia）、印第安纳州（Indiana）、缅因州（Maine）、马萨诸塞州（Massachusetts）、内华达州（Nevada）、田纳西州（Tennessee）和纽约州（New York）。减排成果紧随其后的是特拉华州（Delaware）、俄亥俄州（Ohio）、北卡罗来纳州（North Carolina）和西弗吉尼亚州（West Virginia）（EIA，2018b）。

从历史上看，美国的一些地方政府在气候政策领域要比联邦政府更为积极，在联邦政府谋划全国范围的气候政策之前，许多地方政府的气候政策已经实施多年，并取得了积极的成效。随着时间的推移，越来越多的州和城市开始实施气候政策。事实上，目前美国大部分的地理区域已经受到气候法规的管制。截至2017年，除阿拉斯加州（Alaska）外，美国的每个州都至少有30项与清洁能源有关的政策，有的州甚至更多（如加利福尼亚州有272项）（DOE DSIRE，2016）。2017年，美国已有30个州实施了可再生能源配额标准（Renewable Portfolio Standards，RPS）政策。在特朗普总统就职6个月后，加利福尼亚州的立法机构通过了一项新法律，将加利福尼亚州的温室气体限额与交易计划延长至2030年，并设定了全州新的温室气体排放上限（Nagourney，2017）。

政治上保守的州通常会采用间接型的气候政策，如能源效率计划，例如，密西西比州的商业能源效率项目、得克萨斯州的可再生能源发展计划

（可再生能源配额标准）以及阿拉斯加州的建筑能源法规等。政治上进步的州则倾向采用更为明确直接的气候政策，例如，加利福尼亚州的温室气体限额与交易计划，以及波士顿市的交通减排措施，该市欲通过扩展公共交通和自行车道，使2020年该市的汽车行驶里程比2010年减少5%，以此减少相应的温室气体排放。

在气候政策领域，全国层面政治上不可能实施的政策往往在州级层面却是可能的，这是因为美国各州对待环境保护（尤其是气候变化）的态度大相径庭。所以，各州内部的政治情形与整个国家的态势可能是完全不同的。在联邦层面，参议院由每州两位参议员组成，保守的州则具有更大的影响力。相比之下，众议院的议员根据每个州的人口数选出，由于大多数美国人都支持应对气候变化行动，因此众议院在气候变化问题上就表现得比参议院更加积极。正如第四章中所述，《维克斯曼—马基气候变化议案》能够在众议院获得通过，但其对应版本无法获得参议院的支持。

即使是保守的州及其领导人，也可能支持可再生能源的发展，只是不会用应对气候变化作为其理由。小布什在担任得克萨斯州州长期间，曾于1999年签署了《得克萨斯州公用事业监管法》（Texas Public Utility Regulatory Act），该法促进了得克萨斯州风能的大规模发展。巴里·拉贝（Barry Rabe）在其全面分析州级气候政策的著作中指出，州一级的政策企业家（policy entrepreneurs）已成功地将气候政策与当地经济的长远发展和就业联系在一起（Rabe，2004）。

当然相比之下，也有一些州更有政治意愿来推行积极的气候政策，特别是新英格兰地区和加利福尼亚州等自由派占多数的地区。这两个地区都实施了针对温室气体排放的限额与交易（cap-and-trade）计划。新英格兰地区的"区域温室气体行动"（RGGI）是在美国所推行的首个对二氧化碳排总量进行限制的项目，共有9个州参与合作，旨在限制和减少电力部门的二氧化碳排放。2005—2016年，该区域电力部门的排放量减少了45%（2008—2016年共减少了170万吨二氧化碳排放），而该地区的经济总量却增长了8%。二氧化碳排放配额的拍卖所得被再投资回各州，用于能效、清洁能源、温室气体减排和直接资助等各种项目（RGGI，2016）。2017年，RGGI下各州宣布将在2020—2030年将区域电力部门的碳排放上限进一步削减30%。

加利福尼亚州的限额与交易计划则更为全面，其针对所有的温室气体，覆盖范围包括主要工业排放源、电厂及燃料经销商等。该计划于2012年启动，并于2014年与加拿大魁北克省的限额与交易计划进行了连接。2006年《加利福尼亚州全球变暖解决方案法》（California Global Warming Solutions Act）出台，要求加利福尼亚州空气资源委员会（California Air Resources Board）同意到2020年使全州的温室气体排放当量控制在1990年的水平，到2030年则至少比1990年的水平下降40%。该法还授权委员会可采用基于市场的合规机制（Garcia，2017）。截至2014年，加利福尼亚州的温室气体排放量比1990年的水平下降了1.6%（EIA，2018b）。

（六）市场力量和经济结构变化的影响

市场力量和经济结构的变化为美国温室气体减排作出了显著的贡献，但对它们各自作用的大小还存在着较大的争议。电力生产从煤炭转向天然气，又转向可再生资源，与其他因素一同作用使美国的温室气体排放量在2005年后开始下降。但从核电向天然气发电的转变部分抵消了上述收益，因为核电几乎没有碳排放。根据一项研究，美国的温室气体排放量在2007—2013年下降了11%，其中燃料结构变化所导致的影响占4.4%，而经济结构变化的作用则更为重要,其影响占到了6.1%(Feng et al.,2015)。

　　美国政府并没有制定引导能源结构从煤炭向天然气转变的明确政策,相反,这个变化是由独立的电力厂商为顺应市场形势而推动的。当美国国内的页岩气开始量产后,天然气的价格大幅下跌,电力厂商就逐渐关闭燃煤电厂,转而使用天然气发电。燃烧产生同等热值的条件下,天然气所排放的二氧化碳量远远小于煤炭。但考虑到天然气在生产和配送设施中的泄漏,天然气替代煤炭所产生的气候收益就会减少,由于天然气中的主要成分甲烷是温室气体的一种重要来源,随着泄漏量的增加,这个气候收益甚至可能变成负的(产生了温室气体的净排放)。因此,为了最大限度地获得电力行业燃料转换所带来的气候收益,对石油、天然气生产和配送过程中的甲烷泄漏进行约束是非常重要的(Alvarez et al.,2012)。

　　上述市场力量的释放部分缘于美国政府对能源创新的投资以及政府和社会资本的合作。早期的页岩压裂(shale-fracturing)和定向钻井(directional-drilling)技术是由美国能源研发局(Energy Research and Development Administration,1977年与联邦能源管理局合并组成美国能源部)、矿务局(Bureau of Mines)和摩根敦能源研究中心(Morgantown Energy Research Center)共同研发的;东部天然气页岩项目(Eastern Gas Shales Project)是20世纪70年代开展的一个政府和社会资本合作的页岩钻探示范项目。此外,页岩气的发展还有赖于政府对相关示范项目的公共补贴,例如1986年在西弗吉尼亚州第一次成功的多裂缝水平钻井试验、1991年米切尔能源公司(Mitchell Energy)在得克萨斯州巴内特(Texas Barnett)页岩的第一口水平井以及其他的合作项目(Trembath et al.,2012)。

（七）美国气候政策的经验教训

从对上述气候政策如何在美国实施的考察中，可以得出以下三点经验教训。

第一，美国总统并不拥有宪法权力以确保其在国际谈判中所作出的承诺能得到兑现。如果这一承诺超出了政府的职权范围，而且参议院未能批准条约或者国会未能通过国内实施的相关立法，总统的承诺就可能落空。奥巴马总统采用了行政命令的方式推进气候政策，那么这可能会产生效果，但很容易在法庭上受到挑战。

第二，虽然在奥巴马总统上台后，美国才开始实施具有明确针对性的直接型国内气候政策，但在此之前，已经有许多间接型的政策带来了相应的气候收益，而且这些政策得到了民主党和共和党的共同支持，并被联邦政府和州级政府广泛地执行。

第三，将美国联邦和各州所采用的不同类型的气候政策综合起来，可以构成一个较为全面的气候政策体系，然而这一体系是地理分散且不稳定的，无法为相关的公司和公民提供可靠的预期。

二、中国减排目标的实施

与美国类似，中国直到"十三五"时期（2015—2020年）才开始明确提出二氧化碳排放的峰值目标。但正如第二章中所述，在20世纪90年代和21世纪的头10年，中国政府曾实施数十项间接型的气候政策（李俊峰等，2016），包括管制/行政型、财政型、市场型和产业型（见图5-1，产业型政策包含于"其他"类别中）等政策工具。在一项研究中，确定了中国最重要的20项二氧化碳减排政策（Gallagher、Zhang and Orvis，2018），据此我们将把讨论重点放在那些对减少中国温室气体排放影响最大的政策工具上。

为了便于与美国进行比较，在本章的剩余部分我们仍将使用图5-2中的政策分类，对中国的气候政策工具进行详细探讨。然而在此之前，根据不同的划分视角，也可强调中国气候政策的4种重要方法：目标分配、能源结构的持续升级、推进市场化和开展试点。

第一，目标分配责任体系是中国气候政策的重要起点。在五年规划等重要文件中，中央政府确定了全国性的政策目标，然后把这个目标传递到省级政府。各省的目标通常根据全国目标并结合自身的实际情况来确定。省级政府又把这个目标传递到下属的各地级市，以此类推，一直将实现目标的责任层层落实到所有的乡镇，这就是所谓的各级政府"层层定目标，一级抓一级，层层抓落实"。尽管在确定目标时，下级政府可与上级政府进行协商，但本质上这是一个从上到下的过程，上级政府拥有最后的决定权，它属于一种管制/行政型政策工具（李惠民等，2011）。各级政府目标责任的确定通常并非通过精确的计算得出，而是因时、因地和因事而异的。假如形势较为严峻，比如空气污染严重、能耗强度或碳强度不降反升，那么下级政府就几乎没有与上级政府商量的空间，在这种情况下，上级政府拥有压倒性的话语权，而下级政府只能接受分配的目标任务。

第二，中国长期致力于能源供应的多元化，目的是减少对煤炭的依赖，增加可再生能源、天然气和核能的应用。为了持续推动能源结构的转型升级，中国政府实施了许多特定政策，包括设定煤炭消费总量上限、执行可再生能源上网电价、为不同类型的能源确定具体的发展目标、升级改造电网以容纳更多的可再生能源发电、设定非化石能源在能源供应的占比目标、减少对化石能源的补贴以及推动电力行业改革等。

第三，中国政府目前越来越多地转向了基于市场的气候政策手段。中国于2018年开始实施环境保护税，虽然并不包括二氧化碳，但对其他大气污染物（如二氧化硫、氮氧化物等）排放的限制，也间接地带来二氧化碳和其他温室气体排放的减少（国务院，2017）。在开展了7个省份的碳排放权交易试点后，2017年中国启动全国性碳排放交易体系的试运行，最初只针对电力行业，包括1700家企业，覆盖33亿吨二氧化碳排放（国家发改委，2017），2021年全国性的碳排放权交易体系正式建立。

中国是一个幅员辽阔、人口众多的大国，要在这样的国家实施普遍性的管制/行政型政策面临着严峻的挑战。相比之下，基于市场的政策工具通过调整市场中主体所面临的激励条件，可以有效地调动市场主体的积极性并改变其行为。因此市场化的政策手段越来越受到中央政府的青睐。

如何确保中央的政策能够在地方得到有效落实，一直是政策实施面临的重大挑战。在目标责任制等管制/行政型手段中，确保地方官员执行政策的办法是对他们进行考核。事实上，像美国那样利用司法手段来解决地方上的政策执行问题的情形，在中国几乎不存在。在"中央决策、地方执行"的模式下，中央政府有时会倾向于采用市场化的手段，以减少在政策执行中对各级地方政府的过多依赖，从而保证政策实施的效果。

第四，从碳交易的例子中可以看到，中国气候政策的一个重要方法是开展试点。在推行一项政策时，中央政府有时会选择特定的地区先开始试验，如果政策奏效、试验成功，再将这一政策推广至更大范围乃至全国。进行气候政策试点的好处包括三点：一是影响范围可控，无论政策效果是好是坏，都只局限在试点区域内，不会造成过大的影响。二是容易推动各种政策的实施，因为人们对不同的政策常常存在着争议，导致一时之间难以在全国范围内实施，那么先进行局部地区的试点，有助于减少政策执行的阻力。当大家看到政策试点的良好效果后，就有利于政策在全国的推行。三是有助于贯彻中央政府的政策意图。在试点过程中，中央政府的相关部委和试点地区通常需要紧密配合，不同于"中央决策、地方执行"的一般情形，试点过程中地方政府和中央职能部门的互动沟通更密切频繁，有助于中央政府及部委作用的进一步发挥和政策的有效落实。

（一）"十二五"时期前的间接型政策

如前所述，中国的许多气候政策是在五年规划的背景下制定的，随着五年规划的持续出台，气候政策也在不断地更新。早在1986年，中国就为了提高能源效率而颁布了建筑设计的能效标准。在本节中，我们将详细讨论中国的管制／行政型、财政型、产业型和创新型等各种类型的气候政策。

1. 管制／行政型政策

目标责任制是当前中国最为重要的气候政策手段之一。中央政府根据应对气候变化总体形势的需要，制定出全国性的各种不同目标。在过去很长的一段时间内，各级政府的发展改革委是能源和气候变化领域的主管部门。在中央层面，国家发展改革委承担了确定各种国家目标具体数值的任务，如能源强度、非化石能源比重以及不同能源的发展规模等。与此同时，在"中央决策、地方执行"的模式下，实现各种目标的任务主要是由地方来承担的，国家发展改革委会把其中的一些目标任务分解到各省级政府。通常各省的目标是根据国家的总体目标、再结合各省实际情况加以确定的。有时，国家发展改革委会让各省先提出所希望达到的目标，然后通盘考虑、加以调整，最终确定各省目标。省级政府得到本省的目标后，会将目标任务又分配给所属的市，市又会分配给县，县再分配给乡镇。

　　中国在五年规划以及相关的规划（如可再生能源发展规划、电力发展规划）中，会提出与能源消耗、温室气体排放有密切关系的各种目标，如年均经济增长速度，能源强度下降幅度，一次能源供应中非化石能源所占比重，天然气、可再生能源和核能的发展规模等。如前所述，这些规划中的目标有一小部分是约束性的，即各级政府均有责任达到这些目标，例如能源强度的下降；但大部分目标是指导性的，表达的只是一种预期或发展愿望，对各级政府并没有强制性的要求。当然，无论是约束性的目标还是指导性的目标，要实现它们还需要一系列相关的政策手段。

　　例如，为了达到能源强度下降的目标，中国政府采取了许多管制/行政型的措施，包括提高燃油经济性标准，提高建筑、电器、工业设备的能效标准等。此外，国家发展改革委在2006年开展了"千家企业节能行动"，覆盖了钢铁、有色、煤炭、电力、石油石化、化工、建材、纺织、造纸共9个重点耗能行业，针对能源消费量达到18万吨标准煤以上的1008家大企业（发改环资〔2006〕571号，国家发展改革委，2006）。该行动的主要目标是"大幅度提高企业的能源利用效率，使其主要产品单位能耗达到国内同行业先进水平，实现节能1亿吨标准煤左右"。2011年，国家发展改革委将该行动升级为"万家企业节能低碳行动"，包括了"能源消费量1万吨标准煤以上的工业企业"等1万多家企业，主要目标是"显著提升企业的节能管理水平，长效节能机制基本形成，能源利用效率大幅度提高，主要产品单位能耗达到国内同行业先进水平，部分企业达到国际先进水平。'十二五'期间实现节约2.5亿吨标准煤"（发改环资〔2011〕2873号，国家发展改革委，2011）。在"千家企业节能行动"和"万家企业节能低碳行动"中，企业淘汰了高耗能和落后的工艺、技术和设备，加大了对节能新技术、新工艺、新设备和新材料的研究开发和推广应用，政府则给予了相应的补助。

"十五"（2001—2005年）期间，中国经济快速增长，能源强度不降反升。因此，在"十一五"（2006—2010年）规划中，中央政府第一次制定了能源强度下降20%的目标。大量能耗高、效率低的小型企业（包括通常所指的"五小"，即小煤矿、小炼油、小水泥、小玻璃、小火电）被关闭（Ma，2014）。与此同时，国家发展改革委等部门推行了"上大压小"的政策，即企业在上新的大项目时，必须先关闭已有的小项目，例如，电力行业的"上大压小"政策就是要将新建电源项目与关停小火电机组挂钩，即在建设大容量、高参数、低消耗机组的同时，相对应地关停一部分能效低的小火电机组（国务院，2007c）。在各方的努力下，"十一五"时期能耗强度最终下降了19.1%（Yuan and Feng，2011）。

中国的汽车燃油经济性标准最初于2004年由原国家质检总局、原国家经贸委和国家发展改革委共同发布，这一政策节约了大量的燃油，减少了相应的温室气体排放（Oliver et al.，2009）。据估计，2003—2012年其政策效果为累计节约燃油1380万吨、减少二氧化碳排放4540万吨；节省的燃油相当于2010年中国燃油总消耗量的11%左右（Jin et al.，2015）。

设定煤炭消费量的上限是中国管制/行政型气候政策的另一个很好的例子。在一项研究中，控制煤炭消费总量被认为是中国减少温室气体排放的最有效政策之一（Gallagher、Zhang and Orvis，2018）。2013年，国务院发布了《大气污染防治行动计划》（国发〔2013〕37号），提出了"到2017年全国空气质量总体改善，京津冀、长三角、珠三角等区域空气质量明显好转"的目标，并采取了"制定国家煤炭消费总量中长期控制目标，实行目标责任管理"等措施。随后，相关的6个省份分别出台了各自的大气污染防治行动计划，确定了2012—2017年煤炭消费的净削减目标。其中，北京净减少原煤消费1300万吨、削减程度为50%；河北净减少4000万吨，削减13%；天津净减少1000万吨，削减19%；山东净减少2000万吨，削减5%。

推进电力行业改革，既包括管制／行政型的政策，也涉及财政型工具的运用。中国推动电力行业改革目的是将发电环节和输配电环节分开，以使更多的新电厂参与到电力市场中，从而增强电厂之间的竞争，形成一个更具竞争性的电力价格市场。电网本身也需要得到持续的升级改造，以容纳更多的可再生能源发电量，这是一个渐进的过程。云南和贵州两省首先成为深化电力体制改革的试点地区，根据中央政府的指导推进相关的各项改革举措，例如，"形成主要由市场决定电力价格的机制；按照管住中间、放开两头的体制架构，有序放开输配以外的竞争性环节电价，有序向社会资本放开配售电业务"等（参见《云南省进一步深化电力体制改革试点方案》，中共云南省委、云南省人民政府，2016）。此外，中国政府还在2015年宣布将建立和完善电力绿色调度机制，以促使更多的非化石能源发电优先进入电网，但具体如何实施还有待于电力改革的进一步推进。

2. 财政型政策

在气候领域，中国经常将财政型政策与管制／行政型政策结合起来使用，以营造更为统一和有效的制度环境，从而激励并改变能源生产者和使用者的行为。例如，在利用管制／行政型政策确定能源强度下降、可再生能源和核能发展等目标的同时，又对购买更高效的工业设备、更省油的汽车以及推广核能和可再生能源发电等给予补贴。中国最为有效的财政型气候政策——至少在早期如此——是从2003年开始实施的可再生能源上网电价补贴（Feed-in Tariffs，FIT）。对上网电价的财政补贴资金来自国家所设立的可再生能源发展基金，该基金是由电力（主要是煤电）消费用户所缴纳的附加费以及中央财政年度公共预算中的可再生能源发展专项资金所筹集（参见《可再生能源电价附加补助资金管理暂行办法》，财政部，2012）。该基金主要用于补贴电网企业收购可再生能源电量，具体额度是按照国务院价格主管部门确定的上网电价和按照常规能源发电平均上网电价计算所发生费用之间的差额。然而近年来，一方面财政补贴资金经常迟迟难以到位，另一方面所需的补贴资金和已有基金的总额差距越来越大，大大挫伤了电力厂商发展可再生能源的积极性。为了能够局部化解上述矛盾，中央政府将陆上风电的上网电价从0.57元/千瓦时削减到0.40元/千瓦时，比2016年的水平下调了15%。类似地，光伏发电的上网电价也被下调。当然，事实上风电和光伏发电的技术成本也都在不断地下降（详细参见本书附录，国家发展改革委，2016c）。

财政型政策工具也可以用来形成对某些行为的负向激励，从而促进能源消费节约、提高能源使用效率。例如，在2006年实施的差别电价政策，对能源密集型产业应用惩罚性的电价，以促使其提高能效。能源领域的其他财政手段是减少对化石能源的补贴，或征收相关的税费。例如，2011年开始征收原油和天然气的资源税，2014年对煤炭征收资源税。据估计，2012—2014年中国对化石能源的补贴从165亿元减少到了118亿元（IEA，2015）。

3. 产业型政策

从某些角度来看，中国推进改革和经济结构调整的努力比其他任何政策举措都更为有效地减少了温室气体排放。因为当中国的经济结构从重工业、能源密集型产业转向轻工业、服务型产业时，能源消耗和温室气体排放自然也会随之下降。

为了推进经济结构的转型，中国政府采取了众多政策措施，但这个过程仍然是长期的。一方面，许多重工业和能源密集型企业都是大型国有企业，单个企业的职工人数常常是数千人、数万人，甚至十几万人，相关改革的推进十分艰难（庄贵阳，2009）。另一方面，改革也常常受到地方政府的影响，因为这些企业往往是地方的经济支柱，为当地国内生产总值和税收作出举足轻重的贡献，一旦企业破产或倒闭，就会给地方的经济和就业带来非常大的压力。

为了优化产业结构，中国政府主要在以下四个方面开展行动。第一，加快淘汰落后产能。主要围绕控增淘劣、提质增效、转型升级、低碳发展，积极推进化解产能过剩的各项工作。第二，推动传统产业改造升级。对传统产业实施提高创新设计能力、提升能效、绿色改造升级等任务。第三，扶持战略性新兴产业发展。中国政府陆续发布了七大战略性新兴产业专项规划，设立了国家新兴产业创业投资引导基金，重点支持处于起步阶段的创新型企业。第四，加快发展服务业。营造有利于服务业发展的政策和体制环境，提出了发展服务型制造、加快生产性服务业发展以及强化公共服务平台建设三大重点任务（参见《中国应对气候变化的政策和行动2016年度报告》，国家发展改革委，2016d）。此外，中国人民银行与财政部、国家发展改革委、环境保护部、证监会等七个部门共同发布了《关于构建绿色金融体系的指导意见》（银发〔2016〕228号，中国人民银行，2016），提出"大力发展绿色信贷、推动证券市场支持绿色投资、设立绿色发展基金、发展绿色保险"等任务。

尽管经济结构调整的过程非常艰难，但自改革开放以来，中国的经济结构已经发生巨大变化。1978年，第一产业（农、林、牧、副、渔业）占国内生产总值的28%，第二产业（包括制造业、采矿业、建筑业等）占48%，第三产业（服务业）仅占26%。到2015年，第一产业的比重下降到8.8%，第二产业的比重是40.9%，第三产业的比重则大幅上升到50.2%（《中国统计年鉴

2018》，国家统计局，2018）。

4. 创新型政策

中国政府一向注重对能源创新的投资，但更多是基于能源领域自身发展的考虑，近十年来，应对气候变化才成为能源创新政策的驱动因素之一。改革开放以后，中国能源创新投资的重点之一是引进先进的燃煤技术、进行本土化改造并推广应用（Zhao and Gallagher, 2007）。当前，中国已拥有世界上技术最先进的燃煤电厂（Gallagher, 2014）。相对被忽视的是中国在推进碳捕获和封存（CCS）技术以及燃气轮机技术上的切实努力（Gallagher, 2014；Liu and Gallagher, 2010）。科技部也越来越重视新能源汽车领域的创新，最初的支持对象包括混合动力汽车、蓄电池汽车和燃料电池汽车，但目前主要集中在纯电池电动汽车上。

尽管中国政府为可再生能源技术的研发提供了一些早期的支持，但规模并不大。真正对可再生能源技术发展作出实质性贡献的是1995年后中国政府对新兴且快速增长的可再生能源产业所实施的强有力的产业政策和财政政策（Lewis, 2013；Lewis and Wiser, 2007；Ru et al., 2012）。事实上，中央政府正致力于通过创新政策、产业政策和市场激励等措施来培育低碳经济的发展（Gallagher, 2014；Zhang and Gallagher, 2016）。

（二）"十二五"和"十三五"时期的直接型气候政策

从"十二五"（2011—2015年）开始，中国逐步实施直接型的国内气候政策。中央政府首先倾向于对这些政策进行试点，如果政策成功，再将其推广到全国。国家发展改革委在2010年颁布了《关于开展低碳省区和低碳城市试点工作的通知》（发改气候〔2010〕1587号），组织国内各地区申请低碳地区试点，最后确定先在广东、辽宁、湖北、陕西、云南五省和天津、重庆、深圳、厦门、杭州、南昌、贵阳、保定八市开展试点工作。2012年，国家发展改革委又发布了《关于开展第二批低碳省区和低碳城市试点工作的通知》（发改气候〔2012〕3760号），将低碳试点地区扩展到北京、上海、海南和石家庄等29个省份和城市。低碳试点地区的主要任务包括编制低碳发展规划、制定支持低碳绿色发展的配套政策、建立以低碳排放为特征的产业体系、建立温室气体排放数据统计和管理体系以及积极倡导低碳绿色生活方式和消费模式等。

站在地方政府的角度，不少地区积极成为低碳试点地区，不仅是为了减少本地的空气污染和温室气体排放，更是想要把握住低碳产业的发展机遇，打造本地经济的新增长点，如发展风能、太阳能、电动汽车等产业。从中央部门的视角来看，也希望通过政策试点的方法，来获得各地的积极响应和支持，以扩大政策的实施效果。在《中美气候变化联合声明》签署后，两国于2015年9月召开了第一届中美气候智慧型/低碳城市峰会，中国参会的省市在峰会上宣布成立中国达峰先锋城市联盟（Alliance of Peaking Pioneer Cities，APPC），目前该联盟已有23个省市加入，都各自宣布了早于2030年二氧化碳排放达到峰值的时间目标（见《中国达峰先锋城市峰值目标及工作进展》，2016年）。

随着《巴黎协定》的签署，中国政府开始考虑采用基于市场的直接型气候政策（李俊峰等，2016）。如前所述，为了增强气候政策的可实施性和有效性，中央政府有时倾向于利用市场化的政策工具。一个主要的争议问题是采用碳税还是碳交易，或者是两者一起使用。早在20世纪90年代，就有学者提出了在中国开征碳税的建议，当时碳税主要是被看作环境税的一种而提出的。但一开始人们普遍担心碳税的征收会对国民经济造成严重的负面影响，而当时对经济增长的诉求是被放在第一位的。因此在很长一段时间内,碳税只是学术界或政府某些部门的一项政策建议,尚未被真正考虑过要在现实中加以实施。

随着气候变化问题日益受到重视,碳税又逐渐被提上了议事日程,但国家发展改革委更倾向于推行碳交易政策,中央政府最终决定先开始进行碳交易的试点工作。2011年,国家发展改革委宣布,北京、天津、上海、重庆、广东、湖北、深圳7个地区获准开展碳排放权交易试点工作,以逐步建立国内碳排放权交易市场(发改办气候〔2011〕2601号,国家发展改革委办公厅,2011)。

7个碳排放权交易试点地区的主要任务包括:组织编制碳排放权交易试点实施方案,明确总体思路、工作目标、主要任务、保障措施及进度安排;制定碳排放权交易试点管理办法,明确试点的基本规则,测算并确定本地区温室气体排放总量控制目标,研究制定温室气体排放指标分配方案,建立本地区碳排放权交易监管体系和登记注册系统,培育和建设交易平台,做好碳排放权交易试点支撑体系建设等。2010年,7个试点地区的二氧化碳排放总量约占全国的7%。在开始阶段,试点地区的碳排放权配额绝大部分是免费发放的,只有广东、深圳和湖北对少量的配额进行了拍卖(Dong、Ma and Sun,2016)。2014年8月,7个试点地区的碳排放权交易价格为6.7元/吨二氧化碳当量(Yu and Lo,2015)。

在试点过程中,也逐渐暴露出了一些问题,主要包括温室气体测量和报告的实施不严格、法律框架不完善、违规现象较为突出、监管不到位、惩罚力度不足等(Narassimhan et al.,2017;齐晔等,2016)。而在一些试点地区,交易的流动性严重不足,长时间没有什么交易量(Yu and Lo,2015;尹中强,2015)。目前,对于违规企业的最高处罚金额为10万元(即14459美元,按2017年汇率),这很难形成有效的震慑(Zhang et al.,

2014）。绝大部分试点地区对违规的处罚都远远小于上面的金额（Dong、Ma and Sun；2016）。值得指出的是，在2015年对参与碳交易试点企业的一项调查显示，过低的碳价并没有起到"激励企业升级改造其减排技术"的作用（Lin et al., 2016）。

在总结了碳交易试点项目的经验和教训后，中国在2017年启动全国性碳交易市场的试运行，首先覆盖的是电力行业的1700家企业，并于2021年正式建立全国性的碳排放权交易市场。此外，环境税也于2018年在中国开始实施，虽然污染物中并没有包括二氧化碳等温室气体。

（三）中国气候政策的经验教训

通过考察中国气候变化政策的历程，可以得出以下三点经验教训。

第一，中国的气候政策是逐步实施、稳步加强的。从20世纪90年代起，中国开始逐渐推行提高能源效率、降低碳排放强度、扩大非化石能源供应等政策。在早期阶段，中国主要采取的是能够带来各种协同收益的间接型政策，例如有助于减少传统空气污染、提高能源安全等的措施。但随着时间的推移，中国也越来越多地转向了直接控制温室气体排放的气候政策。

第二，目标责任制是中国气候政策最为重要的手段之一。在这个体系下，中央政府负责制定、分配和考核地方的目标任务，各级地方政府负责加以落实。然而，目前中国各地都面临着以经济发展为核心的激烈竞争，气候政策目标的落实有时不免受到影响。

第三，中国建立了综合性的国内气候政策体系，几乎覆盖了所有的行业和部门。过去，中央政府更倾向于采用管制/行政型以及财政型政策工具，但现在更多地开始尝试市场型政策，例如排放权交易等措施。

第六章　为何两国气候政策如此不同

　　前述各章考察了中美两国的治理体系，并通过案例详细地分析了两国的气候政策是如何被制定和实施的。接下来，我们将解释究竟是哪些原因造成了中美两国的气候政策会如此不同。本章的目标不是事无巨细地分析造成中美气候政策差异的各种因素，而是着重于一些对政策结果有重大影响的关键性因素。总体而言，正是这些因素较好地解释了两国气候政策决策中的差异。

　　我们找出了造成两国气候政策差异的7个关键性因素，大致可分为政治、经济和社会三大类（见图6-1）。在政治类中包括"党派作用""权力制衡""政府层级""政府部门"4个因素；经济类包括"经济结构和战略性产业"因素；社会类则包括"个人领导力"和"媒体作用"两个因素。当然，上面的各因素有时会牵涉多个方面，难以简单地将其完全划分到某个种类，例如，"个人领导力"因素也会在政治和经济领域中有重要表现。总的来看，气候变化政策所涉及的许多因素常常同时影响这三个类别。

政　治	经　济	社　会
党派作用 权力制衡 政府层级 政府部门	经济结构和 战略性产业	个人领导力 媒体作用

图6-1　美国和中国气候政策差异的主要驱动因素

一、党派作用

在中美两国气候政策过程中，党派作用的因素均发挥着普遍的作用，但两者的表现形式截然不同，很难进行比较。在美国，围绕着环境保护议题的党派作用在过去40年中发生了戏剧性的变化。以前"加强环境保护"获得了民主党和共和党的一致赞同，目前却成为两党之间最具分歧的话题之一。两党政治僵局的直接后果之一就是国会在综合性气候变化立法上的失败，虽然大多数美国民众支持这样的立法（Popovich、Schwartz and Scholossburg，2017）。目前看来，要化解气候领域的党派纷争，美国还有很长的路要走。在中国，加强环境保护、应对气候变化已经成为广泛的政治共识。事实上，减少空气污染已成为中国各级政府的迫切事务之一。中国对气候政策达成政治共识的标志是签署了《巴黎协定》，明确了2030年前二氧化碳排放达到峰值的目标，在《中华人民共和国国民经济和社会发展第十三个五年规划纲要》中确定了"能耗强度""碳排放强度"等一系列约束性目标，并在2021年建立了全国性的碳排放权交易市场。然而，中国能否真正有效落实相关的气候政策、达到所制定的各种目标，还存在着很多的不确定性。

　　历史上，美国环境保护政策的出台与共和党总统有着密切的关系。共和党人西奥多·罗斯福（Theodore Roosevelt，任期为1901—1909年）在就任总统6年后，签署了《联邦文物保护法》（Preservation of American Antiquities Act），允许他和未来的总统无须诉诸国会就可以设立国家纪念区（national monument）。西奥多·罗斯福总统将大峡谷（Grand Canyon）创建为国家纪念区，还设立了5个国家公园（national park）、15个其他的国家纪念区、13个新的国家森林区（national forest）以及16个国家鸟类保护区（national bird refuge）（Morris，2001）。共和党总统理查德·尼克松（Richard Nixon，任期为1969—1974年）在执政期间签署了《清洁空气法》（Clean Air Act）和《清洁水法》（Clean Water Act）。另一位共和党总统老布什（George H. W. Bush，任期为1989—1993年）则签署了《1990年清洁空气法修正案》（Clean Air Act Amendments of 1990），在他的任期内美国加入了《联合国气候变化框架公约》。

　　共和党转向反对环境保护政策的立场发生在民主党总统比尔·克林顿（Bill Clinton，任期为1993—2001年）执政时期，当时国会中的大多数共和党议员开始对环境保护政策持负面的态度。然而，克林顿政府的副总统阿尔·戈尔（Al Gore）却成为激进的环保政策支持者，他是最先站出来呼吁美国需要为应对气候变化采取行动的政治家之一。如第三章所述，在共和党议员纽特·金里奇（Newt Gingrich）的带领下，共和党发起了一场与民主党争夺国会控制权的"革命"，这成为共和党整体转向放弃环境保护政策的转折点，他们尤其反对制止大气平流层臭氧消耗、应对气候变化等全球性环境议题。

　　需要指出的是，有个别的共和党人在那以后仍然继续支持气候变化政策，但他们在共和党中一直孤立无援。如第四章中所述，试图对气候变化进行综合性立法的《维克斯曼—马基议案》在民主党主导的众议院中获得通过，其对应的版本却无法得到参议院的支持，尽管有两位著名的共和党参议员林赛·格雷厄姆（Lindsey Graham）和约翰·麦凯恩（John McCain）表示支持该议案。在民主党内部，虽然大部分民主党议员支持气候政策，但少数来自煤炭资源富集州的民主党议员一直反对国内的气候立法，其中包括西弗吉尼亚州的参议员乔·曼钦（Joe Manchin），他因在电视竞选广告中用步枪射穿《碳限额和交易议案》副本的表演而遭受人们的广泛批评。[1]

共和党在整体转向对环境保护政策持负面立场后，日益成为化石燃料行业所极力支持的政党，该行业的竞选捐款绝大部分流向了共和党。自1990年以来，石油和天然气行业的竞选捐款有超过2/3给了共和党的候选人，采矿业的党派倾向则更为严重，其90%左右的竞选捐款都流向了共和党竞选人（Center for Responsive Politics，2017）。

中国的情形则完全不同，在中国共产党的统一领导下，党派作用的因素不像美国那样表现为不同党派之间公开的激烈纷争。中国共产党中央委员会有约200名正式委员和170名候补委员，其中包括许多中央部门的主要领导、各省的主要领导以及一些重要央企的主要领导，他们对于环境保护和气候变化也持有不同的观点。虽然环境保护和气候领域的具体政策并不是在党系统内制定的，但大政方针是由党中央来制定的。换言之，中国环境保护和气候变化政策的总定位和大方向，需要得到党最高决策机构的认可。在这个过程中，各部门、各地方和相关的企业，会通过各自渠道施

---

[1] 参见该广告的链接：https://www.huffingtonpost.com/2010/10/11/joe-manchin-ad-dead-aim_n_758457.html。

加影响。因此，中国气候政策决策的党派作用因素，常常是与部门之间的竞争、各级政府之间的博弈等结合在一起的。

二、权力制衡

在美国，人们秉持"权力制衡"的理念，即要把国家治理的权力分别赋予行政、立法和司法三个独立部门。但美国宪法中实施分权的主要目的是在不同部门中实现相互制约，做到用权力约束权力、以野心对抗野心，以使没有任何一个人或机构能够掌握不受限制的权力。

美国实行的权力制衡原则极大地影响了其气候政策的制定和实施。虽然总统领导的行政分支曾分别决定加入1997年的《京都议定书》和2015年的《巴黎协定》，但立法分支的参议院拒绝批准，也从未通过旨在履行这些国际协议的国内气候立法。尽管奥巴马总统强烈建议制定一部国内气候变化法，且该项立法并不一定要与国际谈判相挂钩，但国会仍然无法通过一项综合性的气候立法。因此，奥巴马总统只好转向使用现有法律所赋予的行政权力，这也是他在第二个任期内选择采取行政手段来限制美国温室气体排放的根本原因。与奥巴马总统处境类似的情况是，那些反对气候变化的共和党总统也会受到其他权力分支的阻挠。在小布什政府期间，环境保护组织和一些州根据《清洁空气法》对美国国家环境保护局发起了诉讼，要求把二氧化碳和其他温室气体纳入环境保护局的监管范围内，这个案子最终得到了联邦最高法院的支持，成为一个分权制衡的典型案例。此外，特朗普政府的环境保护局局长斯科特·普鲁伊特（Scott Pruitt）试图撤销奥巴马政府期间所制定的环境保护法规，也在法庭上遭遇了相关的诉讼。总的来看，权力制衡原则在美国的实施虽然不利于气候政策的迅速出台，但也延缓了气候政策的撤销；它能使气候政策的制定和实施更多地照顾到不同集团的利益和诉求，不会形成过于极端的决策，当然代价就是容易导致政治僵局，使政策过程变得异常艰难和缓慢。

在中国，首先，无论是立法、司法还是行政机构的主要领导绝大多数具有共产党员身份，接受党组织的监督和管理；其次，各级立法部门、司法部门和行政部门都设有相应的党委（或党组），它们负责领导该部门的工作，贯彻落实上级党组织尤其是党中央的决策部署；最后，行政部门在政策领域发挥着主导作用，但近年来立法部门和司法部门的影响力也在不断地加强（Shi，2014）。

在立法领域，虽然中国最为重要的气候政策更多是以党和行政部门的文件、规章等形式所发布，但立法部门也出台了一系列的相关法律，例如《中华人民共和国可再生能源法》（全国人大常务委员会2005年通过，2009年修正）、《中华人民共和国节约能源法》（全国人大常务委员会1997年通过，2007年第一次修正，2016年第一次修订，2018年第二次修订[1]）、《中华人民共和国循环经济促进法》（全国人大常务委员会2008年通过，2018年修正）等，这些法律虽然不是专门针对气候变化而出台的，却间接地对减少温室气体排放产生了非常重要的作用。

司法部门在气候政策领域所起的作用相对而言较弱（He，2014）。但近年来随着司法专业化的不断加强，司法系统开始成立专门的环境资源法庭，目的是破解环境资源案件"立案难""取证难"等问题，加大环境资源领域的案件审判力度（Wang and Jie，2010）。2014年，中国最高人民法院

---

[1] 中国法律"修订"和"修正"的区别在于，前者修改范围比较大，需要对现行法律确定的制度、原则及条文全面进行修改；后者修改范围则较小，只是对现行法律的某些方面、某个部分乃至个别条款、词句进行修改。——译者注

首次设立了专门的环境资源审判庭，到2018年年底，中国的各级法院共设立环境资源审判庭、合议庭和巡回法庭1271个，其中环境资源审判庭391个（江必新，2018）。由于中国还没有对气候变化进行专门的立法，所以"环境资源法庭"审理的主要是违反《中华人民共和国环境保护法》《中华人民共和国矿产资源法》等法律的案件，但对于这些案件的审判在客观上也有利于促进气候变化领域的保护行为。

美国和中国在权力制衡原则上的不同表现对各自的气候政策结果有着重要的影响。在气候政策的制定方面，中国在共产党的统一领导下，更容易形成决策和及时出台相关的气候政策。美国则由于权力制衡、互相掣肘，动辄形成政治僵局，气候政策迟迟难以推出。

在气候政策的实施方面，由于美国是联邦制国家，联邦层面的法律依靠联邦的机构加以执行，有助于联邦法律和政策在全国范围内能得到有效的落实。即使在地方层面，民众也可以根据联邦的法律和政策，诉诸法院以约束地方政府和企业的行为。相比之下，中国气候政策的制定主要在中央政府，实施的责任则大多在地方政府，容易面临政策执行难的问题（Eaton and Kostka，2014）。

三、政府层级

在美国和中国的政策制定和实施过程中，不同层级政府的关系是导致两国气候政策差别的最重要原因之一。美国是联邦制国家，不同层级政府之间是平行关系，换言之，联邦政府不能直接命令州政府，联邦总统也无权任命各州的州长。《美国宪法第十修正案》（The Tenth Amendment to the US Constitution）明确规定："宪法未授予合众国、也未禁止各州行使的权力，由各州或其人民保留。"只要不违反宪法和联邦法律，美国各州有权根据自身的需要制定相应的新政策，而无须得到联邦政府的批准。此外，各级政府的平行关系也意味着联邦政府、州政府和地方政府都各自执行自己出台的政策，每一级政府都需要亲自与企业和民众打交道。政策制定和执行权限在不同层级政府之间的分配对各级政府政策的效果有着至关重要的影响。

在气候政策上，只要不在联邦法律的禁止范围内，美国各州便有权通过自身的法律法规。在环境保护气候领域，联邦法律往往确定的是地方法律法规的下限，各州可以根据联邦法律出台符合自身需要的更高标准。例如，《清洁空气法》授权美国国家环境保护局为美国的空气污染物（包括温室气体）排放制定相应的国家标准，因此没有哪个州可以通过自身的法律来确定比国家标准更松的标准。相反，各州却可以据此制定比国家排放标准更严的法律。《清洁空气法》通过时，事实上加利福尼亚州就实施了比全国标准更严的标准。《清洁空气法》授权加利福尼亚州可以对相关产业执行更严的排放标准，也允许其他州采用加利福尼亚州的标准，比如马萨诸塞州和纽约州就经常适用加利福尼亚州的环境标准。有些州还出台了与联邦政策不同类型的新政策，以实现更大程度的温室气体减排。例如，美国的东北部各州和加利福尼亚州都实施了碳限额和交易（cap-and-trade）计划以减少排放。此外，已经有超过35个州实施了可再生能源配额标准（RPS）政策。各州根据宪法所赋予的权力，既可以单独实施，也可以联合执行比联邦政府更为积极的措施。而且，如果联邦层面的政策没有出台，各州有权先行先试自己的政策（或者反过来拒绝采取行动）。

相比之下，中国各级政府之间是上下级关系，上级政府可以安排部署下级政府的工作，也负责任命下级政府的主要领导。如第三章中所述，中国的政府层级依次为中央、省、市、县、乡镇五级,呈现多层次的金字塔式结构。中国实施的是"中央决策,地方执行"的模式,重要的政策主要由中央政府作出决定,然后层层转到地方政府加以实施。

在气候政策领域,除了中央政府出台政策、基层政府具体落实以外,中间各级政府承担的主要任务之一是根据中央的政策、结合本地实际出台相应的配套措施,并将实施的任务分配给下一级政府。例如,中央政府出台了国家层面的"十三五"规划,各省、各市也都要出台各自的"十三五"规划,并根据国家"十三五"规划中的气候政策目标,制定本地区的气候政策目标。根据《中华人民共和国立法法》(2023)第七十二条,省、自治区、直辖市的人民代表大会及其常务委员可根据本行政区域的具体情况和实际需要,在不同宪法、法律、行政法规相抵触的前提下,制定地方性法规。设区的市的人民代表大会及其常务委员也可以根据本市的具体情况和实际需要,在不同宪法、法律、行政法规和本省、自治区地方性法规相抵触的前提下,对城乡建设与管理、环境保护、历史文化保护等方面的事项制定地方性法规(新华社,2023)。

在中国政府关系中,下级政府除了根据上级政府的政策出台配套政策外,如果自身想出台重要的新政策,一般都会与上级政府事先进行沟通,以得到上级部门的同意。当然,中央政府有时也会鼓励各地根据自身情况,采取比中央政策更为积极的地方政策。例如,有多个地区加入的中国达峰先锋城市联盟(Alliance of Peaking Pioneer Cities,APPC),在国家发展改革委的指导下,加入联盟的省市均各自宣布了比国家气候政策目标更为积极的排放峰值目标。

四、政府部门

在中美两国，涉及气候变化的政府部门是截然不同的，管理和组织方式也存在着很大的差异。因此在气候领域的谈判与合作中，对一项具体的工作到底是由对方政府的哪个部门来负责，两国彼此常常感到困惑。

在中国，国家发展改革委在2018年前是气候领域的主管部门，承担着许多重要职能，对气候政策的制定和实施具有很强的话语权。国家发展改革委承担的相关职能主要包括"拟订并组织实施国民经济和社会发展战略、中长期规划和年度计划，统筹提出国民经济和社会发展主要目标""推动生态文明建设和改革，协调生态环境保护与修复、能源资源节约和综合利用等工作""组织拟订应对气候变化及温室气体减排重大战略、规划和政策；牵头组织参加气候变化国际谈判。负责国家履行《联合国气候变化框架公约》相关工作"等。[1] 此外，国家发展改革委下属的国家能源局是能源领域的主管部门，负责"起草能源发展和有关监督管理的法律法规，拟订并组织实施能源发展战略、规划和政策，推进能源体制改革，协调能源发展和改革中的重大问题"等工作（国家能源局，2018），对气候变化政策也有着非常重要的影响。

2018年，中国进行了新一轮的政府机构改革，在原环境保护部基础上成立的生态环境部成为气候变化领域的主管部门，原属国家发展改革委下的应对气候变化司也随之划转到新的生态环境部（新华社，2018b）。因此，"制定应对气候变化重大战略和规划""组织牵头参加气候变化国际谈判"等气候变化领域的主要工作目前也转由生态环境部来承担。除此之

---

[1] 参见《国家发展和改革委员会职能配置和内设机构》，国家发展和改革委员会网站。——译者注

外，生态环境部还负责常规空气污染以及《蒙特利尔议定书》中规定的消耗臭氧层物质使用的监管工作。目前，国家发展改革委仍然在能源、产业和投资等领域拥有相关的管理权限，在间接型气候政策的制定和实施上仍有着相当大的影响力。

新一轮机构改革还在原国土资源部的基础上成立了新的自然资源部，履行"全民所有的土地、矿产、森林、草原、湿地、水、海洋等自然资源资产所有者职责和所有国土空间用途管制"等职责。与此同时，自然资源部还负责管理新成立的国家林业和草原局（简称国家林草局），该局负责林业和草原及其生态保护修复的监督管理以及造林绿化等工作。因此，有关林业、土地利用等温室气体排放重要源和汇的管理大多属于自然资源部及其下属国家林草局的职责范围。

在中国，与气候政策密切相关的职能部门还包括工业和信息化部、财政部、科技部、商务部、农业农村部（原农业部）和外交部等。其中，工业和信息化部承担推进工业产业的战略性调整和优化升级，制定并组织实施行业规划、计划和产业政策等职能，负责推动可再生能源、清洁能源等战略性产业的发展。财政部承担拟订财税发展战略、规划、政策和改革方案并组织实施，负责组织起草税收法律、行政法规草案及实施细则和税收政策调整方案等职能，征收环境税、资源税等工作主要由财政部下属的国家税务总局来负责。科技部承担统筹推进国家创新体系建设和科技体制改革等工作，负责支持对能源等行业的研发和技术创新。商务部承担拟订国内外贸易和国际经济合作的发展战略、政策等工作，负责推进与气候领域相关的商务合作。农业农村部负责统筹研究和组织实施"三农"工作的发展战略、中长期规划、重大政策，组织起草农业农村有关法律法规草案，指导农用地、渔业水域以及农业生物物种资源的保护与管理，以及指导农产品产地环境管理和农业清洁生产。外交部承担贯彻执行国家外交方针政策和有关法律法规，代表国家和政府办理外交事务等职能。外交部在最初曾是中国参加国际气候谈判的主管单位之一，后来也一直是气候领域的重要参与部门，外交部的条约法律司也始终承担协调履行国际条约事宜，组织参与气候变化、环境条约的外交谈判等职责。

中国气候政策领域的政府部门因素主要表现为各个职能部门在相关事务管理权限上的变化。部门管理权限变化的结果，既取决于各个部门的职能范围，更取决于国内外形势的发展变化。例如，参加国际气候谈判原先一直是外交部所主导，但随着气候变化问题日益与国内节能减排等议题相结合，负责管理经济增长、项目投资、能源发展等国内综合性事务的国家发展改革委就更多地掌握了国际气候谈判的主导权。而在前面所述的碳税和碳交易的政策选择中，很大程度上因为发展改革委是气候政策领域的主管部门，才推出了碳交易的措施。新的政府机构改革后，气候变化政策之所以转由生态环境部主管，与中国空气污染的严峻形势也是密不可分的。

在美国，气候领域的外交事务是由国务院（State Department）负责，由其率代表团参加国际气候谈判。过去，国务院下属的海洋与国际环境和科学事务局（Bureau of Oceans and International Environmental and Scientific Affairs，OES）承担了国际气候谈判的具体事宜。到了奥巴马政府时期，奥巴马任命了一位气候变化特使（Special Envoy for Climate Change，SECC），并设立了相应的办公室。在白宫内部，国家安全委员会（National Security Council，NSC）也经常就外交和安全事务向总统提出建议，并负责协调不同机构的相关政策。因此在气候变化的外交领域，国务院、气候特使和国家安全委员会常常在究竟应该由谁来负责的问题上出现紧张的局面。

在美国国内，与气候政策有关的主要职能部门包括能源部（Depart-ment of Energy，DOE）、环境保护局（Environmental Protection Agency，EPA）、交通部（Department of Transportation，DOT）、内政部（Department of Interior，DOI）、农业部（US Department of Agriculture，USDA）、国家航空航天局（National Aeronautic and Space Administration，NASA）以及国家海洋和大气管理局（National Oceanographic and Atmospheric Administration，NOAA）。其中，能源部负责制定和实施能源效率标准的政策，交通部与环境保护局共同出台和实施机动车燃油经济性标准的政策，环境保护局依据《清洁空气法》负责对温室气体排放进行监管。内政部和农业部负责管理土地利用变化和林业所导致的温室气体排放。国家航空航天局、国家海洋和大气管理局则是两个负责提供有关气候科学和排放趋势数据及信息的重要科学机构。

美国联邦政府中上述的机构安排意味着不同部门之间有时可能采取相互矛盾的政策措施。例如，2015年奥巴马总统宣布了美国的气候目标，但内政部下属的土地管理局（Bureau of Land Management，BLM）在此后发布了一项计划，准备租赁更多的联邦土地用于煤炭生产，显然，增加煤炭产量与美国的气候政策目标格格不入。因此6个月后，奥巴马政府终止了将联邦土地出租用于煤炭开采，代之一项为期3年的全面评估，以重新审查该计划（Kolbert，2015；Magill，2016）。

五、经济结构和战略性产业

一个国家的经济结构和产业构成会给气候政策的出台带来机遇，但也可能造成阻碍，因为有的产业会支持新的气候政策，而有的产业则可能反对。在美国，化石燃料行业的经济实力远远超过可再生能源行业，在对政治家的竞选捐款中就反映出这种差距。2016年，风能和太阳能行业的竞选捐款总额为140万美元，而石油、天然气和煤炭行业的竞选捐款总额为1.112亿美元（Center for Responsive Politics，2017）。尽管如此，美国的可再生能源生产商也组织起来成立了相关的行业促进协会，如美国风能协会（American Wind Energy Association，AWEA）和太阳能产业协会（Solar Energy Industries Association，SEIA），其主要任务是向华盛顿表达企业的声音和争取行业的利益。

即使在行业利益集团的内部，也可能产生分歧，例如，美国光伏产业就出现过这样的分裂局面。当时一些美国的光伏设备制造商在德国公司光伏世界（Solar World）（该公司在美国投资设有光伏设备制造厂）的带领下，要求美国政府对来自中国的光伏产品征收关税，因为他们认为中国的光伏制造企业获得了中国政府的不公平补贴。与此同时，一些美国的光伏设备销售和安装企业认为对中国产品征税将导致光伏产品市场价格的增加，会损害光伏设备安装行业的工作机会，于是这些企业联合成立了可负担光伏联盟（Coalition for Affordable Solar Energy，CASE）。该联盟声称，美国的光伏产业已经"为超过14.2万名美国人提供了就业机会，其中近80%来自光伏设备安装、项目开发和销售"[1]。另一个光伏产业联盟美国光伏制造联盟（Coalition for American Solar Manufacturing，CASM）则赞同美国政府对中国生产的光伏产品征收关税的决定[2]。当然，所有的光伏产业联盟都支持延长光伏设备安装的投资税收抵免（Investment Tax Credit，

---

[1] 参见 https：//www. affordablesolarusa. org/。

[2] 参见 http：//www. americansolarmanufacturing. org/news-releases/05-17-12-commerce-department-ruling. htm。

ITC）政策。

在中国，对气候政策有重要影响的经济结构和战略性产业因素有三个。首先，虽然中国的第三产业在国内生产总值的比重已超过第二产业，但中国仍然处于工业化进程中。钢铁、化工、水泥等重工业在经济中还发挥着非常重要的作用。其次，煤炭在中国能源禀赋结构中占据着主导地位，尽管中国的可再生能源资源也很丰富，但煤炭仍然占到了能源供应的60%以上。因此未来一段时间内，煤炭行业仍具有举足轻重的影响力。最后，中国许多大型重工业企业是国有企业，有的属于中央政府，有的属于地方政府。那些中央政府所属的大型央企可以影响中央部门的决策，而地方国有企业对地方政府的影响力也很大，例如在一些煤炭资源富集的地区，地方国有煤矿企业常常拥有大量的员工，所以地方政府在出台政策时，都会非常谨慎。

六、个人领导力

在中美两国，个人领导力都是推动气候政策必不可少的前提条件，但并非充分条件。这种个人领导力既来自最高领导人，也来自政府体系内较高级别的官员。

尽管不能百分之百地确定，但如果没有习近平主席和奥巴马总统的领导，2014年中美两国共同宣布气候变化联合声明是不可能发生的。同样，如果没有美方的高层官员如前美国总统奥巴马的特别顾问约翰·波德斯塔（John Podesta）、科学顾问约翰·霍尔德伦（John Holdren）、国务卿约翰·克里（John Kerry）、能源部部长埃内斯特·莫尼兹（Ernest Moniz）、气候变化特使托德·斯特恩（Todd Stern）等，以及中方的时任国务院副总理张高丽、时任国务委员杨洁篪、时任国家发展改革委副主任解振华、时任科技部部长万钢等领导的共同努力，中美联合声明的达成也是难以想象的。

但有时仅仅依靠领导人的个人努力也难以推动气候政策的出台，因为还有其他的阻碍因素在起更大的作用。一个美国的例子是克林顿政府时期的副总统阿尔·戈尔（Al Gore），他在任期内未能实现与气候变化有关的政策目标，包括征收燃油税和批准《京都议定书》等。很少有美国领导人像戈尔副总统那样致力于推动气候变化政策，但即使作为副总统，他也无法在气候政策领域做到如其所愿。

气候立法在美国国会的遭遇同样既反映了个人领导力的重要性，也显示出其局限性。国会议员亨利·维克斯曼（Henry Waxman）和爱德华·马基（Edward Markey）在众议院通过气候变化综合立法草案中发挥了关键性的领导作用。而尽管参议员约瑟夫·利伯曼（Joseph Lieberma）、约翰·麦凯恩（John McCain）和林赛·格雷厄姆（Lindsey Graham）也试图展现类似的个人领导力，却无法促使参议院通过对应的气候立法草案。奥巴马总统认识到现有法律下所赋予减少温室气体排放的权力后，极大地推进了行政／监管型的气候政策。在奥巴马总统的第二个任期内，美国环境保护局局长吉娜·麦卡锡（Gina McCarthy）担当起了此项重任，带领美国国家环境保护局制定和实施所需的各种监管规则。而能源部部长欧内斯特·莫尼兹（Ernest Moniz）也在引领创新和能效政策方面作出了许多努力。

在中国方面，个人领导力同样重要，但有时很难明确辨认，因为中国遵循的是集体决策的原则，很多政策制定过程并不公开。但时任国家发展改革委副主任的解振华被认为是推动中国气候变化政策的重要人物之一。解振华原先担任国家环境保护总局局长，2006年起担任国家发展改革委副主任，分管应对气候变化司。2015年，他卸任国家发展改革委副主任，但仍是中国气候变化事务特别代表，在气候变化政策领域仍然发挥着重要作用。国家发展改革委应对气候变化司的原司长苏伟也是实际参与国际气候谈判、制定和实施国内具体政策的关键人物。科技部原部长万钢在推动中国电动汽车发展以及清洁能源技术创新等方面起到了重要作用。

七、媒体作用

媒体在中美两国的政策决策中所发挥的作用和影响存在着非常大的差异。在中国，中共中央宣传部（简称"中宣部"）是党主管意识形态工作的综合职能部门，其负责引导社会舆论，指导、协调中央各新闻单位的工作[1]。在地方层面，也都相应设有各级党委的宣传部，如省委宣传部、市委宣传部、县委宣传部等，负责管理该地方的舆论宣传工作。中宣部还管理着原国家新闻出版广电总局（简称"广电总局"），广电总局承担着对书籍、报纸、广播、电影和电视等媒体的具体监管职能。在网络媒体方面，主管部门是中共中央网络安全和信息化委员会办公室（简称"网信办"，也是中华人民共和国国家互联网信息办公室），负责指导、协调、督促有关部门加强互联网信息内容管理，依法查处违法违规网站等工作。2018年机构改革后，在原广电总局的基础上成立了国家广播电视总局，并将原广电总局的新闻出版管理职责和电影管理职责都划入中宣部，由其直接行使相关的管理职能，中宣部同时对外加挂国家新闻出版署（国家版权局）和国家电影局的牌子（新华社，2018b）。

在中国，媒体发挥的作用主要是对大众进行宣传教育、解读相关政策

---

[1] 参见"中共中央宣传部主要职能"，中国共产党新闻网。——译者注

文件、倡导绿色生活方式等。媒体向民众解释国家在气候领域的大政方针和开展的具体政策举措，普及气候科学进展、国际气候谈判等相关背景知识，并引导人们在日常生活中践行低碳环保等理念。在2017年对中国成年人的一项调查发现，人们与媒体内容的更多接触增强了他们对国际气候条约的支持（Jamelske et al.，2017）。虽然在私下交流中认可气候变化"怀疑论"和"阴谋论"观点的人并不鲜见，但在公开媒体上较少看到这种论调。

在气候领域，美国这种"误导信息"（misinformation）、"阴谋论"（conspiracy opinion）和所谓的"另类事实"（alternative facts）在各种传统媒体、社交媒体和网站上比比皆是。[1]当然，也有对它们加以驳斥、由环保非政府组织或气候科学家运营和宣传气候科学真相的网站。[2]

2016年，有鉴于各种假消息在社交网络媒体上的蔓延，许多公民呼吁脸书（Facebook，现更名为"Meta"）和推特（Twitter，现更名为"X"）加强对传播"假话"和"误导消息"的处理，脸书网于2017年宣布将帮助提升"真实、不误导、不耸人听闻、非垃圾"信息的传播力度，试图以此来限制假新闻的影响力（Kulp，2017）。

在20世纪90年代和21世纪初期的美国，媒体报道常常导致人们对气候变化的混淆认识，因为记者们在论述了气候领域的正面观点后，总是试图提供"平衡"看法，即给那些不认同气候变化的科学家同等的话语权，虽然绝大多数科学家事实上都对气候变化问题持肯定的看法（Boykoff，2007）。在2013年《政府间气候变化专门委员会第五次评估报告》（The Fifth Assessment Report of the Intergovernmental Panel on Climate Change）出版后，美国的新闻媒体才以简短的摘要形式向公众呈现了主流的科学共

---

[1] 例如 http://Junk science.com 和 http://www.cato.org/research/grobal-warming。

[2] 例如 http://realclimate.org 和 https://www.skepticalscience.com/。

识，并难得地未配以相应的批评（Russell，2013）。在有些场合下，媒体和少数专家对气候科学的质疑其实是有意为之。如同《贩卖怀疑的商人》（Oreskes and Conway，2010）一书所描述的，有些对气候科学持怀疑态度的另类科学家实际上由化石燃料行业直接资助，"兢兢业业"地通过创办网站等方式对主流的气候科学进行大肆攻击，并常常以专家的身份出现在各种媒体上。事实上这些经常被媒体引用的另类科学家甚至在气候变化领域从未发表过经得起同行检验的科研成果。尽管近年来这样一小撮气候怀疑论者在美国媒体上的影响力越来越小，但由于怀疑论在美国比世界其他地方具有更深厚的生存土壤，他们的论调将对美国民众有着长久的影响力。

总之，造成中美两国气候政策差异的因素并非仅仅归因于上述七个方面，即党派作用、权力制衡、政府层级、政府部门、经济结构和战略性产业、个人领导力以及媒体作用，但这些因素是理解两国气候政策结果为何如此不同的关键因素。

第七章　结论

中美两国作为气候领域的巨人，其行动对21世纪全球应对气候变化的挑战极其重要。这两个排放温室气体最多的国家承诺在21世纪中叶前大幅减少自身的排放量，以避免气候变化给全世界带来的危险影响。此外，应对气候变化是一个切实的全球性问题，有赖于世界各国的共同努力。未来几十年内，必须有不断更新的国际气候协议来引导和协调各国的行为，美国和中国必须一次又一次地发挥出引领作用，为达成新的、更完善的国际气候协议而持续努力。因此，本书关注的重点是中美两国的国内气候政策。

一、两国气候政策的异同

在前面的章节中，我们对中美两国如何制定和实施国内气候政策进行了深入的探讨，并发现两国在政策体系上的关键差异和相似之处。首先，中美两国的气候政策有着一些共同的特征。政治协商普遍存在于两国的政策过程中，官员们经常进行协商以解决政策分歧，并寻求让自己的意见在决策中占据主导地位。在气候政策的具体领域内，中美两国都有相关的政府部门掌握着特定的权力，在两国的各政府机构内部，大到部委、小到司局，都围绕着具体的政策过程形成了相应的权力结构。此外，个人领导力在两国决策体系中均发挥着重要作用，因为要不断推动政策的进展，就需要有坚定的政策支持者。在美国，这些官员被称为"政策企业家"（policy entrepreneurs）。如前所述，他们发现了政策的解决方案，同时试图说服本部门的领导，并争取获得其他部门相关官员的认可，以达成共识而推出新的政策。

其次，由于宪法、历史、政治和文化等多方面的原因，中美两国在气候决策过程中也存在着根本性的差异。在政策的制定阶段，美国由于两党政治和权力制衡等因素，难以达成政治共识，容易导致政策僵局。目前，共和党和民主党在许多政策领域形成了势不两立的态势，坚持不向对方妥协，气候政策的制定也陷入了这样的困境。而中国在共产党的统一领导下易于形成决策，能及时推出相关的气候政策。但与此同时，美国权力制衡原则的实施，也使包括总统在内的各级领导人均受到法律的有效制约，很难采取极端或不明智的政策举措。

在政策执行阶段，美国各级政府是平行关系，有着各自相互独立的政策制定和执行体系，联邦政府的政策由联邦机构执行，地方政府的政策则由地方部门执行，每一级政府都直接与老百姓打交道，尤其是司法体系在贯彻落实政策中发挥着至关重要的作用。美国政策体系的优点是各级政府权责分明、亲力亲为，政策效果易于保证；缺点在于多层级的规则系统极其复杂，对司法部门的独立性和有效性有着很高的要求。中国的各级政府是垂直关系，推行"中央决策、地方执行"的模式，与民众直接接触主要依靠基层政府。其好处是全国一盘棋、步调一致，容易集中力量办大事；缺点是有时会发生全国"一刀切"的情况，有些政策并不一定符合各地千差万别的实际情况，政策的最终执行效果难以保证。

最后，中美两国发展阶段和经济结构的不同也为其气候政策的出台提供了相当不同的理由和动力。在美国，去工业化目前是政治家所面临的最严重挑战之一。大量沮丧、感到被抛弃的美国劳动力正在努力应对全球化的破坏性力量，适应工作性质的变化。在中国，面临的一个难题是如何从原有高消耗、高排放的产业尽快转向创新、技术密集型产业和绿色产业，同时还要维持足够多的就业（中国人口是美国人口的4倍以上）。此外，国有企业的存在是中国经济格局的一个显著特征，大型重化工业和能源资源行业的国有企业改革是中国经济转型面临的另一问题，国有企业目前仍是政府的重要收入来源，对一些地方政府而言尤其如此。相比之下，美国几乎没有国有企业。另一个区别是，美国联邦政府的支出占其国内生产总值的约20%，而中国中央政府的本级支出只占国内生产总值的3.7%，除此之外，还有对地方政府的转移支付。中国政府的大量支出在地方层面，地方政府支出占国内生产总值的21.9%（中国政府总支出占国内生产总值的25.6%），这也从另一个侧面反映出中国的中央政府主要负责制定政策，并不承担执行政策的职能，因此大量的政府支出是在地方政府的层面（Federal Reserve Bank of St. Louis，2018；《中国统计年鉴2018》表7-1，国家统计局，2018）。

二、对中美两国气候政策重要问题的回答

在第一章中，我们对中美两国的气候政策提出了一些重要的问题。本书前面的章节对这些问题进行了详细的分析，为了加深读者的理解，我们再对每个问题进行简要的回答和总结。

第一，为什么美国的气候政策倾向于"自下而上"（bottom-up），而中国倾向于"自上而下"（top-down）？概括而言，这主要是由两国政府不同的组织架构所致。中国的各级政府是上下级关系，大政方针由中央提出。即使在各地区进行政策试点，也是在中央政府部门的指导下开展的。地方政府实行的重要政策措施在实施前，一般要征得中央政府的同意并接受其监督。因此，中国的组织结构决定了其气候政策的制定和实施主要是自上而下的。

而在美国，各级政府是平行关系。在法律的允许范围内，每一级政府都有权推出各自的政策。在联邦政府层面，尽管有奥巴马总统或戈尔副总统等大力支持气候政策的领导人，但在国会迟迟无法通过综合性的气候立法，由此导致联邦层面气候政策的滞后。而在州的层面，情况却大为不同。美国各州对待气候变化的态度存在着很大的差别，有许多积极的州已经独立地制定和实施自己的气候变化政策。如历史上联邦政府常常在环保领域追随加利福尼亚州等的政策实践，在地方法规之后出台相应的联邦法规。美国的气候政策也延续了这种自下而上的局面。

第二，为什么美国迄今为止并未实施成本有效的市场型气候政策？为什么中国却开始采用基于市场的排放交易（emissions trading）手段？这是因为在美国，任何涉及收入的税收和再分配政策都需要得到国会和议会的授权，国会掌握着财政权力。而在联邦层面，2009年众议院的气候变化立法议案中采取了基于市场的限额和交易（cap-and-trade）体系，并获得了众议院的通过，但最终未能在参议院获得通过。因此，联邦层面基于市场的气候政策尝试就此搁浅。然而，在州一级层面上，已经有10个州采用了温室气体的限额和交易体系，还有更多的州实施了可再生能源配额（RPS）政策。

中国之所以引入碳排放交易的市场手段，主要基于以下的理由。首先是为了加强气候政策的有效性。中国一向依靠行政／管制型的气候政策，实施成本高，而且效果也难以保证。市场型的气候政策可以有效调动参与主体的积极性，降低政策的执行成本、提高政策的有效性。其次是强调气候政策的可控性和渐进性。因为中国对实施市场型的气候政策缺少经验，因此先选择几个地区进行试点是较为稳妥的方式，但碳税很难开展地方试点，很多人担心一旦在全国范围内征收碳税，可能给相关行业和整个经济增长带来过于严重的负面影响。因此先在北京、上海等地区开展碳交易试点是更合理的选择。待各试点地区积累了经验后，再逐步建立全国性的碳交易市场。最后是国内和国际等政治外交因素的推动。如前所述，作为国内气候政策主管单位的国家发展改革委更倾向于采用碳交易的手段；而且，利用市场化手段进行温室气体减排也为中国赢得了国际上的信任和声誉。

第三，为什么美国的气候政策主要采用的是管制型措施，而美国历来声称其倾向基于市场的环境政策手段？对此主要有两方面的原因。一是美国采取管制型气候政策是一种迫不得已的选择。如上所述，国会的气候立法失败后，奥巴马总统不得不决定采用现有法律下所授予的监管权力，根据《清洁空气法》等法律对相关行业的温室气体排放进行限制。二是美国历来在环境保护领域有使用管制型政策的传统。20世纪70年代以来，许多美国总统（既包括共和党总统，也包括民主党总统）采取过类似的行政／管制型手段，例如根据国会所出台法律的授权，指示相关的政府部门推行能效标准等政策。

第四，中美两国为什么要制定各自的国家排放目标，这些目标是如何制定的，这些目标是否足够严格？国家排放目标的制定首先是两国参与国际谈判、达成国际气候协定的客观需要。如前所述，《巴黎协定》所采取的是各国先提出自愿减排目标，然后进行审议和协商的方式。事实上，在中美发布《中美气候变化联合声明》之前，两国就需要在谈判的过程中先确定下各自的减排目标。第四章中详细地描述了中美两国减排目标的制定过程。在美国，先是在白宫总统特别顾问等人的领导下、在白宫相关部门的配合和协调下，通过跨联邦机构的合作而提出减排目标方案的建议，自下而上地层层递交和修改，最终由奥巴马总统作出决定。在中国，确定减排目标方案等具体事务先由气候变化领域的主管部门国家发展改革委承担，在方案形成的过程中也吸纳来自气候变化专家委员会等研究机构和专家学者的意见，然后通过国家气候变化领导小组协调各相关政府部门的合作，最终需要得到最高决策机构和决策者的同意。

总体而言，两国减排目标确定遵循的原则是既足够积极以有效激励国际社会展开行动，又切实可行，能够让双方有信心而负责任地履行其承诺。当然，也存在着对两国气候目标过于保守的批评。例如，参议院多数党领袖米奇·麦康奈尔（Mitch McConnell）就认为中美气候协议"让中国在16年里根本不需要做什么事"（Jacobson，2014）。中方也有人对美国能否履行其承诺表示了担忧，他们认为目前为止美国还未通过明确的国内气候立法，而且在《巴黎协定》的谈判中，美方代表在减排目标达成上一直避免使用"必须"（shall）一词（滕飞，2015；赵行姝，2017）。总体而言，应对气候变化的工作并非一蹴而就，也不可能仅靠一两个协议来解决问题，而中美两国首先确定各自的国家减排目标、发布联合声明，为推动《巴黎协定》的签署、促进全球应对气候变化事业起到了关键性的作用。

第五，为什么气候政策的执行在美国比中国似乎相对容易，这个问题对双方而言都不太好理解，这主要是由于两国不同的政府间关系以及权力在部门间分配不同而造成的。中国实施的是"中央决策、地方执行"模式，中央政府掌握着制定政策的权力，而地方政府负责具体实施。由于中国幅员辽阔，各地差异巨大，地方政府在执行中央政策时，必须结合自身的实际情况加以变通。因此从客观上来说，地方政府在执行政策的具体过程中就必须有一定的自由裁量权，所以在政策执行过程中存在着"上有政策、下有对策"的现象。与此同时，上级政府对下级政府的约束主要依靠上级部门对下级部门资金和项目等的考核监督，以及党的组织部门对官员的惩戒和提拔，两者经常存在着不确定性。总的来看，中国的政府关系和权力配置方式能够做到各方行动统一听指挥，但由于各级地方政府官员的数目极其庞大，如何保证政策的有效执行就成为长期困扰的问题（Yang，2017）。

在美国，各级政府之间是平行关系，每一级政府均在法律规定的权限内各自制定和执行政策，可谓"井水不犯河水"。与此同时，司法体系在政策执行的过程中起着至关重要的作用。如果地方上的哪一个企业违反了联邦法律，那么相关的联邦机构就可以在法庭上对其发起民事诉讼或刑事诉讼，使其面临严重的后果。因此，美国联邦政策在地方的执行并不需要州政府等地方政府负责，却有赖于其强大的司法体系。此外，一旦联邦政府和地方政府就管辖权限产生纠纷，也是通过司法体系加以调节。当然，这种调节很少采取双方政府"对簿公堂"的方式，更多是在企业与企业、企业与政府的诉讼中，法院通过判决各级政府的相关法律失效来间接调节每一级政府的权限，这也对司法体系的独立性和有效性提出了很高的要求。总体而言，美国主要依靠司法体系贯彻落实各项政策的方式的效果是良好的。当然这也有赖于整个社会的法治氛围，各主体都有必须遵守法律的意识和习惯。

第六，两国制度和行政体系的差异如何影响其气候政策？第六章已就这个问题进行了详尽的论述，虽然两国的具体制度安排有着很大的不同，但政府部门之间相互博弈的影响普遍存在，那些在政策过程中试图不断扩大管辖权力和范围等的典型表现，也普遍存在于两国政府的政策决策过程中。在中国，2018年前气候领域的主管部门——国家发展改革委，是一个综合管理部门，负责国民经济的宏观管理，拟订并组织实施国民经济和社会发展战略、中长期规划和年度计划等工作，而美国并没有对应的类似部门。2018年，中国进行了新一轮的政府机构改革，气候政策的主管部门变成了在原环境保护部基础上成立的生态环境部。自1982年以来，中国已经历6次重要的政府机构改革，不断调整相关部门的机构和职能以适应形势变化的需要。气候主管部门调整的主要目的是让生态环境部加强常规空气污染的防治，并统筹协调常规空气污染防治和应对气候变化工作。国家发展改革委及其下属的国家能源局仍然负责投资、产业和能源等领域的相关政策。此外，一些与气候领域相关的部门仍然在各自的职责范围内发挥作用，例如，住房和城乡建设部负责出台提高建筑能效的政策，工业和信息化部承担制定机动车燃油经济性标准的工作，科技部负责能源创新政策，等等。

美国涉及气候领域的政府部门与中国相比有明显的不同。美国联邦各部门具有的权力来自国会所通过的法律的授权。例如，对机动车性能的监管，国家环境保护局负责制定机动车的二氧化碳排放政策，而交通部下属的国家公路交通安全管理局（National Highway and Transportation Safety Administration，NHTSA）负责制定机动车的燃油经济性标准，事实上这两个领域有着严重的重叠。国家环境保护局根据《清洁空气法》的授权制定温室气体的排放标准（EPA，2017c），而国家公路交通安全管理局对燃油经济性标准的监管授权则来自2007年的《能源独立与安全法》。此外，环境保护局和能源部还共同创立了专门的网站（http：//fueleconomy.gov），向消费者提供新车燃油经济性的相关信息。

第七，为什么国际协议在中国似乎比在美国更能得到认同和欢迎？虽然前面的章节对这个问题有所涉及，但到目前为止本书还未进行过正面的回答。在美国，根据宪法参议院拥有批准国际条约（international treaty）的权力，总统则有权就行政条约（executive agreement）与他国进行谈判和签署，而无须取得参议院的意见和同意。在气候变化领域，虽然参议院在1993年批准美国加入《联合国气候变化框架公约》，但迄今为止参议院拒绝批准《联合国气候变化框架公约》下的任一后续国际协议，其中最为著名的就是《京都议定书》。因此，中美之间的联合协议在美方那里也只能作为一种行政条约，同时美国也以行政条约的方式做出《联合国气候变化框架公约》下各缔约方对《巴黎协定》的法律承诺。美国参议院对国际气候协议的立场代表着这样一种看法，即美国在目前的世界中是独一无二、超越他国之上的。在极端的美国政治保守派看来，联合国其实什么也做不了，更无法取代美国在全球各领域的领导地位。而对美国当代外交政策现实主义者而言，美国屈从于像联合国这样的超国家机构的想法近乎一种对美国的"诅咒"（athema）；他们认为联合国主导的政策议程无异于一种"虚假的多边主义"（pseudo-multilateralism）（Krauthammer，1990）。特朗普总统所提出的"美国优先"（America First）口号，为许多美国人之所以抵制多边主义、退回孤立主义（isolationism）提供了另外一种解释。很多普通美国人认为，美国并没有照顾好其公民，而是把太多的资源用于帮助其他的外国人，因此必须加以改变。正如特朗普总统在就职演说中所宣称的，"每一个关于贸易、税收、移民、外交事务的决策，都应造福美国工人和美国家庭……美国将开始再次赢得胜利，并以一种前所未有的方式赢得胜利"(Trump，2017)。

与美国相比，中国对待国际协议的态度是完全不同的。总的来说，中国赞成以多边主义应对全球挑战的方式，欢迎国际气候协议的达成，并充分认可国际协议的权威性。中国之所以采取这样的立场，首先是由于中国的文化传统。在中国，个人的所作所为不能仅仅基于自身的利益，他（或她）必须考虑到自己肩负的对他人的责任。如同在儒家传统中所强调的父子关系，父亲必须对儿子尽到作为一个父亲的责任，儿子也是如此。同样，在一个群体中，每个人都需要尽到在这个群体中所应该承担的个人责任，即使这个责任有时候意味着需要在一定程度上牺牲自己的利益来帮助他人。类似地，一个国家在全球范围内也是如此，其必须为自己的行动负责，考虑其行为对其他国家的影响，尽到作为全球大家庭中的一员所应尽到的责任。其次，对于大多数中国人来说，全球协议有着很高的正当性，因为这是通过各国的协商和同意所签署的，代表着全球的利益。在中国，一项政策或协议所代表群体的范围越广，越能为更多的人带来好处，那么其正当性就越高，越能得到普通中国人的支持。最后，这涉及中国在世界上的尊严。中国在历史上曾经是一个强大的国家，具有高度的自信和自尊，但在近代以来落后于世界上的发达国家，因此中国有复兴以获得国际社会尊重的强烈愿望，中国希望被其他国家看作一个负责任的大国。另外，中国对国际气候协议的支持也是出于国内经济社会发展的需要。如前所述，中国当前正处于一个经济增长模式的转换阶段，决策者希望利用国际气候协议来推动中国更快地转向可持续的经济发展模式。

三、重新审视迷思

至此，我们可以理解在第一章中所提出的那些迷思观念为什么是误导甚至完全错误的。先来看著名的阴谋论，即把应对气候变化看作其他国家为了限制本国发展而提出的阴谋。例如，特朗普在2012年11月6日曾宣称："全球变暖的概念是中国人为了让美国制造业失去竞争力而创造出来的。"当时的特朗普尚未当上总统，只是一个地产商人。而他之所以有这样的想法，可能是受到参议员詹姆斯·因霍夫（James Inhofe）的影响，后者在2012年年初出版了《最大的骗局：全球变暖阴谋如何威胁你的未来》一书。因霍夫是俄克拉荷马州的参议员，该州是石油和天然气生产的大州。因霍夫曾担任2003—2013年参议院环境和公共工程委员会（Environment and Public Works Committee）的主席或资深委员[1]。因霍夫在书中根据自己曾作为一个房地产开发商和油井钻探商的经历，认为美国成为一个"监管过度"的国家，已被严格的环保法规所扼杀。他写道："很明显，关于全球变暖的讨论从来就不是要拯救世界，而是要控制每一个美国人的生活。"（Inhofe，2012）让因霍夫参议员感到愤怒的是，《京都议定书》并没有对中国、印度、巴西和墨西哥等发展中国家施加与美国同样的减排义务，他声称"《京都议定书》代表了国际社会中某些势力压制美国的企图"。

在中国，也曾有类似的气候变化怀疑论者。在广东卫视创办的电视访

---

[1] 在新一届国会开始之前，由两党当选的参议员组成参议院的各委员会。根据两党参议员在参议院中所占的比例，确定各委员会中分配给每个政党的席位。传统上，各委员会的主席均由资历最深的参议员担任。但在1995年，共和党成为参议院多数党时改变了规则，允许共和党参议员通过无记名投票来选出委员会主席，而不论候选人的资历如何（US Senate，2017）。

谈节目《财经郎眼》中，2010年1月有一期名为"气候变化的惊天骗局"的节目，经济学家郎咸平在节目中对气候变化的科学性以及科学家的客观性进行了质疑，该视频在搜狐等相关的网站获得了近百万次的点击，并有大量的观众评论（Liu，2015）。据报道，甚至也有一些官员认为，哥本哈根谈判所欲达成的协议对中国并不公平（Dembicki，2017）。

为什么这种已经被主流科学界证明是错误的说法还会广泛流行呢？首先是气候科学普及的广度和深度还有待进一步加强。实际上，大多数气候变化阴谋论者对气候科学的了解都非常有限，那些所谓的名人和专家根本不是气候领域的科学家，但他们的一知半解却造成了广泛的影响。其次，很多气候变化阴谋论者是事实上的利益相关者，他们从自身的利益出发更倾向于气候变化阴谋论的说法，例如那些从事化石燃料行业以及被其资助或与其有密切联系的人士。最后，阴谋论之所以流行，是因为它很难被证伪，又非常迎合许多人的心理需要。设想出一个敌人并把责任推给对方是不少人面对问题时的自然反应。从这个意义上说，阴谋论类似于一种意识形态，具有很强的封闭性，会自动地排斥不利于它的科学证据，人们一旦陷入其中，就很难抽身出来而客观地看待事物。因此，对气候变化阴谋论的论争未来会持续很长的时间。

关于中国，西方世界（包括美国在内）另一个流行的错误观念是：如果领导人想要达到某个目标，他们发出的命令就会被执行。例如，《卫报》（Guardian）的一篇评论文章中就提出："中国那种自上而下、工程导向式的做法，意味着其可以设定任何宏伟的目标并实现它们。"（Clifford，2015）事实上，正如本书前面所详细讨论的，如何确保各级地方政府不折不扣地执行中央的政策，是当前中国领导人所面临的挑战之一。因为在中国的政府权责安排中，中央政府并不负责直接执行政策，政策的实施是地方政府的主要职能。客观上，中央政府以本级有限的人力和物力，直接执行政策面临多重约束。简言之，中国领导人也会受到政策执行难的困扰。

与上述迷思所对应的另一错误观念是，如果中国领导人不发布命令，那是因为他们不希望这样做。换言之，如果中国的中央政府并没有做外国政府希望它做的事情，那一定是因为中央政府拒绝这么做。显然事实并非如此，例如中央政府早在20世纪90年代就提出各地要积极推进经济增长方式的转变[1]，一直持续至今，但现实中的进展却不如预期；中央政府的决策往往受到各方面因素的制约。因此，中央政府虽然在权力配置上掌握着优势，但也不能随意地制定目标和出台政策。与其他国家类似，中国气候目标的制定和气候政策的出台也是一个多方博弈后的产物。

与上述中国政府无所不能的错误观念相对应的是关于美国政府一事无成的迷思。在中国和其他国家（甚至在美国），有些人认为美国已经过于民主，导致杂音太多而难以做成任何事情。在气候变化问题上，很多中国人就无法理解，为什么美国是全球第二大温室气体排放国，而且事实上大多数的美国人都支持进行气候立法以限制其温室气体排放，但美国国会就是无法通过气候变化的综合性立法。2016年3月，新华网的英文专栏发表了题为《特朗普的崛起是美国民主的衰落》一文，该文章认为，特朗普成为共和党候选人这一事实就说明了"自诩为普世标准的美国民主开始运转不灵"，因为美国人选择特朗普并非要"选择一位能够领导这个国家的总统"，而是要"发泄他们对现实的不满和愤怒"（Zhu，2016）。

的确，美国政策制定体系的许多特征使其面临难以有效推进相关立

---

[1]《关于国民经济和社会发展"九五"计划和2010年远景目标纲要的报告》，新华社，1996年3月5日。——译者注。

法的困难，包括气候变化的立法。当前，美国党派政治的对立已经非常严重，两党之间很少能够达成共识。在美国国会的选举制度中，每个州无论人口多少，都会选出两名参议员，这样在参议院中就赋予了人口较少的农业和能源资源州相当大的话语权。类似地，美国总统的选举制度也是如此，选举人团（Electoral College）的制度安排也在技术上给了人口较少的州更大的权重。此外，美国宪法关于权力制衡的规定意味着每一个政府分支都有限制其他两个分支的权力，而且两个分支之间在具体事务中往往有着不同的取向，从而很容易导致政策的僵局。当然，正如气候变化例子所表明的那样，决心有所作为的总统可以利用行政权力推进相关的政策，美国各州也有权自行采取比联邦更为积极的气候政策，在实践中大多数州也已经这么做了，例如，已经有33个州和地区实施了联邦政府并未采用的可再生能源配额政策（DOE DSIRE，2016）。事实表明，也许美国目前在立法和政策决策层面确实遭遇了一些困难，但这绝不意味着美国政府在气候领域一事无成。实际上如前所述，无论是气候政策的制定还是实施，美国联邦政府和地方政府都采取了许多切实的措施，而且取得了明显的成效。

总的来看，无论是美国还是中国，虽然人们对两国的气候政策仍有赞有贬，但两国在气候领域的作为仍称得上可圈可点。美国和中国之间的持续合作对实现足够的减排幅度以避免气候变化的危险影响至关重要，因为这两个国家是世界上最大的温室气体排放国。因此，中美两国都必须不断完善国内的气候政策，制定和执行合适的举措，并向世界各国证明它们确实都履行了各自的承诺。如果中美两国能够这样做，世界其他国家才会相信其自身的减排行动是有意义和有效的，而不会被最大排放者的不遵守行为所破坏。几乎可以肯定，未来在通过艰苦而耗时的谈判以达成更雄心勃勃的全球气候协议的过程中，依旧需要中美两国不断合作并发挥关键的领导力，正如两国在2015年达成《巴黎协定》时所做的那样。

四、中国和美国决策行为的总体概括

根据本书以上的论述，可以对中国和美国决策行为的特征进行总体概括，我们认为中国的政策决策呈现出一种"战略实用主义"（strategic pragmatism），而美国呈现出一种"审慎渐进主义"（deliberative incrementalism）。

中国决策行为的战略实用主义首先体现在战略性上，这意味着中国能够着眼于长远进行谋划，提出国家发展的长期目标，并通过规划等各种手段逐步加以实现。早在1954年，中国就提出实现"四个现代化"的目标，周恩来在1964年第三届全国人民代表大会上首次提出了"两步走"的设想，即第一步用15年，建立一个独立的、比较完整的工业体系和国民经济体系，使中国工业大体接近世界先进水平；第二步力争在20世纪末，使中国工业走在世界前列，全面实现农业、工业、国防和科学技术的现代化。[1]改革开放后，中国重新继承了"四个现代化"的说法，邓小平提出到20世纪末争取实现人均国民生产总值达到1000美元、实现小康水平的目标。[2]1997年，在中国共产党第十五次全国代表大会上，江泽民提出了"两个一百年"的目标，即到建党一百年时（2021年），使国民经济更加发展，各项制度更加完善；到21世纪中叶建国一百年时（2049年），基本实

---

[1]《共和国的足迹——1964年：初绘现代化蓝图》，中国政府网，2009年8月18日。——译者注

[2]《全面建成小康社会大事记》，新华社，2021年7月27日。——译者注

现现代化，建成富强民主文明的社会主义国家。[1]2017年，在继承"两个一百年"目标的基础上，习近平在中国共产党第十九次全国代表大会上提出从2020年到21世纪中叶分两个阶段来安排。第一个阶段，从2020年到2035年，在全面建成小康社会的基础上，再奋斗15年，基本实现社会主义现代化。第二个阶段，从2035年到21世纪中叶，在基本实现现代化的基础上，再奋斗15年，把我国建成富强民主文明和谐美丽的社会主义现代化强国。[2] 与此同时，结合上述目标，中国从1953年开始制定第一个"五年计划"（1953—1957年），为国民经济发展的远景规定目标和方向，对国家重大建设项目、生产力分布和国民经济重要比例关系等作出安排。在以后的时间，中国一直根据国民经济和社会发展的实际情况及总体趋势，不断制定和实施新的五年计划（规划）。

中国政策决策的实用主义特征，代表中国注重政策的实用性，坚持"实践是检验真理的唯一标准"，不为传统僵化的意识形态所束缚。为了顺应形势发展的实际需要，中国越来越强调"民族复兴"，更加依靠爱国主义来凝聚和团结人心。"中华民族伟大复兴"一词于1987年在中国共产党第十三次全国代表大会的报告里提出，后来得到继承和加强。2017年，在中国共产党第十九次全国代表大会的报告中明确提出"实现中华民族伟大复兴是近代以来中华民族最伟大的梦想"（新华社，2017a）。

"战略实用主义"一词最早于1989年被施米格洛等用来解释日本经济发展的现象（Schmiegelow et al.，1989）。数年后，埃德加·沙因

---

[1]《江泽民在中国共产党第十五次全国代表大会上的报告》，中国政府网，2008年7月11日。——译者注

[2] 习近平：《决胜全面建成小康 社会夺取新时代中国特色社会主义伟大胜利——在中国共产党第十九次全国代表大会上的报告》，《求是》2017年第21期。——译者注

（Edgar Schein）也用这个词描述新加坡的经济发展战略，解释其如何通过经济发展委员会的作为来促进经济发展（Schein，1996）。据我们所知，还没有文献用这个词来描述中国的政策决策特征，在中文语境中也没有见过这样的用法。仅赵穗生（Zhao Suisheng）在所编著的《中国外交政策：实用主义和战略性行为》（*Chinese Foreign Policy：Pragmatism and Strategic Behavior*）一书中有过近似的提法（Zhao，2016）。

中国在气候领域的决策行为非常契合战略实用主义的特征。一方面，从早期的"可持续发展"政策，到后来的"能耗强度""碳排放强度""峰值目标"等政策，中国的气候决策呈现出一种长期性、渐进性的特点。中国逐渐认识到气候变化可能带来的近期风险和长期风险，包括海平面上升、风暴频发、洪水泛滥等，普通民众的健康和福祉也会因气候变化以及其他形式的空气污染而遭受损害，中国的气候政策决策试图以一种较为长远的眼光来看待气候变化问题，并逐步采取更为严格的减排和适应举措。另一方面，中国气候决策较少困扰于气候变化阴谋论等意识形态纷争之中，对此采取一种更为实用主义的立场。中国清楚地认识到在应对气候变化的大背景下，绿色产业可能会成为未来大有发展前景的全球产业，就倾向于大力扶持风能、太阳能和电动汽车等产业的发展（Gallagher，2014）。尽管在推进气候政策的过程中，中国仍困扰于一系列的执行障碍（Lieberthal and Oksenberg，1988），但高层领导人力图将应对气候变化的全球议程与转变经济增长方式的国内议程结合起来，使应对气候变化的各项政策能够落实到更为符合中国实际需要的具体措施上，这一点也体现出了中国气候政策的实用主义特征。

美国政策决策的总体特征是审慎渐进主义。在民主选举制度下，大多数美国领导人更重视近期的政策目标，因为他们自己也很难确保能否继续当选，所以考虑过于长远的政策目标对其而言意义不大。此外，在美国宪法对权力制衡的设定下，每一项政策在出台过程中都需经受审慎的质疑和辩论，在行政、立法和司法三个部门相互作用下才能被制定和实施。与此同时，执政权在政党之间的更替通常会带来行政部门和立法部门控制权的频繁变动，由此导致政策的迅速转向。因此，政策经常显得左右摇摆、来回变动，多年后它们才能最终巩固成为一种来之不易的政治共识。政治家们总是希望能够向他们的选民展示其政策立刻带来的效果，因此只要能够取得政策上的些许进展，往往就会被他们自豪地向公众吹嘘，而不管这是否真的是迈向解决实际问题的重要一步。对大多数当选的领导人来说，他们难以考虑长期和重大的战略利益：因为国会的众议员每两年就选举一次，他们的任期非常短；参议员的任期则长一些，为六年；美国总统的任期是四年（最多担任两届）。

"审慎渐进主义"一词由雅各布斯（Jacobs，2013）提出，他试图用这一词描述总统在政策决策中的作用。他解释为什么在政策制定过程中总统需要直接面向公众，因为即使是那些公众急需的政策，如果总统没有得到公众的支持，这些政策也可能因政治对手的反对而遭到失败。雅各布斯认同伍德罗·威尔逊（Woodrow Wilson）总统最早提出的想法，认为如果总统能够让普通公民理解了一项政策的必要性，这些公民就会联系在国会代表他们的议员，要求议员支持政策的出台。威尔逊开创了总统与公众直接沟通的做法。

就本书的分析而言，我们使用"审慎渐进主义"一词，并不只是为了强调总统的作用，而是想强调政府的各个分支所表达出的多种声音，这些分支或支持或反对政策的出台，导致政策决策的进展十分缓慢，有时甚至会暂时性地被逆转。如今，总统可以试图通过演讲、推特（Twitter，现为

"X")和其他媒体来直接影响公众的看法，而好几百名国会议员乃至普通百姓也都在这么做。此外，在一项行政措施出台后，企业、个人甚至某些政府部门均可以在法庭上对这项行政措施发起诉讼，这也是美国决策过程中审慎性的另一种体现，它无疑延缓了政策的执行。

尽管政策决策中的审慎渐进主义在短期内造成了政策的不一致和不连贯，但从美国历史上来看，随着时间的推移，社会共识逐步形成，从而最终产生了稳定的政策。奴隶制的消除、公民权利条款的制定这两个例子，就是美国数十年来通过社会共识的逐渐达成而获得的显著成就。

特朗普和奥巴马都是基于强烈的理想主义愿景而当选的。对特朗普总统而言，他提出的口号是"让美国再次伟大"（make America great again），这是一个怀旧的、诉诸以往的梦想。奥巴马总统的竞选口号则是"希望"（hope），它诉求的是一种无形的精神，但深深打动了众多的选民。为什么美国决策的审慎渐进主义在短期内经常造成政策进展迟缓甚至来回反复，却能在长期内取得瞩目的成就？从根本上来说，这有赖于美国的民主，有赖于美国人天生乐观、为美好理想不懈奋斗的精神。只要个人努力就可以取得成功的美国梦深深植根于美国文化之中，这种注重个人权利和机会的乐观主义精神能够将短期内所取得的微不足道的政策进展逐渐长期积累为划时代的政策洪流。阿列克西·德·托克维尔（Alexis de Tocqueville）在其名著《论美国的民主》（*Democracy in America*）一书中曾经写道，美国人坚信"社会是一个不断改善的整体"，这种乐观主义心态源于美国人的雄心壮志。托克维尔认为，这种雄心壮志又来自对个人平等的信心。正如《独立宣言》（*Declaration of Independence*）中所宣称，每个美国人都认为"人人享有生命、自由和追求幸福的权利"。总体而言，美国人对未来感到乐观，他们相信尽管社会中存在着明显的不平等，但每个人都有机会取得不断进步。也正是美国人的这种乐观精神，不断推动着其政策决策的审慎渐进主义策略取得了一个又一个历史性的成果。

美国决策的审慎渐进主义也充分体现在气候政策上。根据《清洁空气法》和其他能源法律的授权，联邦层面各政府部门逐步制定了数百项监管法规；而在州级层面，则有数千项相关的法律和法规出台。自20世纪70年代以来，美国颁布了能源效率标准并将其逐渐提高，这一政策的实施已经避免了数百万吨二氧化碳的排放。尽管这些标准的出台并不只是为了应对气候变化，却是采取循序渐进的政策以带来长期收益的一个很好例证。另一个审慎渐进主义的例子是联邦政府对能源技术创新的持续稳定支持，最终推动了美国的页岩气革命。页岩气革命使美国电力行业所依赖的燃料逐渐从煤炭转向天然气，这也使该行业的二氧化碳排放量大幅下降。

美国气候政策中的渐进主义特征还体现在其"自下而上"的进程中。尽管在联邦层面，政府曾多次试图设定气候政策的中期目标，最终未能实现，但在州和市一级层面，设定气候政策的目标已经取得明显的进展。许多州和市通过其政策实践，向联邦政府证明其采取的目标和行动是可行的，虽然目前这些政策的实践规模有限、影响也相对较小，但由于从地方层面到联邦层面的渐进式推动，气候政策逐渐实现了由下到上、由点及面的推广。此外，美国的个人、企业、大学等也在通过各自的点滴努力，逐步推动美国的气候政策实践。例如个人在自家的屋顶安装光伏电池板或购买电动汽车来支持绿色的生活方式，许多企业和大学都分别设定了相应的自愿减排目标，并通过各种举措约束相关的行为来实现目标，他们的实践表明气候行动不仅是可欲的，更是可行的。

总体而言，中国决策中对战略实用主义的应用，使其政策决策具有着眼长远、灵活务实的优点，但如何有效约束权力、保证合理决策以实现平稳发展,仍将是其面临的长期性问题。美国的审慎渐进主义源于其权力分立的政治架构,这保证了政策决策不走极端、更能照顾到各方面的利益,但同时也造成决策缓慢、容易导致僵局的现象。而美国审慎渐进主义之所以能够将短期内的政策波折汇聚成长期的政策进步,根本上依赖于美国民主体系的有效性。如果美国多数民众能逐渐形成共识,通过民主选举影响到相应的党派和领导人,并最终促使政策出台和实施,那么尽管短期的政策可能有所反复,但长期来看还是能够保证不断前进以取得明显的成就。但如果美国民众失去了共同愿景、陷于剧烈的意见纷争之中,从而导致族群割裂、民粹主义盛行,那么在立法、行政、司法等上层建筑层面的党派斗争就会更为严重,美国的政策决策即使在长期也可能陷入僵局。

五、展望未来

短期来看,美国的气候政策可能将反复无常,因为随着不同倾向的总统当政,美国的国内和国际气候政策会因或积极或保守的政治领导人而表现出摇摆不定的特点。长期来看,美国民众关于应对气候变化的共识正在稳步上升,未来可能会出现一个转折点,最终促使国会通过有关应对气候变化的综合性立法。这个转折点出现的催化剂可能是在美国发生的另一场大飓风、西部的大面积野火或一场异常严重的干旱。

未来,中国的气候政策可能会保持相对稳定。在国际气候领域,中国将试图发挥更大的领导作用。在国内,中国会优先发展清洁能源等战略产业并试图在全球市场争取更大的竞争优势,同时继续实施广泛的气候政策,这些举措会比美国的气候政策更具可预测性和稳定性。在2030年之前,中国就可能实现二氧化碳排放峰值的目标,并可能在未来继续降低其排放。美国退出《巴黎协定》等一系列反常举动可能削弱中国推出新的国内气候政策的积极性，但中国气候政策的大方向不太可能改变。

本书的目的是试图揭开中美两国政策决策的神秘面纱，无论是中国的读者还是美国的读者，对于对方的政策制定和实施过程都了解较少。在两国的政策决策是如何作出的以及为何这样作出等问题上，我们试图增强双方的相互理解。有鉴于各国政府采取行动以防止气候变化造成大规模破坏的紧迫性，本书着重围绕中美两国的国内气候政策展开分析，对两国气候政策如何制定以及为何制定进行了详尽探讨。随着时间的推移，我们希望中美两国能够从彼此的成功经验和失败教训中相互学习和借鉴，共同开辟一条通往真正可持续繁荣的新道路。

附　录　中国和美国气候政策清单

附表1　中国主要气候政策（自2000年以来）

领域	政策及其出台部门和部分主要内容	年份	类型	政策文件编号
经济整体/全行业	《"十二五"国家应对气候变化科技发展专项规划》 科学技术部、外交部、国家发展改革委、教育部、工业和信息化部、财政部、环境保护部、住房和城乡建设部、水利部、农业部、国家林业局、中国科学院、中国气象局、国家自然科学基金委员会、国家海洋局、中国科学技术协会	2012	创新型规划类	国科发计〔2012〕700号
	《"十三五"应对气候变化科技创新专项规划》 科学技术部、环境保护部和中国气象局	2017	创新型规划类	国科发社〔2017〕120号
	《能源发展"十三五"规划》 国家发展改革委、国家能源局	2016	管制/行政型规划类	发改能源〔2016〕2744号
	《能源发展战略行动计划（2014—2020年）》 国务院办公厅 一到2020年，一次能源消费总量控制在48亿吨标准煤左右，煤炭消费总量控制在42亿吨左右。 一到2020年，非化石能源占一次能源消费比重达到15%，天然气消费比重达到10%以上，煤炭消费比重控制在62%以内。 一到2020年，基本形成比较完善的能源安全保障体系。国内一次能源生产总量达到42亿吨标准煤，能源自给能力保持在85%左右，石油储采量达到5800万千瓦，力争常规水电装机达到3.5亿千瓦左右。风电装机达到2亿千瓦，光伏装机达到1亿千瓦左右，核电装机容量达到5000万吨标准煤。页岩气产量力争超过300亿立方米。煤层气产量力争达到300亿立方米，地热能利用规模达到5000万吨标准煤。页岩气产量力争超过300亿立方米	2014	管制/行政型规划类	国办发〔2014〕31号

续表

领域	政策及其出台部门和部分主要内容	年份	类型	政策文件编号
经济整体／全行业	《能源技术革命创新行动计划（2016—2030年）》 国家发展改革委、国家能源局 一到2020年，能源自主创新能力大幅提升，一批关键技术取得重大突破，能源技术装备、关键部件及材料对外依存度显著降低。 一到2030年，建成与国情相适应的完善的能源技术创新体系，能源自主创新能力全面提升，能源技术水平整体达到国际先进水平，支撑我国能源产业与生态环境可持续发展，进入世界能源技术强国行列。 一确定能源技术革命重点创新行动的时间表和路线图，分别提出2020年、2030年和2050年的目标	2016	创新型规划类	发改能源〔2016〕513号
	《能源技术创新"十三五"规划》 国家能源局	2016	创新型规划类	国能科技〔2016〕397号
	《城市适应气候变化行动方案》 国家发展改革委、住房和城乡建设部 一到2020年，普遍实现将适应气候变化相关指标纳入城乡规划体系，建设标准和产业发展规划，建设30个适应气候变化试点城市，绿色建筑推广比例达到50%。 一到2030年，适应气候变化科学知识广泛普及，城市应对内涝、干旱缺水、高温热浪、强风、冰冻灾害等问题的能力明显增强，城市适应气候变化能力全面提升	2016	管制／行政型	发改气候〔2016〕245号
	《"十二五"控制温室气体排放工作方案》 国务院 一大幅度降低单位国内生产总值二氧化碳排放，到2015年全国单位国内生产总值二氧化碳排放比2010年下降17%。 一应对气候变化政策体系、体制机制进一步完善，温室气体排放统计核算体系基本建立，碳排放交易市场逐步形成。 一通过低碳试验试点，形成一批具有特色的低碳省区和城市，建成一批具有典型示范意义的低碳园区和低碳社区，推广一批具有良好减排效果的低碳技术和产品，控制温室气体排放能力得到全面提升	2011	管制／行政型	国发〔2011〕41号

续表

领域	政策及其出台部门和部分主要内容	年份	类型	政策文件编号
经济整体/全行业	**《"十三五"控制温室气体排放工作方案》** 国务院 一到 2020 年，单位国内生产总值二氧化碳排放比 2015 年下降 18%，碳排放总量得到有效控制。 一碳汇能力显著增强。支持优化开发区域碳排放率先达到峰值，力争部分重化工业 2020 年左右实现率先达峰，能源体系、产业体系和消费领域低碳转型取得积极成效。 一全国碳排放权交易市场启动运行，应对气候变化法律法规和标准体系初步建立，统计核算、评价考核和责任追究制度得到健全，低碳试点示范不断深化	2016	管制/行政型	国发〔2016〕61 号
	《"十二五"节能减排综合性工作方案》 国务院 一到 2015 年，全国万元国内生产总值能耗下降到 0.869 吨标准煤，比 2005 年的 1.276 吨标准煤下降 32%。 一"十二五"期间，实现节约能源 6.7 亿吨标准煤。2015 年，全国化学需氧量和二氧化硫排放总量分别控制在 2347.6 万吨、2086.4 万吨，比 2010 年的 2551.7 万吨、2267.8 万吨分别下降 8%；全国氨氮和氮氧化物排放总量分别控制在 238.0 万吨、2046.2 万吨，比 2010 年的 264.4 万吨、2273.6 万吨分别下降 10%	2011	管制/行政型	国发〔2011〕26 号
	《"十三五"节能减排综合工作方案》 国务院 一到 2020 年，全国万元国内生产总值能耗比 2015 年下降 15%，能源消费总量控制在 50 亿吨标准煤以内。全国化学需氧量、氨氮、二氧化硫、氮氧化物排放总量分别控制在 2001 万吨、207 万吨、1580 万吨、1574 万吨以内，比 2015 年分别下降 10%、10%、15% 和 15%。全国挥发性有机物排放总量比 2015 年下降 10% 以上。 一开展重点用能单位"百千万"行动，按照属地管理和分级管理相结合原则，国家、省、地市分别对百家、千家、万家重点用能单位进行目标责任评价考核	2016	管制/行政型	国发〔2016〕74 号

续表

领域	政策及其出台部门和部分主要内容	年份	类型	政策文件编号
经济整体／全行业	**《中华人民共和国节约能源法》** 全国人民代表大会常务委员会 —1997年通过，2007年修订，2016年第一次修正，2018年第二次修正	1997	法律类	中华人民共和国主席令1997年第九十号（1997年11月1日）
	《能源效率标识管理办法》 国家发展改革委、国家质量监督检验检疫总局 —2004年8月13日发布，2016年2月29日修订，自2016年6月1日起施行。 —国家发展改革委会同国家质量监督检验检疫总局、国家认可监督管理委员会制定并公布《中华人民共和国实行能源效率标识的产品目录》、规定统一的产品能效标准、能效标识样式和规格。 —国家质量监督检验检疫总局负责组织实施对能效标识使用的监督检查、专项检查和验证管理	2004	信息型 管制/行政型	国家发展改革委 国家质量监督检验检疫总局令第17号
	《关于加快推进生态文明建设的意见》 中共中央、国务院	2015	管制/行政型	中发〔2015〕12号
	《生态文明体制改革总体方案》 中共中央、国务院 —逐步建立全国碳排放总量控制制度和分解落实机制，建立增加森林、草原、湿地、海洋碳汇的有效机制，加强应对气候变化国际合作。 —深化碳排放权交易试点，逐步建立全国碳排放权交易市场，研究制定全国碳排放权交易总量设定与配额分配方案	2015	管制/行政型 市场型	中发〔2015〕25号
	《国家应对气候变化规划（2014—2020年）》 国家发展改革委 —到2020年，单位国内生产总值二氧化碳排放比2005年下降40%~45%，非化石能源占一次能源消费的比重要达到15%左右，森林面积和蓄积量分别比2005年增加4000万公顷和13亿立方米	2014	规划类	发改气候〔2014〕2347号

续表

领域	政策及其出台部门和部分主要内容	年份	类型	政策文件编号
经济整体／全行业	**《关于组织开展重点企（事）业单位温室气体排放报告工作的通知》** 国家发展改革委 一开展重点温室气体排放报告的责任主体为：2010 年温室气体排放达到 13000 吨二氧化碳当量或 2010 年综合能源消费总量达到 5000 吨标准煤的法人企（事）业单位，或视同法人的独立核算单位。 一纳入报告名单的重点企业根据自身实际排放情况，报告二氧化碳（CO_2）、甲烷（CH_4）、氧化亚氮（N_2O）、氢氟碳化物（HFCs）、全氟化碳（PFCs）、六氟化硫（SF_6）共 6 种温室气体的排放情况	2014	管制／行政型	发改气候〔2014〕63 号
	《国家适应气候变化战略》 国家发展改革委、财政部、住房和城乡建设部、交通运输部、水利部、农业部、中国林业局、国家气象局、国家海洋局 一在充分评估气候变化当前和未来对我国影响的基础上，明确国家适应气候变化工作的指导思想和原则，提出适应目标、重点任务、区域格局和保障措施，为统筹协调开展适应工作提供指导	2013	管制／行政型	发改气候〔2013〕2252 号
	《消耗臭氧层物质管理条例》 国务院 一为加强对消耗臭氧层物质的管理，履行《保护臭氧层维也纳公约》和《关于消耗臭氧层物质的蒙特利尔议定书》规定的义务，保护臭氧层和生态环境，保障人体健康，根据《中华人民共和国大气污染防治法》制定	2010	法律类	国务院令第573号
	《关于加强含氢氯氟烃生产、销售和使用管理的通知》 环境保护部 一所有氢氯氟烃（HCFCs）生产企业必须持有生产配额许可证，受控用途年使用量在 100 吨以上的使用企业必须持有氢氯氟烃（HCFCs）使用配额许可证，并要求年度氢氯氟烃（HCFCs）经销量在 1000 吨（含）以上的氢氯氟烃（HCFCs）销售企业在环境保护部办理销售备案	2013	管制／行政型	环函〔2013〕179号

续表

领域	政策及其出台部门和部分主要内容	年份	类型	政策文件编号
经济整体/全行业	**《中华人民共和国循环经济促进法》** ——全国人民代表大会常务委员会 2008 年 8 月 29 日通过，自 2009 年 1 月 1 日起施行	2008	法律类	中华人民共和国主席令 2008 年第四号
	《中国应对气候变化国家方案》 国务院 ——中国首个应对气候变化的国家方案，该方案明确了到 2010 年中国应对气候变化的具体目标、基本原则、重点领域及其政策措施	2007年	管制型/行政型指导类	国发〔2007〕17号
	《关于加快发展循环经济的若干意见》 国务院 ——中国首次从国家层面支持推广实施循环经济的文件	2005	管制型/行政型指导类	国发〔2005〕22号
	《循环经济发展规划编制指南》 国家发展改革委办公厅 ——指导各地科学编制本地区的循环经济发展规划，充分发挥规划的宏观指导作用	2010	指导类	发改办环资〔2010〕3311号
	《循环经济发展战略及近期行动计划》 国务院 ——为指导和推动循环经济加快发展，实现"十二五"规划纲要提出的资源产出率提高 15% 的目标，对发展循环经济作出战略规划，对今后一个时期的工作进行具体部署	2013	管制型/行政型	国发〔2013〕5号

续表

领域	政策及其出台部门和部分主要内容	年份	类型	政策文件编号
经济整体／全行业	**《2015年循环经济推进计划》** 国家发展改革委 一以资源高效循环利用为核心，着力构建循环型产业体系；以推广循环经济典型模式为抓手，提升重点领域循环经济发展水平；大力传播循环经济理念，推行绿色生活方式。 一加强政策和制度供给，营造公开公平公正的政策和市场环境，进一步发挥循环经济在经济转型升级中的作用。 一努力完成"十二五"规划纲要提出的循环经济各项目标，以及《循环经济发展战略及近期行动计划》提出的目标任务	2015	管制/行政型	发改环资〔2015〕769号
	《再制造产品目录（第六批）》 工业和信息化部 一加快推进绿色制造，推动再制造产业健康有序发展，加强再制造行业管理，确保再制造产品质量，引导再制造产品消费	2016	管制/行政型	工业和信息化部公告2016年第67号
	《节能中长期专项规划》 国家发展改革委 一到2010年每万元国内生产总值（1990年不变价，下同）能耗由2002年的2.68吨标准煤下降到2.25吨标准煤，2003—2010年年均节能率为2.2%，形成的节能能力为4亿吨标准煤。 一到2020年每万元国内生产总值能耗下降到1.54吨标准煤，2003—2020年年均节能率为3%，形成的节能能力为14亿吨标准煤。 一主要产品（工作量）单位能耗指标：2010年总体达到或接近20世纪90年代初期国际先进水平，其中大中型企业达到21世纪初国际先进水平；2020年达到或接近国际先进水平	2004	管制/行政型 规划类	发改环资〔2004〕2505号

续表

领域	政策及其出台部门和部分主要内容	年份	类型	政策文件编号
经济整体/全行业	**《控制污染物排放许可制实施方案》** 国务院办公厅 一该方案要求所有的固定污染源在2020年之前获得排污许可证，以进一步抑制排放。所有企业都应在进行工业生产之前申请污染物排放许可证，以便监管部门进行污染监测。 一污染物排放许可证包括污染物的种类、浓度和允许的数量等详细信息。那些违反限制的企业和个人将面临严厉的处罚，从中止行动到刑期不等。 一该方案计划于2016年年底在火力发电厂和造纸公司中生效，2017完成《大气污染防治行动计划》和《水污染防治行动计划》15个重点行业企业的排污许可证核发，2020年全国基本完成排污许可证核发	2016	管制/行政型	国办发〔2016〕81号
交通	**《公路水路交通运输节能减排"十二五"规划》** 交通运输部 一到2015年，交通运输行业能源利用效率明显提高，CO_2排放强度明显降低，绿色、低碳交通运输体系建设取得明显进展。 一能源强度指标：与2005年相比，营运车辆单位运输周转量能耗下降10%，其中营运客车、营运货车分别下降12%；营运船舶单位运输周转量能耗下降15%，其中海洋和内河船舶分别下降16%和14%；港口生产单位吞吐量综合能耗下降8%。 一CO_2排放强度指标：与2005年相比，营运车辆单位运输周转量CO_2排放下降11%，其中营运客车、营运货车分别下降7%和13%；营运船舶单位运输周转量CO_2排放16%，其中海洋和内河船舶分别下降17%和15%；港口生产单位吞吐量CO_2排放下降10%	2011	规划类	交政法发〔2011〕315号
	《交通运输节能环保"十三五"发展规划》 交通运输部 一行业能源和碳排放强度进一步下降：与2015年相比，营运客车单位能耗和二氧化碳排放分别	2016	规划类	交规划发〔2016〕94号

续表

领域	政策及其出台部门和部分主要内容	年份	类型	政策文件编号
	下降2.1%和2.6%；营运货车单位运输周转量能耗和二氧化碳排放分别下降6.8%和7%；城市客运单位运输周转量能耗和二氧化碳排放分别下降10%和12.5%；港口生产单位吞吐量综合能耗和二氧化碳排放均下降2%。	2016	规划类	交规划发〔2016〕94号
	《节能与新能源汽车产业发展规划（2012—2020年）》 国务院 一产业化取得重大进展。到2015年，纯电动汽车和插电式混合动力汽车累计产销量力争达到50万辆；到2020年，纯电动汽车和插电式混合动力汽车生产能力达200万辆，累计产销量超过500万辆，燃料电池汽车、车用氢能源产业与国际同步发展。 一燃料经济性显著改善。到2015年，当年生产的乘用车平均燃料消耗量降至6.9升/百千米，节能型乘用车燃料消耗量降至5.9升/百千米以下。到2020年，当年生产的乘用车平均燃料消耗量降至5.0升/百千米，节能型乘用车燃料消耗量降至4.5升/百千米以下	2012	规划类	国发〔2012〕22号
交通	**《国家重点研发计划新能源汽车重点专项实施方案（征求意见稿）》** 科技部 一落实《节能与新能源汽车产业发展规划（2012—2020年）》；实施新能源汽车"纯电驱动"技术转型战略。 一完善电动汽车"三纵三横"技术体系和新能源汽车研发体系，升级新能源汽车动力系统技术平台。 一抓住新能源、新材料、信息化科技带来的新能源汽车新一轮技术变革机遇，超前研发下一代技术；到2020年，建立起完善的电动汽车动力系统科技体系和产业链。为2020年实现新能源汽车保有量达到500万辆提供技术支撑	2015	创新类	—
	《关于2016—2020年新能源汽车推广应用财政支持政策的通知》 财政部、科技部、工业和信息部、国家发展改革委 一补助对象是消费者。新能源汽车生产企业在销售新能源汽车产品时按照扣减补助后的价格与消费者进行结算，中央财政将对的补助资金再拨付给生产企业。	2015	财政类	财建〔2015〕134号

续表

领域	政策及其出台部门和部分主要内容	年份	类型	政策文件编号
交通	一中央财政补助的产品是纳入《新能源汽车推广应用工程推荐车型目录》的纯电动汽车、插电式混合动力汽车和燃料电池汽车	2015	财政类	财建〔2015〕134号
	《关于调整新能源汽车推广应用财政补贴政策的通知》 财政部、科技部、工业和信息化部、国家发展改革委 一电动汽车补贴自2009年以来已有6次调整。2013年9月,财政部宣布了电动汽车补贴更新政策。购买续驶里程250千米以上的纯电动汽车最高可获得6万元,续驶里程150千米以上的电动汽车最高可获得5万元,续驶里程80千米以上的电动汽车最高可获得3.5万元。 一2017—2018年,对纯电动汽车和插电式混合动力汽车的补贴将在2016年的基础上减少20%,2019—2020年的补贴将在2016年的基础上减少40%。此次调整后,中央财政对纯电动汽车和混合动力汽车最高补贴标准不变,每辆车补贴20万~50万元;燃料电池电动汽车补贴标准保持不变,每辆车补贴2万~4.4万元/辆	2016	财政类	财建〔2016〕958号
	《轻型汽车污染物排放限值及测量方法（中国第六阶段）》 环境保护部 一2016年12月,环境保护部发布了《轻型汽车污染物排放限值及测量方法（中国第六阶段）》,该标准于2020年7月1日生效。 一中国第六阶段排放标准是2020年后世界范围内最严格的排放标准之一。与之前严格的排放标准不同,中国第六阶段排放标准结合了欧洲和美国（加利福尼亚州法规）监管要求的最佳实践,并创建了自己的标准	2016	管制/行政型	环保部公告2016年第79号
	《关于节约能源使用新能源车船税优惠政策的通知》 财政部、国家税务总局、工业和信息化部 一2015年财政部、国家税务总局和工信部联合发布了新的新能源汽车和船舶税收减免政策。这是2012年出台的政策的更新版本。根据这项政策,新能源汽车和船舶将免征车船税	2015（最早于2012年引入）	财政型	财税〔2015〕51号

领域	政策及其出台部门和部分主要内容	年份	类型	政策文件编号
交通	**《关于开展节能与新能源汽车示范推广试点工作的通知》** 财政部、科技部 一在北京、上海、重庆、长春、大连、杭州、济南、武汉、深圳、合肥、长沙、昆明、南昌等13个城市开展节能与新能源汽车示范推广试点工作,以财政政策鼓励在公交、出租、公务、环卫和邮政等公共服务领域率先推广使用节能与新能源汽车,对推广使用节能与新能源汽车给予补助。 一这一计划最初被称为"十城千辆计划",旨在通过在政府补贴的10座城市进行大规模试点,推动电动汽车的发展,重点是将电动汽车应用于公共汽车。该项目目已扩展到88个城市	2009	财政型	财建〔2009〕6号
	《关于加快推进新能源汽车在交通运输行业推广应用的实施意见》 交通运输部 一至2020年,新能源汽车在交通运输业的应用初具规模,在城市公交、出租汽车和城市物流配送等领域的总量达到30万辆;其中新能源城市公交车达到20万辆,新能源出租汽车和城市物流配送车辆共达到10万辆。 一公交都市创建城市新增或更新城市公交车、出租汽车和城市物流配送车辆中,新能源汽车比例不低于30%	2015	管制/行政型	交运发〔2015〕34号
	《乘用车燃料消耗量限值》(GB 19578—2004)、《轻型商用车辆燃料消耗量限值》(GB 20997—2007)《乘用车燃料消耗量限值》(GB 19578—2004)、《轻型商用车辆燃料消耗量限值》(GB 20997—2015) 国家质量监督检验检疫总局、国家标准化管理委员会 一2004年,中国出台了第一个乘用车燃油标准,即《乘用车燃料消耗量限值》(GB 19578—2004)。 一2014年,工业和信息化部发布《乘用车燃料消耗量第四阶段标准》,对2016—2020年在中国销售的国产和进口新乘用车进行监管。第四阶段的规定包括对汽车最高燃油标准和基于整车重量的乘用车最低油耗(Corporate-average Fuel Consumption, CAFC)标准。制造商和进口商必须同时满足这两个标准。据估计,按照这一规定,到2020年新乘用车的整体平均燃油性能为每100千米5升。	2015 (最早于2004年引入)	管制/行政型	—

续表

领域	政策及其出台部门和部分主要内容	年份	类型	政策文件编号
交通	一中国在2007年推出了轻型商用车燃油标准，并在2015年更新了该标准。最新的标准于2018年1月1日生效，比2007年的标准严格18%~27%，预计到2020年新型轻型商用车的燃油消耗水平将比2012年降低20%。 一工业和信息化部在2008年首次宣布了制定商用重型汽车燃油标准的计划。2014年，重型车辆第二阶段燃油标准正式出台。截至2015年7月1日，所有在中国销售的新型商用重型车辆（Heavy Duty Vehicles，HDVs）（专业职业用车除外）均被要求符合第二阶段标准	2015（最早于2004年引入）	管制/行政型	—
能源/电力	《关于加快新能源汽车推广应用的指导意见》 国务院办公厅 一贯彻落实发展新能源汽车的国家战略，以纯电驱动为新能源汽车发展的主要战略取向，重点发展纯电动汽车、插电式（含增程式）混合动力汽车和燃料电池汽车	2014	指导类	国办发〔2014〕35号
能源/电力	《全国碳排放权交易市场建设方案（发电行业）》 国家发展改革委 一以发电行业为突破口率先启动全国碳排放交易体系，培育市场主体，完善市场监管，逐步扩大市场覆盖范围，丰富交易品种和交易方式。 一基础建设期：用一年左右的时间，完成全国统一的数据报送系统，注册登记系统和交易系统建设。 一模拟运行期：用一年左右的时间，开展发电行业配额现货模拟交易 一深化完善期：在发电行业交易主体间开展配额现货交易。	2017	市场型	发改气候规〔2017〕2191号
能源/电力	《可再生能源发电全额保障性收购管理办法》 国家发展改革委 一该办法要求电网企业根据国家确定的上网标杆电价和保障性收购利用小时数，全额收购规划范围内的可再生能源发电项目的上网电量。 一国务院能源主管部门会同经济运行主管部门核定可再生能源发电受限地区各类可再生能源并网发电项目保障性收购年利用小时数。	2016	管制/行政型	发改能源〔2016〕625号

续表

领域	政策及其出台部门和部分主要内容	年份	类型	政策文件编号
	一电网企业协助电力交易机构负责根据服发时段电网实际运行情况，确定承担可再生能源并网发电项目限发电量补偿费用的机组范围，并根据实际发电量大小分摊补偿费用	2016	管制/行政型	发改能源〔2016〕625号
	《关于推进电能替代的指导意见》 国家发展改革委、国家能源局、财政部、环境保护局、住房和城乡建设部、工业和信息化部、交通运输部、中国民用航空局 一完善电能替代配套政策体系，建立规范有序的运营监管机制，形成节能环保、便捷高效、技术可行、广泛应用的新型电力消费市场。 一2016—2020年，实现能源终端消费环节电能替代散烧煤、燃油消费总量约1.3亿吨标准煤，带动电煤占煤炭消费比重提高约1.9%，带动电能占终端能源消费比重提高约1.5%，促进电能占终端能源消费比重达到约27%	2016	指导类	发改能源〔2016〕1054号
能源/电力	**《关于建立可再生能源开发利用目标引导制度的指导意见》** 国家能源局 一国家能源局根据各地区可再生能源资源状况和能源消费水平，依据全国可再生能源开发利用中长期总量目标，首次制定了各省（区、市）能源消费总量中的可再生能源比重目标和全社会用电量中的非水电可再生能源电量比重指标	2016	管制/行政型	国能新能〔2016〕54号
	《关于完善太阳能发电规模管理和实行竞争方式配置项目指导意见》 国家能源局综合司 一按照各类型光伏发电的特点和国家支持的优先程度，光伏发电年度规模实行分类管理	2016	管制/行政型	国能综新能〔2016〕14号
	《电力发展"十三五"规划》 国家发展改革委、国家能源局 一本规划内容涵盖水电、核电、煤电、气电、风电、太阳能发电等各类电源和输配电网，明确主要目标和重点任务，规划期为2016—2020年。	2016	规划类	—

续表

领域	政策及其出台部门和部分主要内容	年份	类型	政策文件编号
能源/电力	一发展目标：2020年全社会用电量6.8万亿~7.2万亿千瓦时，年均增长3.6%~4.8%，全国发电装机容量20亿千瓦，年均增长5.5%。人均装机突破1.4千瓦，人均用电量5000千瓦时左右，接近中等发达国家水平。城乡电气化水平明显提高，电能占终端能源消费比重达到27%	2016	规划类	—
	《可再生能源发展"十三五"规划》 国家发展改革委 一规划包括了水电、风能、太阳能、生物质能、地热能和海洋能，明确了2016—2020年可再生能源发展的指导思想、基本原则、发展目标、主要任务、优化资源配置、创新发展方式、完善产业体系及保障措施。 一到2020年，全部可再生能源年利用量7.3亿吨标准煤。其中，商品化可再生能源利用量5.8亿吨标准煤。全部可再生能源发电装机6.8亿千瓦，发电量1.9万亿千瓦时，占全部发电量的27%。 一到2020年，水电新增装机约6000万千瓦，新增投资约5000亿元。加上生物质能、太阳能热水器、沼气、地热能利用等，"十三五"期间可再生能源新增投资约2.5万亿元（约3800亿美元）。 一根据非化石能源消费比重目标和可再生能源开发利用目标的要求，建立全国统一的可再生能源绿色证书交易机制，进一步完善新能源电力的补贴机制	2016	规划类	发改能源〔2016〕2619号
	《全面实施燃煤电厂超低排放和节能改造工作方案》 环境保护部、国家发展改革委、国家能源局 《关于促进我国煤电有序发展的通知》 国家发展改革委、国家能源局 《关于取消一批不具备核准建设条件煤电项目的通知》 国家能源局 《关于进一步调控煤电规划建设的通知》 国家能源局 《关于进一步做好煤电行业淘汰落后产能工作的通知》 国家发展改革委、国家能源局	2015、2016	管制/行政型指导类	环发〔2015〕164号 发改能源〔2016〕565号 国能电力〔2016〕244号 国能电力〔2016〕275号 发改能源〔2016〕855号 发改能源〔2016〕617号

续表

领域	政策及其出台部门和部分主要内容	年份	类型	政策文件编号
能源/电力	**《热电联产管理办法》** 国家发展改革委、国家能源局、财政部、住房和城乡建设部、环境保护部 一根据上述指导意见，东部地区在2017年、中部地区在2018年、西部地区在2020年完成燃煤电厂的超低排放和节能改造。在产有能改造。在产能过剩的13个省份，山西和陕西等主要煤炭生产省份，将暂停燃煤电厂的建设。另有15个省份被要求推迟已经批准的核电站的建设。在电力短缺的省份，应优先发展当地的非化石能源发电项目，以期利用跨省能源转移的其他需求侧管理方法，减少对新建燃煤发电厂的需求。 一逐步淘汰服役年限长，不符合能效、环保、安全、质量等要求的火电机组，优先淘汰落后燃煤发电机组2000万千瓦。 行满20年的纯凝机组和运行满25年的抽凝热电机组。"十三五"期间，预计将淘汰落后燃煤发电机组2000万千瓦。	2015、2016	管制/行政型指导类	环发〔2015〕164号 发改能源〔2016〕565号 国能电力〔2016〕244号 国能电力〔2016〕275号 发改能源〔2016〕855号 发改能源〔2016〕617号
	《关于调整光伏发电陆上风电标杆上网电价的通知》 国家发展改革委 一国家发展改革委于2016年12月发布了《关于调整光伏发电陆上风电标杆上网电价的通知》，是关于可再生能源发电标杆上网电价的情况的更新。根据该通知，2017年不同地区的光伏上网电价基准在0.65元/千瓦时（0.094美元/千瓦时）到0.85元/千瓦时之间，比2016年水平降低了13%~19%。 一2018年陆上风电标杆上网电价的范围是0.40~0.57元/千瓦时，比2016年的水平降低15%。2017年新增分布式光伏的标杆上网电价不变，仍为0.42元/千瓦时，海上风电项目为0.85元/千瓦时，潮间带风电项目为0.75元/千瓦时。标杆上网电价的下调反映了太阳能和风能发电成本的持续下降。 一最早于2003年引入风力发电的上网标杆电价；2008年引入两家太阳能光伏电站的上网标杆电价，此后定期更新	2016	财政型	发改价格〔2016〕2729号

续表

领域	政策及其出台部门和部分主要内容	年份	类型	政策文件编号
能源/电力	**《关于进一步深化电力体制改革的若干意见》** 中共中央、国务院 一文件旨在促进电力行业的公平竞争，并呼吁对现有的定价体系进行改革。该意见允许社会资本逐步进入电力销售和新增配电业务，而输售电业务仍由电网公司负责。所有不在负面清单上的领域都可以引进外资，同样也不需要政府的批准。 一加快构建有效竞争的市场结构和市场体系，形成主要由市场决定能源价格的机制，逐步打破垄断，有序放开竞争性业务，实现供应多元化。 一在进一步完善政企分开、厂网分开、主辅分开的基础上，按照管住中间、放开两头的体制架构，有序放开输配电以外的竞争性环节电价，有序向社会资本开放配售电业务，有序放开公益性和调节性以外的发用电计划。	2015	管制/行政型指导类	中发〔2015〕9号
	《太阳能光电建筑应用财政补助资金管理暂行办法》 财政部 **《关于实施金太阳示范工程的通知》** 财政部、科技部、国家能源局 一2009年3月，中国宣布了首个太阳能补贴计划，即太阳能光电建筑应用补贴计划，对光伏发电系统提供20元/瓦的前期补贴，对屋顶系统提供15元/瓦的前期补贴。 一2009年7月，启动了第二个国家太阳能补贴项目（金太阳示范工程）。该项目将在2009—2012年为符合条件的示范光伏项目提供前期补贴。	2009	财政型	财建〔2009〕129号 财建〔2009〕397号
	《中华人民共和国可再生能源法》 一2005年2月第十届全国人民代表大会常务委员会第十四次会议通过，2009年12月第十一届全国人民代表大会常务委员会第十二次会议修正。 一该法的目的是"促进可再生能源的开发利用，增加能源供应，改善能源结构，保障能源安全，保护环境，实现经济社会的可持续发展"，包括资源调查与发展规划、价格管理与费用补偿等内容。	2009	法律类	中华人民共和国主席令2009年第二十三号

· 220 ·

续表

领域	政策及其出台部门和部分主要内容	年份	类型	政策文件编号
能源／电力	一实行可再生能源发电全额保障性收购制度。国务院能源主管部门会同国家电力监管机构和国务院财政部门，按照全国可再生能源开发利用规划，确定在规划期内应当达到的可再生能源发电量占全部发电量的比重，制定电网企业优先调度和全额收购可再生能源发电的具体办法，并由国务院能源主管部门会同国家电力监管机构在年度中督促落实。 一电网企业应当与按照可再生能源开发利用规划建设、依法取得行政许可或者报送备案的可再生能源发电企业签订并网协议，全额收购其电网覆盖范围内符合并网技术标准的可再生能源并网电项目的上网电量。 一电网企业未按照规定完成收购可再生能源电量，造成可再生能源发电企业经济损失的，应当承担赔偿责任，并由国家电力监管机构责令限期改正；拒不改正的，处以可再生能源经济损失额一倍以下的罚款	2009	法律类	中华人民共和国主席令2019年第二十三号
	《节能标准体系建设方案》 国家发展改革委、国家标准化管理委员会 一"十二五"以来，国家发展改革委、国家标准化管理委员会联合启动两期"百项能效标准推进工程"，共批准发布了206项能效、能耗限额和节能基础国家标准。截至2017年1月，已发布实施能效强制性标准73项，能耗限额强制性标准104项，节能推荐性国家标准150余项。 一到2020年，主要高耗能用能产品实现节能标准全覆盖，80%以上的能效指标达到国际先进水平	2017	管制/行政型	发改环资〔2017〕83号
工业	《页岩气发展规划（2016—2020年）》 国家能源局 一到2020年，完善成熟3500米以浅相页岩气勘探开发技术，突破3500米以深海相页岩气、陆相和海陆过渡相页岩气勘探开发技术。2020年力争实现页岩气产量300亿立方米。 一"十四五"及"十五五"期间，我国页岩气产业加快发展，海相、陆相及海陆过渡相页岩气开发均获得突破，新发现一批大型页岩气田，并实现规模有效开发，2030年实现页岩气产量800亿~1000亿立方米	2016	规划类	国能油气〔2016〕255号

续表

领域	政策及其出台部门和部分主要内容	年份	类型	政策文件编号
工业	《"十二五"节能环保产业发展规划》 国务院 《关于加快发展节能环保产业的意见》 国务院 一节能环保产业产值年均增长15%以上，到2015年节能环保产业总产值达到4.5万亿元，增加值占国内生产总值的比重为2%左右。高效节能产品市场占有率由目前的10%左右提高到30%以上	2012、2013	规划类 指导类	国发〔2012〕19号 国发〔2013〕30号
	《页岩气产业政策》 国家能源局 一根据《页岩气发展规划（2011—2015年）》，国家能源局于2013年发布了中国首个页岩气产业政策，并呼吁加大对页岩气勘探开发等的财政扶持力度	2013	产业型 指导类	国家能源局公告2013年第5号
	《工业绿色发展规划（2016—2020年）》 工业和信息化部 一以传统工业绿色化改造为重点，以绿色科技创新为支撑，以法规标准制度建设为保障，实施绿色制造工程，加快构建绿色制造体系，大力发展绿色制造产业，推动绿色产品、绿色工厂、绿色园区和绿色供应链全面发展，建立健全工业绿色发展长效机制。一2012年发布了《工业节能"十二五"规划》；2012—2015年，工业和信息化部每年都出台《工业绿色发展专项行动实施方案》，推动传统产业转型升级	2016	规划类	工信部规〔2016〕225号
	《节能减排补助资金管理暂行办法》 财政部	2015	财政型	财建〔2015〕161号
	《关于页岩气开发利用财政补贴政策的通知》 财政部 一2016—2020年，中央财政对页岩气开采企业给予补贴，其中：2016—2018年的补贴标准为0.3元/立方米；2019—2020年补贴标准为0.2元/立方米。财政部、国家能源局将根据页岩气产业发展、技术进步、成本变化等因素适时调整补贴政策	2012（引入）、2015（调整）	财政型	财建〔2015〕112号

续表

领域	政策及其出台部门和部分主要内容	年份	类型	政策文件编号
工业	**《工业转型升级规划（2011—2015年）》** 国务院 一按照构建现代产业体系的本质要求，推进信息化与工业化深度融合，改造提升传统产业，培育壮大战略性新兴产业，加快发展生产性服务业，把工业发展建立在创新驱动、集约高效、环境友好、惠及民生、内生增长的基础上，不断增强工业核心竞争力和可持续发展能力，为建设工业强国和全面建成小康社会打下更加坚实的基础	2011	规划类	国发〔2011〕47号
	《煤炭清洁高效利用行动计划（2015—2020年）》 国家能源局 一主要目标：全国新建燃煤发电机组平均供电煤耗低于300克标准煤/千瓦时。到2017年，全国原煤入选率达到70%以上；燃煤工业锅炉平均运行效率比2013年提高5个百分点。到2020年，原煤入选率达到80%以上；现役燃煤发电机组改造后供电煤耗平均低于310克/千瓦时，电煤占煤炭消费比重提高到60%以上。 一到2020年，淘汰落后燃煤锅炉60万蒸吨。京津冀、长三角、珠三角等重点区域的燃煤锅炉设施基本完成天然气、热电联供、洁净优质煤炭产品等替代；现役低效、排放不达标锅炉基本淘汰或升级改造，高效锅炉达到50%以上	2015	管制/行政型	国能煤炭〔2015〕141号
	《节能低碳产品认证管理办法》 国家质量监督检验检疫总局，国家发展改革委 一在国家质量监督检验检疫总局和国家发展改革委联合发布上述规定之前，国家发展改革委于2013年发布了暂行规定。截至2016年3月，中国已发布了两份认证产品目录	2015	管制/行政型	国家质检总局、国家发展改革委第168号令
	《全面实施燃煤电厂超低排放和节能改造工作方案》 环境保护部、国家发展改革委、国家能源局 一到2020年，全国新建燃煤发电机组平均供电煤耗低于300克标准煤/千瓦时，现役燃煤发电机组改造后平均供电煤耗低于310克/千瓦时时，主要采用60万千瓦及以上超超临界机组，平均供电煤耗低于300克标准煤/千瓦时；现役燃煤发电机组改造后平均供电煤耗低于310克/千瓦时	2015	管制/行政型	环发〔2015〕164号

领域	政策及其出台部门和部分主要内容	年份	类型	政策文件编号
	一到2020年，全国所有具备改造条件的燃煤电厂力争实现超低排放（在基准氧含量6%条件下，烟尘、二氧化硫、氮氧化物排放浓度分别不高于10毫克/立方米，35毫克/立方米，50毫克/立方米）。全国有条件的新建燃煤发电机组达到超低排放水平	2015	管制/行政型	环发〔2015〕164号
	《关于印发能效"领跑者"制度实施方案的通知》 国家发展改革委、财政部、工业和信息化部、国家能源局、国家质量监督检验检疫总局、国家标准化管理委员会 一建立能效"领跑者"制度，通过树立标杆、政策激励，形成推动终端用能产品、高耗能行业、公共机构能效水平不断提升的长效机制。 一定期发布能源利用效率最高的终端用能产品目录、单位产品能耗最低的高耗能产品生产企业名单、能源利用效率最高的公共机构名单以及能效指标，树立能效标杆	2014	信息型	发改环资〔2014〕3001号
工业	《关于原油天然气资源税有关问题的通知》 财政部、国家税务总局 《关于实施煤炭资源税改革的通知》 财政部、国家税务总局 《中华人民共和国资源税法》 全国人民代表大会常务委员会 一2011年，中国对原油天然气的资源税进行了改革，并于2014年对煤炭制定了新的资源税税率。在这些改革之后，中国开始对原油、天然气和煤炭按零售价征收资源税，而不是按产量征收，以促进资源的更有效利用。原油和天然气的税率设定在5%~10%，煤炭为2%~10%。 一由中华人民共和国第十三届全国人民代表大会常务委员会第十二次会议于2019年8月26日通过，自2020年9月1日起施行。原油和天然气的税率设定在6%，煤炭为2%~10%	2011、2014、2019	财政型	财税〔2011〕114号 财税〔2014〕72号 中华人民共和国主席令第三十三号

续表

领域	政策及其出台部门和部分主要内容	年份	类型	政策文件编号
工业	**《大气污染防治行动计划》** 国务院 一经过五年努力，全国空气质量总体改善，重污染天气较大幅度减少；京津冀、长三角、珠三角等区域空气质量明显好转。 一到2017年，全国地级及以上城市可吸入颗粒物浓度比2012年下降10%以上，优良天数逐年提高；京津冀、长三角、珠三角区域细颗粒物浓度分别下降25%、20%、15%左右，其中北京市细颗粒物年均浓度控制在60微克/立方米左右。 一制定国家煤炭消费总量中长期控制目标。到2017年，煤炭占能源消费总量比重降低到65%以下。京津冀、长三角、珠三角等区域力争实现煤炭消费总量负增长	2013	管制/行政型	国发〔2013〕37号
	《关于修改〈产业结构调整指导目录（2011年本）〉有关条款的决定》 国家发展改革委 一该决定旨在通过优化升级产业结构，实现节能减排的目标	2013	信息型/指导类	国家发展和改革委员会令2013年第21号
工业	**《关于进一步加强淘汰落后产能工作的通知》** 国务院 **《关于化解产能严重过剩矛盾的指导意见》** 国务院 **《关于下达2012年19个工业行业淘汰落后产能目标任务的通知》** 工业和信息化部 一2010年，国务院发布《关于进一步加强淘汰落后产能工作的通知》，大部分行业淘汰落后产能削减水平大幅提高。 一2012年，工业和信息化部发布《关于下达2012年19个工业行业淘汰落后产能目标任务的通知》，确定5个产能严重过剩行业为钢铁、水泥、铝、平板玻璃和造船。2013年和2014年工业和信息化部分别发布了19个行业淘汰落后产能企业的名单且此后定期公布。第一批、第二批淘汰落后产能企业名单后定期公布。	2010、2012、2013	管制/行政型	国发〔2010〕7号 国发〔2013〕41号 工业和信息化部产业〔2012〕159号

领域	政策及其出台部门和部分主要内容	年份	类型	政策文件编号
工业	——2013 年，国务院发布了《关于化解产能严重过剩矛盾的指导意见》，提出了"十三五"期间，中国计划每年淘汰落后产能 8 亿吨，先进产能每年新增 5 亿吨。在提前完成 2016 年的目标后，中国计划到 2020 年再减少 1 亿吨钢铁产量，达到 1.5 亿吨	2012	管制/行政型	
	《"能效之星"产品目录（2016 年）》 工业和信息化部 ——自 2012 年起，工业和信息化部每年都发布《"能效之星"产品目录》，发布了机电设备、电机、工业锅炉、内燃机、通信节能技术和其他低碳技术的节能产品或技术目录	2016	信息型	工业和信息化部公告（2016年第59号）
	《千家企业节能行动实施方案》 国家发展改革委、国家能源局、国家统计局、国家质量监督检验检疫总局、国务院国资委 《万家企业节能低碳行动方案》 国家发展改革委、教育部、工业和信息化部、财政部、住房和城乡建设部、交通部、商务部、国务院国资委、国家质量监督检验检疫总局、国家统计局、银监会、国家能源局 ——2006 年，中国实施了《千家企业节能行动实施方案》，包括钢铁、有色、煤炭、电力、石油石化、化工、建材、纺织、造纸等 9 个重点耗能行业，2004 年企业综合能源消费量达到 18 万吨标准煤以上的 1008 家企业。主要是千家企业能源利用效率大幅度提高，主要产品单位能耗达到国内同行业先进水平，部分企业达到国际先进水平或行业领先水平，带动行业节能水平的大幅度提高，实现节能 1 亿吨标准煤左右。 ——2010 年中国制定《万家企业节能低碳行动实施方案》，包括综合能源消费量 1 万吨标准煤及以上的企事业单位，主要目标是万家企业节能管理水平显著提升，长效节能机制基本形成，能效利用效率大幅提高，主要产品（工作量）单位能耗达到国内同行业先进水平，部分企业达到国际先进水平。"十二五"期间，万家企业实现节约能源 2.5 亿吨标准煤	2006、2011	管制/行政型	发改环资〔2006〕571号 发改环资〔2011〕2873号
	《高效节能产品推广财政补助资金管理暂行办法》 财政部、国家发展改革委	2009	财政型	财建〔2009〕213号

续表

领域	政策及其出台部门和部分主要内容	年份	类型	政策文件编号
工业	一财政部、国家发展改革委组织实施"节能产品惠民工程",采取财政补贴方式,加快高效节能产品的推广,一方面有效扩大内需特别是消费需求,另一方面提高终端用能产品能源效率。涵盖家电、汽车、工业产品三大板块,共15个品种,约10万种节能产品,中央财政为此投入400多亿元	2009	财政型	财建〔2009〕213号
	《国务院办公厅转发发展改革委关于完善差别电价政策意见的通知》 国务院办公厅 一对电解铝、铁合金、电石、烧碱、水泥、钢铁6个行业继续实行差别电价的同时,将黄磷、锌冶炼2个行业也纳入差别电价政策实施范围。将淘汰类企业电价在目前高耗能行业平均电价高到50%左右的水平,提价标准由现行的0.05元;对限制类企业的提价标准由现行的0.02元调整为0.05元。一2010年,进一步提高对高耗能工业企业的惩罚性电价。对各行业加收0.1元/千瓦时的电费,对限制性企业加收0.3元/千瓦时的电费	2006	管制/行政型	国办发〔2006〕77号
金融	《关于构建绿色金融体系的指导意见》 中国人民银行、财政部、国家发展改革委、环境保护部、银监会、证监会、保监会 一鼓励一系列支持和激励绿色信贷、绿色投资、绿色保险、绿色债券等的政策措施,包括大力发展绿色信贷,推动证券市场支持绿色投资、设立绿色发展基金,通过政府和社会资本合作(PPP)模式动员社会资本,发展绿色保险、完善环境权益交易市场,丰富融资工具,支持地方发展绿色金融,推动开展绿色金融国际合作	2016	指导类	银发〔2016〕228号
	《关于光伏发电增值税政策的通知》 财政部、国家税务总局 《关于调整重大技术装备进口税收政策有关目录的通知》 财政部、工业和信息化部、海关总署、国家税务总局 《关于继续执行光伏发电增值税政策的通知》 财政部、国家税务总局	2013、2016	财政型	财税〔2013〕66号 财关税〔2013〕14号 财税〔2016〕81号

续表

领域	政策及其出台部门和部分主要内容	年份	类型	政策文件编号
金融	—2001年，风力发电增值税减半降至8.5%（普通税率为17%）。同年，对城市生活垃圾发电征收的增值税一律退还给生产者。 —2003年，沼气生产企业增值税降至13%。经认证企业生产的燃料乙醇免征消费税和增值税。 —对国内及外商投资可再生能源项目进口的可再生能源设备，逐步免征进口关税和进口增值税。2013年起，财政部宣布对太阳能光伏发电等项目实行增值税即征即退50%，该政策至2016年延长。2015年后新增的风电场也可享受50%的增值税退税	2013、2016	财政型	财税〔2013〕66号 财关税〔2013〕14号 财税〔2016〕81号
	《关于印发能效信贷指引的通知》 银监会、国家发展改革委 —能效信贷是指银行业金融机构为支持用能单位提高能源利用效率、降低能源消耗而提供的信贷融资。《能效信贷指引》就能效项目特点、能效信贷业务重点服务领域、业务准入、风险审查重点、流程管理、产品创新等方面提出了可行的指导意见	2015	指导类	银监发〔2015〕2号
	《银行间债券市场发行绿色金融债券有关事宜》 中国人民银行 —该公告发布了《绿色债券支持项目目录》，就金融机构法人发行绿色金融债券的资格、哪些项目符合绿色标准、收益管理和报告提出了要求	2015	指导类	中国人民银行公告〔2015〕第39号
	《可再生能源电价附加补助资金管理暂行办法》 财政部、国家发展改革委、国家能源局 —为可再生能源发电项目接入电网系统而发生的工程投资和运行维护费用，按上网电量给予适当补助，补助标准为：50千米以内每千瓦时1分，5~100千米每千瓦时2分，100千米及以上每千瓦时3分	2012	财政型	财建〔2012〕102号

续表

领域	政策及其出台部门和部分主要内容	年份	类型	政策文件编号
金融	**《中国银监会关于印发绿色信贷指引的通知》** 银监会 ——《绿色信贷指引》要求银行业金融机构应当从战略高度推进绿色信贷，加大对绿色经济、低碳经济、循环经济的支持，防范环境和社会风险，提升自身的环境和社会表现，并以此优化信贷结构、提高服务水平，促进发展方式转变。 ——《绿色信贷指引》鼓励各银行增加对节能和环境可持续的企业的贷款，减少对污染和高能耗企业的贷款，要求银行衡量和控制贷款中的环境和社会风险，并将适用于所有国内和海外贷款	2012	指导类	银监发〔2012〕4号
	《可再生能源发展基金征收使用管理暂行办法》 财政部、国家发展改革委、国家能源局 ——可再生能源发展基金包括国家财政公共预算安排的专项资金和依法向电力用户征收的可再生能源电价附加人等。 ——可再生能源发展专项资金由中央财政从年度公共预算中予以安排，可再生能源电价附加对各省、自治区、直辖市扣除农业生产用电后的销售电量征收	2011	财政型	财综〔2011〕115号
	《节能技术改造财政奖励资金管理办法》 财政部、国家发展改革委 ——中央财政继续安排专项资金，采取"以奖代补"方式，对节能技术改造项目给予适当支持和奖励。奖励资金支持对象是对现有生产工艺和设备实施节能改造的项目。申请奖励资金支持的节能技术改造项目必须符合节能量在5000吨标准煤以上，项目单位改造前综合能源消费量在2万吨标准煤以上。 ——东部地区节能技术改造项目根据项目完工后实现的年节能量按240元/吨标准煤给予一次性奖励，中西部地区按300元/吨标准煤给予一次性奖励	2011	财政型	财建〔2011〕367号

续表

领域	政策及其出台部门和部分主要内容	年份	类型	政策文件编号
林业和土地利用	**《全国森林经营规划（2016—2050年）》** 国家林业局 —该规划的目标是到2020年全国森林覆盖率达到23.04%以上，森林蓄积达到165亿立方米以上。到2050年，全国森林覆盖率稳定在26%以上，全国森林蓄积达到230亿立方米以上	2016	规划类	林规发〔2016〕88号
	《林业发展"十三五"规划》 国家林业局 —该规划的目标是到2020年森林覆盖率提高到23.04%，森林蓄积量增加14亿立方米，湿地保有量稳定在8亿亩，林业自然保护地占国土面积稳定在17%以上，新增沙化土地治理面积1000万公顷。森林年生态服务价值达到15万亿元，林业年旅游休闲康养人数力争突破25亿人次，林业产业总产值达到8.7万亿元	2016	规划类	林规发〔2016〕22号
	《关于推进林业碳汇交易工作的指导意见》 国家林业局	2014	指导类	林造发〔2014〕55号
	《全国造林绿化规划纲要（2011—2020年）》 全国绿化委员会、国家林业局 —到2020年森林面积达到2.23亿公顷，森林覆盖率达到23%，林木绿化率达到29%以上，森林蓄积量增加到150亿立方米以上，全民义务植树尽责率达到70%	2011	规划类	全绿字〔2011〕6号
	《应对气候变化林业行动计划》 国家林业局 **《全国林业碳汇计量监测技术指南（试行）》** 国家林业局 **《林业应对气候变化"十二五"行动要点》** 国家林业局	2009、2010、2011	规划类 指导类	一一 林办造字〔2011〕241号

续表

领域	政策及其出台部门和部分主要内容	年份	类型	政策文件编号
林业和土地利用	一《应对气候变化林业行动计划》提出到2010年，年均造林育林面积400万公顷以上，全国森林覆盖率达到20%；到2020年，年均造林育林面积500万公顷以上，全国森林覆盖率增加到23%；到2050年，比2020年净增森林面积4700万公顷，森林覆盖率达到并稳定在26%以上。 一国家林业局于2010年颁布了《全国林业碳汇计量监测体系建设技术指南（试行）》。在山西、辽宁、四川省开展全国林业碳汇计量与监测体系建设试点。2012年选择北京、天津、浙江、广东、青海、云南等17个省份作为第二批林业碳汇计量监测体系建设试点。截至2015年年底，已覆盖全国25个省、自治区、直辖市、新疆生产建设兵团和全国四大林业集团。 一林业应对气候变化"十二五"行动要点》提出到2015年森林覆盖率达21.66%，森林蓄积量达143亿立方米以上，初步建成全国林业碳汇计量监测体系	2009、2010、2011	规划类 指导类	一 林办造字〔2011〕241号
建筑和商业	《建筑节能与绿色建筑发展"十三五"规划》 住房和城乡建设部 一计划到2020年，城镇新建建筑能效水平比2015年提升20%，部分地区及建筑门窗等关键部位建筑节能标准达到或接近国际现阶段先进水平。 一城镇新建建筑中绿色建筑面积比重超过50%，绿色建材应用比重超过40%。完成既有居住建筑节能改造面积5亿平方米以上，公共建筑节能改造1亿平方米，全国城镇既有居住建筑中节能建筑所占比例超过60%	2017	规划类	建科〔2017〕53号
	《关于实施光伏发电扶贫工作的意见》 国家发展改革委、国务院扶贫办、国家能源局、国家开发银行、中国农业发展银行、中国农业银行 一在全国具备光伏建设条件的贫困地区实施光伏扶贫工程，目标在2020年之前，重点在16个省471个县约3.5万个建档立卡贫困村，以整村推进的方式，保障200万建档立卡无劳动能力贫困户（包括残疾人）每年每户增加收入3000元以上	2016	产业类 财政型	发改能源〔2016〕621号

续表

领域	政策及其出台部门和部分主要内容	年份	类型	政策文件编号
建筑和商业	**《建筑节能工程施工质量验收规范》（GB 50411 2007）、《公共建筑节能设计标准》（GB 50189 2015）、《建筑节能工程施工质量验收标准》（GB 50411 2019）** 一1986 年，中国开始实施北方供暖地区建筑节能设计标准，并于 1995 年和 2010 年分别进行了更新。中国还于 2007 年颁布了《建筑节能工程施工质量验收规范》（GB 50411 2007），规定建筑项目的最终验收必须符合建筑能效要求	2007、2015、2019	管制/行政型 标准类	—
	《绿色建筑评价标准》（GB/T 50378 2006、GB/T 50378 2014、GB/T 50378 2019） 一最早于 2006 年制定，后来分别在 2014 年和 2019 年进行了修订。 一最新的标准将绿色建筑划分为基本级、一星级、二星级、三星级 4 个等级，其中最高等级为三星级。该标准提供了评估方案，以区分住宅建筑和公共用途建筑，并为正在进行的建筑改造提供加分	2006、2014、2019	标准类	—
	《建筑照明设计标准》（GB 50034 2013） 一根据住房和城乡建设部的要求，由中国建筑科学研究院会同有关单位对原国家标准《建筑照明设计标准》（GB 50034 2004）进行全面修订而成。 一本标准修订的主要技术内容是：修改了原标准规定的照明功率密度限值；补充了图书馆、博览、会展、交通、金融等公共建筑的照明功率密度限值；更严格地限制了白炽灯的使用范围；补充了科技馆、美术馆、金融建筑、宿舍、老年住宅、公寓等类型的照明标准值等。 一对于某些类型的建筑，中国新标准所定义的最大照明功率密度值略低于美国 ASHRAE 90.1 2013 中的建筑面积法所定义的值	2013	标准类	—
	《国务院办公厅关于转发发展改革委住房城乡建设部〈绿色建筑行动方案〉的通知》 国务院办公厅 一城镇新建建筑严格落实强制性节能标准，"十二五"期间，完成新建绿色建筑 10 亿平方米；到 2015 年年末，20% 的城镇新建建筑达到绿色建筑标准要求。	2013	管制/行政型	国办发〔2013〕1号

续表

领域	政策及其出台部门和部分主要内容	年份	类型	政策文件编号
建筑和商业	—"十二五"期间，完成北方采暖地区既有居住建筑供热计量和节能改造 4 亿平方米以上，夏热冬冷地区既有居住建筑节能改造 5000 万平方米、公共建筑和公共机构办公建筑节能改造 1.2 亿平方米，实施农村危房改造节能示范 40 万套	2013	管制/行政型	国办发〔2013〕1号
	《关于加快推动我国绿色建筑发展的实施意见》 财政部、住房和城乡建设部 —切实提高绿色建筑在新建建筑中的比重，到 2020 年，绿色建筑占新建建筑的比重超过 30%，建筑建造和使用过程中的能源消耗水平接近或达到现阶段发达国家水平。2012 年奖励标准为：二星级绿色建筑 45 元/平方米、三星级绿色建筑 80 元/平方米 —对高星级绿色建筑给予财政奖励	2012	财政类	财建〔2012〕167号
	《中国逐步淘汰白炽灯路线图》 国家发展改革委、商务部、海关总署、国家工商行政管理总局、国家质量监督检验检疫总局 —中国逐步淘汰白炽灯路线图分为五个阶段，自 2012 年 10 月 1 日起分阶段逐步禁止进口和销售普通照明白炽灯，在五年内用更节能型号的灯泡取代每年使用的 10 亿个灯泡。从 2016 年 10 月 1 日起，禁止进口和销售 15 瓦及以上普通照明白炽灯	2011	管制/行政型	国家发展改革委公告2011年第28号
	《公共机构节能条例》 国务院 —公共机构是指全部或者部分使用财政资金的国家机关、事业单位和团体组织。公共机构应当加强用能管理，采取技术上可行，经济上合理的措施，降低能源消耗，减少、制止能源浪费，有效、合理地利用能源。 —国务院管理节能工作的部门主管全国的公共机构节能监督管理工作。 《公共机构节能"十二五"规划》 国务院机关事务管理局 —《公共机构节能"十二五"规划》的主要目标：以 2010 年能源资源消耗为基数，2015 年人均能耗下降 15%、单位建筑面积能耗下降 12%	2008、2011	管制/行政型	中华人民共和国国务院令第531号 国管节能〔2011〕433号

续表

领域	政策及其出台部门和部分主要内容	年份	类型	政策文件编号
	《关于建立政府强制采购节能产品制度的通知》国务院办公厅 一截至 2017 年 6 月，国家发展改革委和财政部已发布 22 个版本的政府采购清单	2007	管制/行政型	国办发〔2007〕51 号
	《国务院关于印发〈大气污染防治行动计划〉的通知》国务院 《北京市人民政府关于印发〈北京市 2013—2017 年清洁空气行动计划〉的通知》北京市人民政府 《天津市人民政府关于印发〈天津市清新空气行动方案〉的通知》天津市人民政府 《中共河北省委 河北省人民政府关于印发〈河北省大气污染防治行动计划实施方案〉的通知》中共河北省委、河北省人民政府 —2013 年，国务院发布了《大气污染防治行动计划》，提出了"到 2017 年全国空气质量总体改善，京津冀、长三角、珠三角等区域空气质量明显好转"的目标，并采取了"制定国家煤炭消费总量中长期控制目标、实行目标责任管理"等手段。随后六个省份分别出台了各自的大气污染防治行动计划，确定了 2012—2017 年煤炭消费的净削减目标，其中北京净减少原煤消费 1300 万吨；河北净减少 4000 万吨，削减 13%；天津净减少 1000 万吨，削减 19%；山东净减少 2000 万吨，削减 21%；重庆削减 5%；山西削减 13%	2013	管制/行政型	国发〔2013〕37 号 京政发〔2013〕27 号 津政发〔2013〕35 号 —
地方政策	《关于开展低碳省区和低碳城市试点工作的通知》国家发展改革委 《关于开展第二批低碳省区和低碳城市试点工作的通知》国家发展改革委 《关于开展第三批国家低碳城市试点工作的通知》国家发展改革委	2010、2012、2017	指导类	发改气候〔2010〕1587 号 发改气候〔2012〕3760 号 发改气候〔2017〕66 号

续表

领域	政策及其出台部门和部分主要内容	年份	类型	政策文件编号
地方政策	一2010年，国家发展改革委颁布了《关于开展低碳省区和低碳城市试点工作的通知》，确定先在广东、辽宁、湖北、陕西、云南五省和天津、重庆、深圳、厦门、杭州、南昌、贵阳、保定八市开展试点工作。2012年，国家发展改革委又发布了《关于开展第二批低碳省区和低碳城市试点工作的通知》，将低碳试点地区扩展到北京、上海、海南和石家庄等29个省区和城市。2017年第三批国家低碳城市又扩展到内蒙古乌海市等45个城市，至此，全国低碳试点地区城市总数达到87个。 一低碳试点地区的主要任务包括编制低碳发展规划，制定支持低碳绿色发展的配套政策，建立以低碳排放为特征的产业体系，建立温室气体排放数据统计和管理体系，以及积极倡导绿色低碳生活方式和消费模式等。	2010、2012、2017	指导类	发改气候〔2010〕1587号 发改气候〔2012〕3760号 发改气候〔2017〕66号
	《关于开展碳排放权交易试点工作的通知》 国家发展改革委 一2011年，国家发展改革委批准在7个省市（北京、重庆、上海、天津、广东、湖北和深圳）开展碳排放权交易试点工作。7个碳排放权交易试点地区的主要任务包括组织编制碳排放权交易试点实施方案，明确总体思路，工作目标，主要任务，保障措施及进度安排等。 一继深圳首先于2013年6月开始交易后，上海、北京、广东和天津也在2013年年底前相继开始交易。湖北和重庆则分别于2014年4月2日和2014年6月19日开始交易。	2011	市场型	发改办气候〔2011〕2601号

注：表中各部委均使用选录文件发布时其相应的名称。

资料来源：上述政策均来自中国政府网站，大多政策可以在中国政府网上直接查到，在此表中提供了绝大多数政策的文号以方便读者查阅。文号的第一部分为该项政策的发布单位（若有多个单位共同发布，则是主管单位），接着是年份，最后是该项文件的序号。

附表2 美国主要气候政策

领域	政策及其主要内容	年份	类型	实施机构
经济整体/全行业	**气候行动计划**（Climate Action Plan, CAP）—该计划包括三个部分：减少美国的碳污染，为美国适应气候变化的影响做准备，以及加强美国在国际气候领域的领导力。该计划试图使美国走上实现2020年减排目标的轨道，并为实现2025年减排目标奠定基础	2013	管制/行政类	奥巴马总统行政办公室（Executive Office of the President）发布
	气候行动计划——减少甲烷排放战略（Climate Action Plan—Strategy to Cut Methane Emissions）—该计划描述了减少甲烷排放的新行动计划，到2020年最多可减少温室气体排放9000万吨	2013	规划类	奥巴马总统行政办公室发布
	温室气体排放项目（GHG Emission Reporting Programs）—该项目强制要求美国国内2.5万吨二氧化碳当量/年以上的排放源，报告其温室气体排放及来源	2009	管制/行政型 信息型	国家环境保护局
交通	**能源效率全国行动计划**（National Action Plan for Energy Efficiency）—该计划通过与燃气和电力公司、公用事业监管机构和其他伙伴组织的合作，建立一个可持续的、积极的全国性能源效率承诺行动，目标是到2025年推行所有成本有效的能源效率措施	2006	信息型 规划类	国家环境保护局

续表

领域	政策及其主要内容	年份	类型	实施机构
交通	**2018—2028 年度中型和重型发动机及车辆温室气体排放和燃油效率标准**（GHG Emissions and Fuel-Efficiency Standards for Medium-and Heavy-Duty Engines and Vehicles in Model Years 2018-2027） 一该标准的实施将减少约 10 亿吨碳排放，并减少约 1700 亿美元的燃油成本。在该标准下出售的汽车在使用期内共减少了高达 18 亿桶的石油消耗	2016	管制/行政型	国家环境保护局 国家公路交通安全管理局
	可再生燃料标准（Renewable Fuel Standard） 一该标准于 2005 年制定，分别在 2007 年和 2015 年修订。 一规定到 2022 年，每年推广和使用 360 亿加仑的可再生燃料	2015	管制/行政类	国家环境保护局
	电动汽车无处不在大挑战行动（EV Everywhere Grand Challenge） 一到 2022 年，生产出对美国家庭来说像汽油车一样，既便宜又方便的插电式电动汽车（Plug-in Electric Vehicles，PEV）。这一挑战行动包括研发战略，消费者教育和对电动车车主的激励	2012	财政型 创新型	能源部
	2017—2025 年乘用车和轻型卡车的燃油经济性标准（Corporate Average Fuel-economy Standards for Passenger Cars and Light Trucks for Model Years（MYs）2017 Through 2025） 一到 2025 年，将乘用车和轻型卡车的新车燃油经济性标准提高到约 54.5 英里 / 加仑，并将其二氧化碳排放水平降低到 163 克 / 英里的达标值	2012	管制/行政型	国家环境保护局

续表

领域	政策及其主要内容	年份	类型	实施机构
交通	**2014—2018年中型与重型发动机和汽车的温室气体排放标准和燃油效率标准**（GHC Emissions Standards and Fuel-efficiency Standards for Medium-and Heavy-Duty Engines and Vehicles in MYs 2014 to 2018）一与2010年时段的基准相比，2017年时段燃油消耗将降低6%~23%，并在汽车使用寿命内减少5.3亿桶石油消耗和约2.7亿吨温室气体排放	2011	管制/行政型	国家环境保护局 国家公路交通安全管理局
	2012—2016年轻型客车（包括轿车和轻型卡车）温室气体排放标准和燃油效率标准（Standards for Light-duty Passenger Vehicles Including Passenger Cars and Light Trucks for MYs 2012 to 2016）一到2016年，新车平均的燃油经济性标准提高到35.5英里/加仑以上，新车平均的尾气排放标准降低到250克二氧化碳/英里	2010	管制/行政型	国家环境保护局
能源/电力供应	**租用公共土地进行太阳能和风能开发以及技术应用和调整的竞争程序、条款和条件**（Competitive Processes, Terms, and Conditions for Leasing Public Lands for Solar and Wind Energy Development and Technical Changes and Corrections）一在美国国土管理局（Bureau of Land Management, BLM）管理的公共土地上促进负责任的太阳能和风能开发，并确保美国纳税人从此类开发中获得公平的市场回报	2016	财政型 管制/行政型	土地管理局
	清洁电力计划——现有固定污染源碳污染排放指南：电力发电机组（Clean Power Plan——"Carbon Pollution Emission Guidelines for Existing Stationary Sources: Electric Utility Generating Units"）一2015年发布规则定稿，2016年被最高法院叫停执行，目前仍在审查进程中。到2030年，将机组发电所产生的二氧化碳排放量在2005年的基础上减少32%	2015	管制/行政型	国家环境保护局

续表

领域	政策及其主要内容	年份	类型	实施机构
能源/电力供应	**联邦可再生能源生产税抵免**（Federal Renewable Production Tax Credit, PTC） —最早于1992年颁布，多次更新和延展。 —对纳税人在纳税年度内使用可再生能源发电并将其出售给无亲属关系的人，实施税收抵免，抵免额度单位为千瓦时。对于2005年8月8日以后投入使用的所有设施，税收减免有效期均为10年，税收减免额度因可再生能源的类型而异	1992—2015	财政型	国税局
	商业能源投资税收抵免（Business Energy Investment Tax Credit, ITC） —最早于1978年颁布，并经多次修订。《2015年综合拨款法》（Consolidated Appropriations Act of 2015）对该政策进行了修订，延长了期限。但在2019—2022年，对太阳能技术和符合生产税减免的风能的优惠额也逐渐降低	1978—2015	财政型	国税局
	清洁能源投资行动（Clean Energy Investment Initiative） —该项目已经从基金会、机构投资者和慈善机构筹集了40多亿美元的资金，以帮助解决气候变化问题	2015	创新型	能源部
	美国农村能源计划——对可再生能源系统和能源效率提高项目的贷款和赠款（Rural Energy for America Program—Renewable Energy Systems and Energy-Efficiency Improvement Loans and Grants） —2003年首次颁布，2013年修订。 为农业生产者和农村小企业使用可再生能源系统或提高能源效率的项目提供贷款融资担保和赠款	2003—2013	财政型	农业部

领域	政策及其主要内容	年份	类型	实施机构
能源／电力供应	**能源效率提高和节能贷款项目**（Energy-Efficiency and Conservation Loan Program） —为商业、工业和住宅消费者的能源效率提升和节能项目提供贷款。这些资金也可以用于分布式发电，用于入网或离网的可再生能源系统	2013	财政型	农业部
	射日计划（The SunShot Initiative） —到2020年，在没有激励措施的情况下，使太阳能在成本上能与传统能源完全竞争	2011	财政型	能源部
	美国能源部—贷款担保项目（United States Department of Energy—Loan Guarantee Program） 2005年颁布，2009年和2011年分别再获授权。 —为创新型能源项目、先进技术汽车制造项目等提供贷款。贷款担保项目及涵盖30多个项目的有条件承诺承担担保。总体上这些贷款和贷款担保带来了超过500亿美元的项目总投资。	2005、2009、2011	财政型	能源部
	先进研究计划署能源项目（Advanced Research Projects Agency-Energy, ARPA-E） —创建于2007年，2009年收到第一批拨款。 —截至2015年1月，已通过25个重点计划和公开募集资金的方式，资助了400多个高潜力、高影响的能源项目	2007	创新型	能源部
	加强公共土地上的可再生能源发展（Enhancing Renewable Energy Development on the Public Lands） —协助内政部（Department of the Interior）批准公共土地上的非水力可再生能源项目，到2015年发电规模至少达到10亿瓦	2009	管制/行政型	土地管理局

续表

领域	政策及其主要内容	年份	类型	实施机构
能源/电力供应	**电器、设备和照明的能源效率标准**（Appliance, Equipment, and Lighting Energy Efficiency Standards） 一最初颁布于1975年，后经多次修订，包括2012年的修改。 一为60多个类别的电器和设备建立最低能源节约标准。这些标准涵盖的产品覆盖了大约90%的家庭能源使用、60%的商业能源使用以及30%的工业能源使用	1975—2012	管制/ 行政型 信息型	能源部
	更好建筑行动（Better Buildings Initiative） 一通过在建筑节能创新方面发挥领导作用，以改善美国人民的生活	2011	创新型	能源部
	更好建筑挑战（Better Buildings Challenge） 一作为"更好建筑行动"的组成部分，这项挑战旨在实现到2030年将美国建筑能效提高一倍的目标，同时号召全国的企业和公共部门领导人作出承诺和相关投资以节约能源	2011	自愿类	能源部
	能源之星（Energy Star） 1992年颁布，后经多次修订。 一确定和推广节能产品，目前包括主要电器、办公设备、照明、家用电子产品、新住宅以及商业和工业建筑厂房。 一涵盖70多个不同类别的产品，自1992年以来共售出48亿多件认证产品。超过150万户新住宅和2.2万多家工厂设施通过了美国环境保护局的"能源之星"认证	1992	信息型 自愿类	联邦环境保护局

续表

领域	政策及其主要内容	年份	类型	实施机构
能源/电力供应	**建筑能效法规项目**（Building Energy Codes Program） —最初于1992年颁布，此后定期修订。 —为新建和翻新的建筑设定最低的能效要求。	1992	管制/行政型	能源部
	新开采源排放标准—石油和天然气行业许可规则 （New Source Performance Standards—Permitting Rules for the Oil and Natural Gas Industry） —2012年颁布，2016年修订。 —2016年更新的《新开采源排放标准》规定了新的、重建的和改造的石油和天然气源的甲烷和挥发性有机化合物（Volatile Organic Compound, VOC）排放标准。该规定预计在2025年前将避免770万~900万吨二氧化碳当量。到2025年，这些行动的收益估计为1.2亿~1.5亿美元。	2012、2016	管制/行政型	国家环境保护局
产业	**"重要的新替代物政策"项目** （Significant New Alternatives Policy, SNAP） —最初发布于1994年，随后持续公布新的规则。 —查明和评估过去在终端使用中可接受和不可接受的替代品清单；促进使用中可接受质的替代品，分析现有和新臭氧层物质的替代品；并向公众提供有关替代品对环境和人类健康的潜在影响的信息。	1994	管制/行政型 信息型	国家环境保护局

续表

领域	政策及其主要内容	年份	类型	实施机构
产业	一奥巴马政府于 2015 年 7 月最终确定了一项规则，禁止在 SNAP 的各种用途中使用某些有害的氢氟碳化物（HFCs）。2016 年，国家环境保护局发布了最终规则，列出了新的替代品，并禁止某些全球升温潜能值很高的氢氟碳化物作为 SNAP 的替代品	1994	管制/行政型信息型	国家环境保护局
	煤层气外联项目 （Coalbed Methane Outreach Program, CMOP） 一该项目已与美国以及其他主要产生煤炭生产国的煤矿行业合作，以减少甲烷排放。到 2014 年，该项目估计已累计减少约 1.8 亿吨二氧化碳当量（MMtCO₂e）	1994	信息型	国家环境保护局
土地利用/适应	**美国农业部气候智能型农林基础行动** （US Department of Agriculture's Building Blocks for Climate Smart Agriculture and Forestry） 一该行动帮助农民、牧场主、林地所有者和农村社区应对气候变化。包括以下 10 项内容：土壤健康、氮素管理、牲畜伙伴关系、敏感土地保护、放牧和牧场，私有林的生长利和保留，联邦森林的管理、木材产品的推广、城市森林以及能源的产生和效率。 一通过这项行动，美国农业部计划到 2025 年每年减少温室气体排放，并相应使森林和土壤中储存的碳增加超过 1.2 亿吨二氧化碳当量	2015	计划类	美国农业部
	增强美国自然资源气候适应能力的优先议程 （Priority Agenda for Enhancing the Climate Resilience of America's Natural Resource） 一该议程确定了四个优先策略，以使美国的自然资源对气候变化具有更大的适应力： 一培育具有气候适应力的土地和水域；管理和增强美国的碳汇；通过利用和维持自然资源来增强社区的备灾能力和复原力；使联邦项目、投资和服务的提供更为现代化，以增强抵御能力并加强对生物碳的固存	2014	计划类	奥巴马总统行政办公室

续表

领域	政策及其主要内容	年份	类型	实施机构
联邦政府机构	**农业之星**（AgSTAR） ——支持农民和工业界开发和采用厌氧消化系统，即捕获沼气的专用粪便管理系统。据估计，自2000年以来，畜牧场的厌氧消化池已减少了560万吨二氧化碳当量的排放	1994	自愿类	国家环境保护局
	下一个十年的联邦机构可持续发展规划（Planning for Federal Sustainability in the Next Decade） ——确定联邦机构温室气体排放的总体目标和相关规划要求，包括联邦车队的温室气体减排量。力争到2025年将联邦政府机构的温室气体排放量减少40%，并将联邦政府使用可再生能源和替代能源中的电力比例提高到30%	2015	规划类	能源部
	能源效率和可再生能源行动（Energy-Efficiency and Renewable Energy Initiatives） ——通过提高能源效率（减少浪费的能源）并转向可再生能源以减少其化石燃料的使用，目标是到2025年国防部的能源消费中25%来自可再生能源	2010	规划类	国防部

资料来源：上述政策均直接来自美国政府的网站。

参考文献

英文文献

[01] Allison, Graham. 2017. *Destined for War：Can America and China Escape the Thucydides Trap?*Boston：Houghton Mifflin Harcourt.

[02] Allison, Graham T., and Morton H. Halperin.1972. "Bureaucratic Politics：A Paradigm and Some Policy Implications". *World Politics*24：40–79.

[03] Alvarez, R., S. Pacala, J. Winebrake, W. Chameides, and S. Hamburg. 2012. "Greater Focus Needed on Methane Leakage from Natural Gas Infrastructure". *Proceedings of the National Academy of Sciences of the United States of America* 109, (12)：6435–6440.

[04] Ansolabehere, Stephen, and David M. Konisky. 2012. "The American Public's Energy Choice".*Daedalus* 141, (2)：61–71.

[05] Archives (National Archives and Records Administration). 2017. "What Is the Electoral College?", https：//www. archives. gov/federal–register/electoral–college/about. html.

[06] Barnett, A. Doak. 1985. *The Making of Foreign Policy in China*. Boulder：Westview Press.

[07] Barradale, Merrill J. 2010. "Impact of Public Policy Uncertainty on Renewable Energy Investment：Wind Power and the Production Tax Credit".*Energy Policy* 38 (2)：7698–7709.

[08] Baumgartner, Frank R., Bryan D. Jones, and Peter B. Mortensen. 2014. "Punctuated Equilibrium Theory：Explaining Stability and Change in Public Policymaking". In *Theories of the Policy Process*, 3rd ed., ed. Christopher M. Weible and Paul A. Sabatier, 59–104. Boulder, CO：Westview Press.

[09] BBC News. 2015. "China Pollution：First–Ever Red Alert in Effect in Beijing". *BBC. com*, December 8.

[10] Bottemiller, Hellena. 2010. "China Launches Food Safety Commission". *Food Safety News*, February 11. http：//www. foodsafetynews. com/2010/02/china–launches–food–safety–commission/#. WZ5vtGP9wWd.

[11] Boykoff, Maxwell. 2007. "Flogging a Dead Norm? Newspaper Coverage

of Anthropogenic Climate Change in the United States and United Kingdom from 2003 to 2006". *Area*, 39 (4): 470–481.

[12] BP (British Petroleum). 2017. "Statistical Review of World Energy". *British Petroleum*. https: //www. bp. com/en/global/corporate/energy–economics/ statistical–review–of–world–energy. html.

[13] Broder, John. 2013. "Obama Readying Emissions Limits on Power Plants". *New York Times*, June 19.

[14] BLS (US Bureau of Labor Statistics). 2017. "Data Retrieval: Employment, Hours, and Earnings (CES)".*United States Department of Labor, Bureau of Labor* Statistics, February 2.https: //www. bls. gov/webapps/legacy/cesbt–ab1. htm.

[15] BLS (US Bureau of Labor Statistics). 2018. "Data Retrieval: Employment, Hours, and Earnings (CES)". *United States Department of Labor, Bureau of Labor Statistics*, February 2.https: //www. bls. gov/webapps/legacy/cesbtab1. htm.

[16] Byrd–Hagel Resolution. 1997. US Seate Res. 98. 105th Cong. Sess. 143th Congressional Record (July 25).

[17] C2ES. 2002. "Analysis of President Bush's Climate Change Plan. " Center for Climate and Energy Solutions [online database]. https: //www. c2es. org/ document/analysis–of–president–bushs–climate–change–plan/.

[18] CECC (Congressional–Executive Commission on China). n. d. "China's State Organizational Structure".http: //www. cecc. gov/chinas–state–or- ganizational–structure. Accessed December 30, 2017.

[19] Center for Responsive Politics. 2017. "Interest Groups".*OpenSecrets. org*. https: //www. opensecrets. org/industries/. Accessed August 20, 2017.

[20] Cheng, Xiaonong. 2016. "Capitalism with Chinese Characteristics: From Socialism to Capitalism". *Epoch Times*, July 10. https://www. theepochtimes. com/n3/2111687–capitalism–with–chinese–characteristics–from–socialism– to–capitalism/.

[21] Chi, Ma. 2016. "Government Posts Remain Appealing to Job Seekers: Experts". *China Daily Online*, June 21, 2016. http: //www. chinadaily. com. cn/china/ 2016–06/21/content_25787206. htm.

[22] Clifford, Mark. 2015. "Can China's Top–Down Approach Fix Its Environ- mental Crisis?". *The Guardian*, June 4. https: //www. theguardian. com/ sustainable–business/2015/jun/04/can–chinas–top–down–approach–fix–its– environ–mental–crisis.

[23] Cohen, Michael D. , James G. March, and Johan P. Olsen. 1972. "A Garbage Can

Model of Organizational Choice". *Administrative Science Quarterly* 17, (1): 1-25.

[24] Davenport, Coral. 2015. "A Climate Deal, 6 Fateful Years in the Making". *New York Times*, December 13.

[25] Davenport, Coral. 2017. "Counseled by Industry, Not Staff, E. P. A. Chief is off to a Blazing Start". *New York Times*, July 1.

[26] Davis, Steven, and Ken Caldeira. 2010. "Consumption-based Accounting of CO_2 Emissions". *Proceedings of the National Academy of Sciences of the United States of America*, 107 (12): 5687-5692.

[27] Dembicki, Geoff. 2017. "The Convenient Disappearance of Climate Change Denial in China". *Foreign Policy*, (May/June): 31.

[28] DeSombre, Elizabeth R. 2000. *Domestic Sources of International Environmental Policy: Industry, Environmentalists, and US Power*. Cambridge, MA: MIT Press.

[29] DOE (US Department of Energy). n. d.-a. "Business Energy Investment Tax Credit". https: //energy. gov/savings/business-energy-investment-tax-credit-itc. Accessed December 30, 2016.

[30] DOE (US Department of Energy). n. d. -b. "DOE Loan Programs Office Portfolio". https: //energy. gov/lpo/portfolio. Accessed December 30, 2016.

[31] DOE (US Department of Energy). n. d. -c. "FY18 Budget Justification to Congress". https: //energy. gov/cfo/downloads/fy-2018-budget-justification. Accessed December 30, 2016.

[32] DOE (US Department of Energy). n. d. -d. "Renewable Electricity Production Tax Credit". https: //energy. gov/savings/renewable-electricity-production-tax-credit-ptc. Accessed December 30, 2016.

[33] DOE (US Department of Energy). n. d. -e. "Residential Renewable Energy Tax Credit". https: //energy. gov/savings/residential-renewable-energy-tax-credit. Accessed December 30, 2017.

[34] DOE DSIRE (Database of State Incentives for Renewables and Efficiency). 2016. "Renewable Generation Requirement". DSIRE. Last updated April 29, 2016. http: //programs. dsireusa. org/system/program/detail/182.

[35] Dong, Jun, Yu Ma, and Hongxing Sun. 2016. "From Pilot to the National Emissions Trading Scheme in China: International Practice and Domestic Experiences". *Sustainability*, 8 (6): 1-17.

[36] DRC (Development Research Center of the State Council). 2013. DRC, August 29, 2013. http: //en. drc. gov. cn/2013-08/29/content_16930106. htm.

[37] E&E News Reporter. 2017. "Your Guide to the Clean Power Plan in the Courts". *E&E News*, sec. Power Plan Hub.

[38] Eaton, Sarah, and Genia Kostka. 2014. "Authoritarian Environmentalism Undermined? Local Leaders' Time Horizons and Environmental Policy Implementation in China". *China Quarterly*, 218: 359–380.

[39] Economy, Elizabeth. 2014. "Environmental Governance in China: State Control to Crisis Management". *Daedalus*, 143 (2): 184–197.

[40] EIA (US Energy Information Administration). 2016a. *Annual Energy Outlook 2016*. Washington, DC: US Department of Energy.

[41] EIA (US Energy Information Administration). 2016b. "Electric Power Monthly: Net Generation from All Renewable Sources". https://www. eia. gov/electricity/monthly/archive/august2016. pdf.

[42] EIA (US Energy Information Administration). 2016c. *International Energy Outlook 2016*. Washington, DC: US Department of Energy.

[43] EIA (US Energy Information Administration). 2018a. *Consumption and Efficiency Data Browser*. Washington, DC: US Department of Energy. https:// www. eia. gov/consumption/data. php. Accessed July 3, 2018.

[44] EIA (US Energy Information Administration). 2018b. "State Carbon Dioxide Emissions Database". https://www. eia. gov/environment/emissions/ state/. Accessed July 3, 2018.

[45] Eilperin, Juliet, and Brady Dennis. 2017. "EPA to Pull Back on Fuel-Efficiency Standards for Cars, Trucks in Future Model Years". *Washington Post*, March 3.

[46] EPA (US Environmental Protection Administration). 2016. "Regulations for Greenhouse Gas Emissions from Passenger Cars and Trucks". https:// www. epa. gov/regulations-emissions-vehicles-and-engines/regulations-green house-gas-emissions-passenger-cars-and.

[47] EPA (US Environmental Protection Administration). 2017a. "The Basics of the Regulatory Process". https://www. epa. gov/laws-regulations/basics-regulatory-process.

[48] EPA (US Environmental Protection Administration). 2017b. "Enforcement Basic Information. "https://www. epa. gov/enforcement/enforcement-basic-information.

[49] EPA (US Environmental Protection Administration). 2017c. "Frequently Asked Questions about Trailer Standards for Fuel Efficiency and Greenhouse Gas Emissions". https://nepis. epa. gov/Exe/ZyPURL. cgi?Dockey=P100QW

HL. TXT.

[50] EPA (US Environmental Protection Administration). 2017d. "How the Energy Independence and Security Act of 2007 Affects Light Bulbs". https://www.epa. gov/cfl/how-energy-independence-and-security-act-2007-affects-light-bulbs.

[51] EPA (US Environmental Protection Administration). 2017e. "Mercury and Air Toxics Standards". https://www. epa. gov/mats/cleaner-power-plants.

[52] EPA (US Environmental Protection Administration). 2018. *Inventory of US Greenhouse Gas Emissions and Sinks*: (*1990—2016*). Washington, DC: EPA.

[53] EPA Archive. 2015a. "Factsheet: The Clean Power Plan: By the Numbers". https://archive. epa. gov/epa/sites/production/files/2015-08/documents/fs-cpp-by-the-numbers. pdf.

[54] EPA Archive. 2015b. "Factsheet: The Clean Power Plan: Key Changes and Improvements". https://archive. epa. gov/epa/sites/production/files/2015-08/documents/fs-cpp-key-changes. pdf.

[55] EPA Archive. 2017. "Clean Power Plan for Existing Power Plants: Regulatory Actions".https://archive. epa. gov/epa/cleanpowerplan/clean-power-plan-existing-power-plants-regulatory-actions. html.

[56] Erikson, R. S. 2001. "The 2000 Presidential Election in Historical Perspective". *Political Science Quarterly*, 116 (1): 29-52.

[57] Everett, Burgess. 2016. "McConnell's Supreme Court Gamble Pays Off in Spades". *POLITICO Magazine*, November 10.

[58] Fairbank, John King. 1979. *The United States and China*. 4th ed. Cambridge, MA: Harvard University Press.

[59] Federal Reserve Bank of Saint Louis. 2018. "Federal Net Outlays as Percent of Gross Domestic Product". https://fred. stlouisfed. org/series/FYONGDA 188S.

[60] Feng, K. , S. Davis, L. Sun, and K. Hubacek. 2015. "Drivers of the US CO_2 Emissions 1997-2013". *Nature Communications* 6 (7714). doi: 10. 1038/ncomms8714.

[61] Fewsmith, Joseph. 2013. *The Logic and Limits of Political Reform in China*. New York: Cambridge University Press.

[62] Figueres, Christiana. 2016. "Remarks at the Fletcher School". Lecture at Tufts University, Medford, MA, April 7.

[63] Fransen, Taryn, Juan-Carlos Altamirano, Heather McGray, and Kathleen Mogel gaard. 2015. "Mexico Becomes First Developing Country to Release

New Climate Plan (INDC)". *World Resouces Institute*, March 31. http: // www. wri. org/blog/2015/03/mexico−becomes−first−developing−country− release−new−cli−mate−plan−indc.

[64] Freeman, Jody. 2016. "Implications of Trump's Victory and the Republican Congress for Environmental, Climate and Energy Regulation: Not as Bad as It Seems?". *Harvard Environmental Policy Initiative*, November 10.

[65] Friedman, Lisa. 2017. "Court Blocks E. P. A. Effort to Suspend Obama−Era Methane Rule". *New York Times*, July 3.

[66] Gallagher, Kelly S. 2006. *China Shifts Gears: Automakers, Oil, Pollution, and Development*. Cambridge, MA: MIT Press.

[67] Gallagher, Kelly S. 2014. *The Globalization of Clean Energy Technology: Lessons from China*. Cambridge, MA: MIT Press.

[68] Gallagher, Kelly S. , and Laura D. Anadon. 2017. "DOE Budget Authority for Energy Research, Development, and Demonstration Database". The Fletcher School, Tufts University ; and Cambridge University. https: //sites. tufts. edu/cierp/publications/#2017.

[69] Gallagher, Kelly S. , Fang Zhang, and Robbie Orvis. 2018. "A Policy Gap Analysis for China's Climate Targets in the Paris Agreement". Unpublished paper.

[70] Garcia, Eduardo. 2017. "California Assembly Bill 398". California State Legislature. http: //www. climatechange. ca. gov/state/legislation. html.

[71] Ge, Mengpin, Johannes Friedrich, and Thomas Damassa. 2014. "6 Graphs Explain the World's Top 10 Emitters". World Resources Institute, November 25. http: //www. wri. org/blog/2014/11/6−graphs−explain−world's−top−10− emitters.

[72] Gilens, , Martin, and Benjamin I. Page. 2014. "Testing Theories of American Politics: Elites, Interest Groups, and Average Citizens". *Perspectives on Politics* 12, (3) (September): 564−581.

[73] Gilley, Bruce. 2012. "Authoritarian Environmentalism and China's Response to Climate Change". *Environmental Politics*, 21 (2): 287−307.

[74] Gordon, Robert. 2016. *The Rise and Fall of American Growth*. Princeton, NJ: Princeton University Press.

[75] Greene, D. L. 1998. "Why CAFE Worked". *Energy Policy*, 26 (8): 595−613.

[76] Greenhouse, L. 2007. "Justices Say E. P. A. Has Power to Act on Harmful Gases". *New York Times*, April 3.

[77] GSA (US General Services Administration). 2000. "Public Access to Advisory

Committee Records". https://www.gsa.gov/portal/content/100785.

[78] GSA (US General Services Administration). 2017. "The Federal Advisory Committee Act (FACA) Brochure". https://www.gsa.gov/portal/content/101010.

[79] Gu, Zhenqiu. 2015. "Interview: UN Chief Lauds China's 'Constructive, Active Role' in Addressing Climate Change". *Xinhua News Agency*, November 29. http://www.ecns.cn/2015/11-29/190522.shtml.

[80] Gupta, Joyeeta. 2010. "A History of International Climate Change Policy". *WIRES: Climate Change*, 1 (5): 636-653.

[81] Hamilton, Alexander, James Madison, and John Jay. 1961. *The Federalist Papers*. New York: New American Library of World Literature, Inc.

[82] Hart, Craig, Jiayan Zhu, Jiahui Ying, and the Renmin University of China. 2015. *Mapping China's Policy Formation Process*. New York: Development Technologies International.

[83] He, Zengke. 2014. "Building a Modern National Integrity System". In *China's Political Development: Chinese and American Perspectives*, ed. Kenneth G. Lieberthal, Cheng Li, and Keping Yu, 366-386. Washington, DC: Brookings Institution Press.

[84] HLS (Harvard Law School). 2018. "Environmental Regulation Regulatory Tracker". http://environment.law.harvard.edu/policy-initiative/regulatory-rollback-tracker/.

[85] Holden, Emily. 2017. "Pruitt Will Launch Program to 'Critique' Climate Science". *E&E News*, June 30.

[86] Huang, Yasheng. 2008. *Capitalism with Chinese Characteristics*. Cambridge, UK: Cambridge University Press.

[87] IEA (International Energy Agency). 1999. "Coal in the Energy Supply of China". Coal Industry Advisory Board Asia Committee, OECD/IEA.

[88] IEA (International Energy Agency). 2015. *Fossil Fuel Subsidies Database*. Paris: International Energy Agency.

[89] IEA (International Energy Agency). 2017a. "Policies and Measures of China". OCED/IEA. https://www.iea.org/policiesandmeasures/pams/china/.

[90] IEA (International Energy Agency). 2017b. "Statistics". OCED/IEA. http://www.iea.org/statistics/.

[91] Inhofe, James. 2012. *The Greatest Hoax: How the Global Warming Conspiracy Threatens Your Future*. Washington, DC: WMD Books.

[92] IPCC (Intergovernmental Panel on Climate Change). 2011. *The Fourth Assess-*

ment *Report of the Intergovernmental Panel on Climate Change*. Cambridge: Cambridge University Press.

[93] IPCC (Intergovernmental Panel on Climate Change). 2014. *The Fifth Assessment Report of the Intergovernmental Panel on Climate Change*. Cambridge: Cambridge University Press.

[94] IRENA. 2014. *REMap* 2030 China. Abu Dhabi: International Renewable Energy Agency.

[95] Jacobs, Lawrence R. 2013. "Lord Bryce's Curse: The Costs of Presidential Heroism and the Hope of Deliberative Incrementalism". *Presidential Studies Quarterly*, 43 (4): 732–752.

[96] Jacobson, Louis. 2014. "Mitch McConnell Says U. S. –China Climate Deal Means China Won't Have to Do Anything for 16 Years". *Politifact*, November 19. http:// www. politifact. com/truth–o–meter/statements/2014/nov/19/mitch– mcconnell/mitch–mcconnell–says–us–china–climate–deal–means–c/.

[97] Jamelske, Eric, James Boulter, Won Jang, James Barrett, Laurie Miller, and Li Han Wen. 2015. "Examining Differences in Public Opinion on Climate Change between College Students in China and the USA". *Journal of Environmental Studies and Sciences*, 5 (2): 87–98.

[98] Jamelske, Eric, James Boulter, Won Jang, James Barrett, Laurie Miller, and Li Han Wen. 2017. "Support for an International Climate Change Treaty among American and Chinese Adults". *International Journal of Climate Change*: Impacts & Responses, 9 (1): 53–70.

[99] Jenkins–Smith, Hank C., Daniel Nohrstedt, Chrisopher M. Weible, and Paul A. Sabatier. 2014. "The Advocacy Coalition Framework: Foundations, Evolution, and Ongoing Research". In *Theories of the Policy Process*, 3d ed., ed. Paul A. Sabatier and Chrisopher M. Weible, 183–224. Boulder, CO: Westview PRESS.

[100] Ji, S., C. R. Cherry, M. J. Bechle, Y. Wu, and J. Marshall. 2012. "Electric Vehicles in China: Emissions and Health Impacts". *Environmental Science and Technology* 46 (4): 2018–2024.

[101] Jin, Yuefu, Zhao Wang, Huiming Gong, Tianlei Zheng, Xiang Bao, Jiarui Fan, Michael Wang, and Miao Guo. 2015. "Review and Evaluation of China's Standards and Regulations on the Fuel Consumption of Motor Vehicles". *Mitigation and Adaptation Strategies for Global Change*, 20, no. 5 (June): 735–753.

[102] Joint Research Centre of European Commission. 2017. "CO_2 Time Series

1990 – 2014 per Region/Country". European Commission Joint Research Center, June 28. http: //edgar. jrc. ec. europa. eu/overview. php?v=CO2ts 1990–2014.

[103] Kaiman, Jonathan. 2013. "Chinese Struggle through 'Airpocalypse'Smog". *Guardian*, February 16, 2013.

[104] Kaiman, Jonathan. 2014. "China–US Gulf Widens as 'Marginalised'Obama Heads for Beijing Summit". *Guardian*, November 9.

[105] Kingdon, John W. 2010. *Agendas, Alternatives, and Public Policies.* 2nd ed. Upper Saddle River, NJ: Pearson.

[106] Kirkland, Joel. 2011. "China's Ambitious, High–Growth 5–Year Plan Stirs a Climate Debate". *New York Times*, April 12.

[107] Kirkpatrick, David D. 2010. "Lobbyists Get Potent Weapon in Campaign Ruling". *New York Times*, January 21.

[108] Kolbert, Elizabeth. 2015. "The Obama Administration's Self–Sabotaging Coal Leases". *New Yorker*, June 4.

[109] Kong, Bo. 2009. *China's International Petroleum Policy.* Santa Barbara, CA: Praeger Security International.

[110] Krauthammer, Charles. 1990. "The Unipolar Moment". *Foreign Affairs*, 70 (1): 22–33.

[111] Kroeber, Arthur. 2016. *China's Economy: What Everyone Needs to Know.* Oxford: Oxford University Press.

[112] Kulp, Patrick. 2017. "Facebook Tweaks News Feed to Fight 'Fake News'". *Mashable*, January 31.

[113] Lampton, David. 1987. *Policy Implementation in Post–Mao China.* Berkeley: University of California Press.

[114] Lampton, David. 2014a. *Following the Leader.* Berkeley: University of California Press.

[115] Lampton, David. 2014b. "How China Is Ruled: Why It's Getting Harder for Beijing to Govern". *Foreign Affairs*, 93: 74.

[116] Lawrence, Susan V. 2013. "China's Political Institutions and Leaders in Charts". Congressional Research Service, November 12, report 7–5700, R43303.

[117] Lee, Tien Ming, Ezra M. Markowitz, Peter D. Howe, Chia–Ying Ko, and Anthony A. Leiserowitz. 2015. "Predictors of Public Climate Change Awareness and Risk Perception around the World". *Nature Climate Change*, 5: 1014–1020.

[118] Levine, Mark D., Nan Zhou, and Lynn Price. 2009. "The Greening of the Middle Kingdom: The Story of Energy Efficiency in China". *The Bridge*, 39 (2) (Summer): 44–54. https://www.nae.edu/19582/Bridge/Energy Efficiency 14874/14951. aspx(accessed January 12, 2011).

[119] Lewis, Joanna. 2008. "China's Strategic Priorities in International Climate Negotiations."*Washington Quarterly*, 31 (1): 155–174.

[120] Lewis, Joanna. 2013. *Green Innovation in China: China's Wind Power Industry and the Global Transition to a Low-Carbon Economy.* New York: Columbia University Press.

[121] Lewis, Joanna, and Ryan Wiser. 2007. "Fostering a Renewable Energy Technology Industry: An International Comparison of Wind Industry Policy Support Mechanisms". *Energy Policy*, 35: 1844–1857.

[122] Lieberthal, Kenneth G. 1995. *Governing China: From Revolution through Reform.* 2nd ed. New York: W. W. Norton & Company.

[123] Lieberthal, Kenneth G., Cheng Li, and Keping Yu, eds. 2014.*China's Political Development: Chinese and American Perspectives.* Washington, DC: Brookings Institution Press.

[124] Lieberthal, Kenneth G., and Michel Oksenberg. 1988. *Policy Making in China: Leaders, Structures, and Processes.* Princeton, NJ: Princeton University Press.

[125] Lieberthal, Kenneth G., and David Sandalow. 2009. *Overcoming Obstacles to U.S.-China Cooperation on Climate Change.* Washington, DC: Brookings Institution.

[126] Lin, Yang, Fengyu Li, and Xian Zhang. 2016. "Chinese Companies'Awareness and Perceptions of the Emissions Trading Scheme (ETS): Evidence from a National Survey in China". *Energy Policy*, 98: 254–265.

[127] Liu, Hengwei, and Kelly S. Gallagher. 2010. "Catalyzing Strategic Transformation to a Low-Carbon Economy: A CCS Roadmap for China". *Energy Policy*, 38 (1): 59–74.

[128] Liu, John Chung-En. 2015. "Low Carbon Plot: Climate Change Skepticism with Chinese Characteristics". *Environmental Sociology*, 1 (4): 280–292.

[129] Liu, John Chung-En, and Anthony A. Leiserowitz. 2009. "From Red to Green?". *Environment*, 51 (4): 32–45.

[130] Lizza, Ryan. 2010. "As the World Burns: How the Senate and the White House Missed Their Best Chance to Deal with Climate Change".*New Yorker*, October 11.

［131］ Loan Programs Office of the DOE. n. d. "Portfolio: Investing in American Energy". US Department of Energy. https: //energy. gov/lpo/portfolio. Accessed July 3, 2017.

［132］ Loan Programs Office of the DOE. n. d. "Section 1705 Loan Program". US Department of Energy. https: //energy. gov/lpo/services/section-1705-loan-program. Accessed July 3, 2018.

［133］ Lu, Fang, and Ming Cheng. 2016. "Public Government and the Implicit Sizeof Government: Based on the Differences between China and the United States". *Journal of Shanghai Administration Institute*, 17 (6): 64–77.

［134］ Ma, Damien. 2014. "The One-Year Plan". *Foreign Policy*, January 3.

［135］ Ma, Li, Huimin Li, and Qi Ye. 2012. "Analysis of Policy Making Process of China's Energy-Saving Performance Assessment Institution: Taking a Perspective of CentralLocal Interaction". *Journal of Public Management*, 9 (1): 1–8, 121.

［136］ Magill, Bobby. 2016. "Obama Halts Federal Coal Leasing Citing Climate Change". *Scientific American*, January 15.

［137］ Mattoo, Aaditya, and Arvind Subramanian. 2012. "Equity in Climate Change: An Analytical Review". *World Development*, 40 (6): 1083–1097.

［138］ Mertha, Andrew. 2009. "'Fragmented Authoritarianism 2.0': Political Pluralization in the Chinese Policy Process". *China Quarterly*, 200 (December): 995–1012.

［139］ Mervis, Jeffrey. 2012. "Why NOAA is in the Commerce Department". *Science Magazine*, January 13. http: //www. sciencemag. org/news/2012/01/why-noaa-commerce-department. Accessed July 3, 2018.

［140］ Miller, Gary J. 2005. "The Political Evolution of Principal-Agent Models". *Annual Review of Political Science*, 8: 203–225.

［141］ Molina, Maggie, Patrick Kiker, and Seth Nowak. 2016. *The Greatest Energy Story You Haven't Heard*. Washington, DC: American Council for an Energy Efficient Economy.

［142］ Morris, Edmund. 2001. *Theodore Rex*. New York: Modern Library.

［143］ Mosendz, Polly. 2016. "What This Election Taught Us About Millennial Voters". *Bloomberg News*, November 9.

［144］ Myslikova, Z., K. S. Gallagher, and F. Zhang. 2017. "Mission Innovation 2.0: Recommendations for the Second Mission Innovation Ministerial in Beijing, China". CIEP Climate Policy Lab Discussion Paper 14, The Fletcher School, Tufts University, Medford, MA, May. https: //sites. tufts. edu/cierp/files/

2017/09/CPL_MissionInnovation014_052317v2low. pdf.

[145] Nagourney, Adam. 2017. "California Extends Climate Bill, Handing Gov. Jerry Brown a Victory". *New York Times*, July 17.

[146] Narassimhan, Easwaran, Kelly S. Gallagher, Stefan Koester, and Julio RiveraAlejo. 2017. "Carbon Pricing in Practice: A Review of the Evidence". CIEP, The Fletcher School, Tufts University, Medford, MA. https://sites. tufts. edu/cierp/files/2017/11/Carbon–Pricing–In–Practice–A–Review–of–the–Evidence. pdf.

[147] New York City Government. 2014. "One City, Built to Last: Transforming New York City's Buildings for a Low–Carbon Future". http://www. nyc. gov/builttolast.

[148] New York City Government. 2016. "NYC CoolRoofs". https://www1. nyc. gov/nycbusiness/article/nyc–coolroofs.

[149] NREL (National Renewable Energy Laboratory). 2016. "Renewable Resources Maps and Data". US Department of Energy. https://www. nrel. gov/gis/mapsearch/.

[150] Obama, Barack. 2008. "Videotaped Remarks to the Bi–Partisan Governors Global Climate Summit". Los Angeles, CA, November 18. Gerhard Peters and John T. Woolley, *The American Presidency Project*. http://www. presidency. ucsb. edu/ws/?pid=84875.

[151] Office of the Chief Financial Officer. 2017. *FY 2018 Budget Justification*. DOE/CF–0134. Washington, DC: DOE.

[152] Office of the Historian, and Office of Art & Archives, Office of the Clerk. n. d. "Power of the Purse". http://history. house. gov/Institution/Origins–Development/Power–of–the–Purse/. Accessed March 5, 2018.

[153] Office of the Press Secretary. 2015. "Factsheet: The White House Releases New Strategy for American Innovation, Announces Areas of Opportunity from Self Driving Cars to Smart Cities". White House of President Barack Obama, October 21.

[154] Office of the Press Secretary of the White House. 2015. "Fact Sheet: Launching a Public–Private Partnership to Empower Climate–Resilient Developing Nations."White House Office of the Press Secretary, June 9. https://obamawhitehouse. archives. gov/the–press–office/2015/06/09/fact–sheet–launching–public–private–partnership–empower–climate–resilien.

[155] Oliver, Hongyan H. , Kelly Sims Gallagher, Donglian Tian, and Jinhua Zhang. 2009. "China's Fuel Economy Standards for Passenger Vehicles:

Rationale, Policy Process, and Impacts". *Energy Policy*, 37 (11): 4720–4729.

[156] Olivier, Jos G. J., K. M. Schwe, and Jeroen A. H. W. Peters. 2017. *Trends in Global CO₂ Emissions: 2017 Report*. The Hague: PBL Netherlands Environmental Assessment Agency ; Ispra: European Commission, Joint Research Center.

[157] Oreskes, Naomi. 2004. "The Scientific Consensus on Climate Change". *Science*, 306 (5702): 1686.

[158] Oreskes, Naomi, and Erik Conway. 2010. *Merchants of Doubt*. New York: Bloomsbury Publishing.

[159] PBS Frontline. 2007. "An Interview with Senator Chuck Hagel". April 5. https://www. pbs. org/wgbh/pages/frontline/hotpolitics/interviews/hagel. html.

[160] Podesta, John, C. H. Tung, Samuel R. Berger, and Jisi Wang. 2013. *Toward a New Model of Major Power Relations*. Washington, DC: Center for American Progress.

[161] Popovich, Nadja, John Schwartz, and Tatiana Scholossburg. 2017. "How Americans Think about Climate Change, in Six Maps". *New York Times*, March 21.

[162] Price, Lynn, Mark D. Levine, Nan Zhou, David Fridley, Nathaniel Aden, Hongyou Lu, Michael McNeil, Nina Zheng, Yining Qin, and Ping Yowargana. 2011. "Assessment of China's Energy–Saving and Emission–Reduction Accomplishments and Opportunities during the 11th Five Year Plan." *Energy Policy* 39 (4): 2165–2178.

[163] Qi, Liyan, and Te–Ping Chen. 2017. "Chinese Scientist Blasts Trump's Climate Change Talk." *Wall Street Journal*, January 27. https://blogs.wsj.com/chinarealtime/2017/01/27/0127cpollute/.

[164] Qi, Ye, Li Ma, Huanbo Zhang, and Huimin Li. 2008. "Translating a Global Issue into Local Priority: China's Local Government Response to Climate Change". *Journal of Environment & Development*, 17 (4): 379–400.

[165] Rabe, Barry George. 2004. *Statehouse and the Greenhouse: The Emerging Politics of American Climate Change Policy*. Washington, DC: Brookings Institution Press.

[166] RGGI (Regional Greenhouse Gas Initiative). 2016. "Fact Sheet: The Investment of RGGI Proceeds through 2014". https://www. rggi. org/sites/default/files/Uploads/Proceeds/RGGI_Proceeds_Report_2014. pdf.

[167] Ru, Peng, Qiang Zhi, Fang Zhang, Xiaotian Zhong, Jianqiang Li, and Jun Su. 2012. "Behind the Development of Technology: The Transition of Innovation

Modes in China's Wind Turbine Manufacturing Industry". *Energy Policy*, 43: 58–69.

[168] Russell, Cristine. 2013. "To Tell a Complicated Climate Science Story: Simplify, Shorten, List". *Columbia Journalism Review*, September 30. http:// archives. cjr. org/the_observatory/ipcc_coverage. php.

[169] Saich, Tony. 2011. *Governance and Politics of China*. 3rd ed. New York: Pal-grave Macmillan.

[170] Samuelson, Darren. 2009. "Climate Bill Needed to 'Save Our Planet' Says Obama". *New York Times*, February 25.

[171] Schein, Edgar. 1996. *Strategic Pragmatism: The Culture of Singapore's Economic Development*. Cambridge, MA: MIT Press.

[172] Schmiegelow, Mich è le, and Henrik Schmiegelow. 1989. *Strategic Pragmatism: Japanese Lessons in the Use of Economic Theory*. Santa Barbara, CA: Praegar.

[173] SEIA (Solar Energy Industries Association). 2017. "Fact Sheet: Solar Investment Tax Credit (ITC)". Solar Energy Industries Association. https: // www. seia. org/research-resources/solar-investment-tax-credit-itc-101.

[174] Selin, H., and S. D. VanDeveer. 2009. "Changing Climates and Institution Building across the Continent". In *Changing Climates in North American Politics: Institutions, Policymaking, and Multilevel Governance*, ed. H. Selin and S. D. VanDeever, 3–22. Cambridge, MA: MIT Press.

[175] Shan, Yuli, Dabo Guan, Jianghua Liu, Zhu Liu, Jingru Liu, Heike Schroeder, Yang Chen, Shuai Shao, Zhifu Mi, and Qiang Zhang. 2016. "CO_2 Emissions Inventory of Chinese Cities". *Atmospheric Chemistry and Physics Discussion*, March 1.

[176] Shi, Hexing. 2014. "The People's Congress System and China's Constitutional Development". In *China's Political Development: Chinese and American Perspectives*, ed. Kenneth G. Lieberthal, Cheng Li, and Keping Yu, 103–120. Washington, DC: Brookings Institution Press.

[177] Shirk, Susan. 2011. *Changing Media, Changing China*. Oxford: Oxford University Press.

[178] Smith, Kirk, and Evan Haigler. 2008. "Co-benefits of Climate Mitigation and Health Protection in Energy Systems: Scoping Methods." *Annual Review of Public Health* 29:11–25.

[179] Stern, Todd. 2015. "Testimony of Special Envoy for Climate Change Todd D. Stern at the U.N. Climate Change Conference in Paris." Paris. https://www.

foreign.senate.gov/imo/media/doc/102015_Stern_Testimony.pdf.

[180] Stocker, T. F. , D. Qin, G. ‑K. Plattner, L. V. Alexander, S. K. Allen, N. L. Bindoff, F. ‑M. Bréon, et al. 2013. "Technical Summary". In *Climate Change 2013: The Physical Science Basis: Contribution of Working Group I to the Fifth Assessment Report of the Intergovernmental Panel on Climate Change*, ed. T. F. Stocker, D. Qin, G. ‑K. Plattner, M. Tignor, S. K. Allen, J. Boschung, A. Nauels, et al. , 55. Cambridge: Cambridge University Press.

[181] Stocking, Andrew, and Terry Dinan. 2015. "China's Growing Energy Demand: Implications for the United States". Working Paper 20150‑5. Washington, DC: Congressional Budget Office.

[182] Stohr, Greg, and Jennifer Dlouhy. 2016. "Obama's Clean Power Plan Put on Hold by U. S. Supreme Court". *Bloomberg*, February 9.

[183] Stone, Deborah. 1989. "Causal Stories and the Formation of Policy Agendas". *Political Science Quarterly*, 104 (2): 281–300.

[184] Supreme Court of the United States. 2010. "Citizens United v. Federal Election Commission". 558 US 310, Washington, DC. https: //transition. fec. gov/ law/litigation/cu_sc08_opinion. pdf.

[185] Tocqueville, Alexis de. [1840] 2006. *Democracy in America, Volume 1*. Translat‑ed by Henry Reeve. http: //www. gutenberg. org/files/815/815‑ h/815‑h. ht‑m#link2HCH0051.

[186] Trembath, Alex, Jesse Jenkins, Ted Nordhaus, and Michael Shellenberger. 2012. *Where the Shale Gas Revolution Came From: Government's Role in the Development of Hydraulic Fracturing in Shale*. Oakland, CA: Breakthrough Institute.

[187] Trump, Donald J. 2012. "The concept of global warming was created by and for the Chinese in order to make U. S. manufacturing non‑competi‑ tive". Twitter, November 6, 2012, 2: 15 PM. https: //twitter. com/ realDonaldTrump/status/265895292191248385.

[188] Trump, Donald J. 2017. "The Inaugural Address". White House, January 20. https: //www. whitehouse. gov/inaugural‑address.

[189] UN Climate Change Newsroom. 2014. "U. S. China Climate Moves Boost Paris Prospects". *UN Climate Change Newsroom*, November 12.

[190] UNFCCC (United Nations Framework Convention on Climate Change). 1998. "Kyoto Protocol to the UN Framework Convention on Climate Change". United Nations. http: //unfccc. int/resource/docs/convkp/kpeng. pdf.

[191] UNFCCC. 2016a. "NDC Registry". http: //www. unfccc. int/ndcregistry/

Pages/Home. aspx.

[192] UNFCCC. 2016b. "UN Updates Synthesis Report of National Climate Plans". *UN Climate Change Newsroom*, May 2. http: //newsroom. unfccc. int/ unfccc-newsroom/synthesis-report-update-of-national-climate-plans/.

[193] UNFCCC. 2017a. "Essential Background of the UNFCCC". http: // unfccc. int/files/essential_background/background_publications_htmlpdf/ application/pdf/conveng. pdf.

[194] UNFCCC. 2017b. "Status of Ratification of the Convention". http: //unfccc. int/essential_background/convention/status_of_ratification/items/2631. php.

[195] United Nations. 1997. "Institutional Aspects of Sustainable Development in China". United Nations Commission on Sustainable Development, April 1. http: //www. un. org/esa/agenda21/natlinfo/countr/china/inst. htm.

[196] US Census Bureau. 2016. *New Census Data Show Differences between Urban and Rural Populations*, B16–B210. Washington, DC: US Census Bureau.

[197] US Code. 2017a. "United States Code Title 42, Chapter 85, Subchapter I, Part A, Sec. 7409: National Primary and Secondary Ambient Air Quality Standards." https://www.gpo.gov/fdsys/pkg/USCODE-2013-title42/html/USCODE-2013-title42-chap85-subchapI-partA-sec7409.htm. Accessed December 31, 2017.

[198] US Code. 2017b. "United States Code Title 42, Chapter 85, Subchapter II, Part A, Sec. 7521: Emission Standards for New Motor Vehicles or New Motor Vehicle Engines". https: //www. law. cornell. edu/uscode/text/42/7521. Accessed December 31, 2017.

[199] US Court of Appeals. 2017. "Clean Air Council v. Scott Pruitt." No. 17–1145 (District of Columbia Circuit 2017). https://www.cadc.uscourts.gov/internet/ opinions.nsf/a86b20d79beb893e85258152005ca1b2/$file/17-1145-1682465. pdf.

[200] US Department of State. 2016. *2016 Second Biennial Report of the United States of America under the United Nations Framework Convention on Climate Change*. Washington, DC: US Department of State.

[201] US Justice Department. 2018. "Citizens Guide to U. S. Federal Law on Child Pornography". https: //www. justice. gov/criminal-ceos/citi-zens-guide-us-federal-law-child-pornography. Accessed July 3, 2018.

[202] US Office of Personnel Management. n.d. "Historical Federal Workforce Tables: Total Government Employment since 1962." https://www.opm.gov/ policy-data-oversight/data-analysis-documentation/federal-employment-

reports/historical-tables/executive-branch-civilian-employment-
since-1940/.Accessed March 5, 2017.

[203] US Senate. 2017. "Senate Committees". US Senate website. https: //www.
senate. gov/artandhistory/history/common/briefing/Committees. htm.

[204] Van Natta, Don, and Neela Banerjee. 2002. "Top GOP Donors in Energy
Industry Met Cheney Panel". *New York Times*, March 1.

[205] Vidal, John. 2005. "Revealed: How Oil Giant Influenced Bush." *Guardian*,
June 8.

[206] Wall Street Journal. 2008. "Rahm Emanuel on the Opportunities of Crisis".
Wall Street Journal, YouTube Channel, November 19. https: //www.
youtube. com/watch?v=_mzcbXi1Tkk.

[207] Wang, Alex, and Gao Jie. 2010. "Environmental Courts and the Development
of Environmental Public Interest Litigation in China". *Journal of Court
Innovation*, 3: 37.

[208] Wang, Youjuan, Weibin Lin, and Qian Wan. 2013. "Green Growth: Constructing
a Resource-Saving and Environment-Friendly Production Pattern." In *China
Green Development Index Report 2011*, ed. X. Li and J. Pan, 31-48. Berlin:
Springer-Verlag.

[209] Weible, Christopher. 2014. "Introduction: The Scope and Focus of Policy
Process Research and Theory." In *Theories of the Policy Process*, 3rd ed., ed.
Paul A. Sabatier and Christopher M. Weible, 3-22. Boulder, CO: Westview
Press.

[210] White House. 2012a. "Obama Administration Finalizes Historic 54. 5 MPG
Fuel Efficiency Standards". August 28. https: //obamawhitehouse.
archives. gov/the-press-office/2012/08/28/obama-administration-finalizes-
historic-545-mpg-fuel-efficiency-standard.

[211] White House. 2012b. "Remarks by Vice President Biden and Chinese Vice
President Xi at the State Department Luncheon." February 14. https: //
obamawhitehouse. archives. gov/the-press-office/2012/02/14/remarks-vice-
president-biden-and-chinese-vice-president-xi-state-departm.

[212] White House. 2013. "President Obama's Climate Action Plan". June 25. https: //
obamawhitehouse. archives. gov/the-press-office/2013/06/25/fact-sheet-
president-obama-s-climate-action-plan.

[213] White House. 2014. "U. S. -China Joint Announcement on Climate Change".
November 11. https: //obamawhitehouse. archives. gov/the-press-office/2014/11/
11/us-china-joint-announcement-climate-change.

［214］Wike, Richard. 2016. "6 Facts about How Americans and Chinese See Each Other". Pew Research Center [database online]. Washington, DC.

［215］Wike, Richard, Bruce Stokes, and Jacob Poushter. 2015. *Global Publics Back U.S. on Fighting ISIS, but Are Critical of Post-9/11 Torture*. Washington, DC: Pew Research Center.

［216］Wildau, Gabriel. 2016. "China Moves to De-politicise Management of State-Owned Enterprises". *Financial Times*, July 3.

［217］Wiser, Ryan, and Mark Bollinger. 2017. "2016 Wind Technologies Market Report". https://emp. lbl. gov/sites/default/files/2016_wtmr_data_file. xls.

［218］Wiser, Ryan H., Mark Bolinger, and Galen L. Barbose. 2007. "Using the Federal Production Tax Credit to Build a Durable Market for Wind Power in the United States." *Electricity Journal* 20 (9): 77-88.

［219］World Bank. 2009. *World Development Report: Public Attitudes toward Climate Change: Findings from a Multi-country Poll*. Washington, DC: World Bank.

［220］World Bank. 2017. *World Development Indicators*. Washington, DC: World Bank.

［221］WRI (World Resources Institute). 2014. "6 Graphs Explain the World's Top-10 Emitters". WRI Blogspot, November 25. https://wwwri. org/blog/2014/11/6-graphs-explain-world's-top-10-emitters.

［222］WRI (World Resources Institute). 2017. "CAIT (the Climate Access Indicators Tool) Climate Data Explorer—Historical Emissions". http://cait. wri. org/historical.

［223］Yang, Dali. 2017. "China's Illiberal Regulatory State". *China Political Science Review*, 2: 114-133.

［224］Yang, Guangbin. 2014. "Decentralization and Central-Local Relations in Reform-Era China." In *China's Political Development: Chinese and American Perspectives*, ed. Kenneth G. Lieberthal, Cheng Li, and Keping Yu, 254-281. Washington, DC: Brookings Institution Press.

［225］Yu, Keping, ed. 2010. *Democracy and the Rule of Law in China*. Leiden: Brill.

［226］Yu, Keping. 2011. "Civil Society in China: Concepts, Classification, and Institutional Environment". In *State and Civil Society: The Chinese Perspective*, ed. Deng Zhenlai, 63-96. Singapore: World Scientific.

［227］Yu, Keping. 2014. "The People's Republic of China's Sixty Years of Political Development." In *China's Political Development: Chinese and American Perspectives*, ed. Kenneth G. Lieberthal, Cheng Li, and Keping Yu, 39-61.

Washington, DC: Brookings Institution Press.

[228] Yu, Keping. 2016. *Democracy in China: Challenge or Opportunity*. Singapore: World Scientific Publishing Co.

[229] Yu, Xiang, and Alex Y. Lo. 2015. "Carbon Finance and the Carbon Market in China". *Nature Climate Change*, 5: 15–16.

[230] Yuan, D., and J. Feng. 2011. "Behind China's Green Goals". *China Dialogue*, March 24.

[231] Zahariadis, Nikolaos. 2014. "Ambiguity and Multiple Streams". In *Theories of the Policy Process*, 3rd. ed., ed. Paul A. Sabatier and Christopher M. Weible, 25–57. Boulder, CO: Westview Press.

[232] Zartman, I. William. 2000. "Ripeness: The Hurting Stalemate and Beyond". In *International Conflict Resolution after the Cold War*, ed. Paul Stern and Daniel Druckman, 225–250. Washington, DC: National Academies Press.

[233] Zeng, Jinghan. 2016. "Constructing a 'New Type of Great Power Relations': The State of Debate in China (1998–2014)". *British Journal of Politics and International Relations*, 18 (2): 422–442.

[234] Zhang, Da, Valerie J. Karplus, Cyril Cassisa, and Xiliang Zhang. 2014. "Emissions Trading in China: Progress and Prospects". *Energy Policy*, 75: 9–16.

[235] Zhang, Fang, and Keman Huang. 2017. "The Role of Government in Industrial Energy Conservation in China: Lessons from the Iron and Steel Industry". *Energy for Sustainable Development*, 39: 101–114.

[236] Zhang, Fang, and Kelly S. Gallagher. 2016. "Innovation and Technology Transfer through Global Value Chains: Evidence from China's PV Industry". *Energy Policy*, 94: 191–203.

[237] Zhao, Lifeng, and Kelly S. Gallagher. 2007. "Research, Development, Demonstration, and Early Deployment Policies for Advanced–Coal Technology in China." *Energy Policy* 35 (12): 6467–6477.

[238] Zhao, Suisheng, ed. 2016. *Chinese Foreign Policy: Pragmatism and Strategic Behavior*. New York: Routledge.

[239] Zhou, Guanghui. 2014. "Contemporary China's Decisionmaking System". In *China's Political Development: Chinese and American Perspectives*, ed. Kenneth G. Lieberthal, Cheng Li, and Keping Yu, 340–358. Washington, DC: Brookings Institution Press.

[240] Zhou, Nan, Mark Levine, and Lynn Price. 2010. "Overview of Current Energy Efficiency Policies in China". *Energy Policy*, 38 (11) (November):

6439–6452.

[241] Zhou, Sheng, and Xiliang Zhang. 2010. "Nuclear Energy Development in China: A Study of Opportunities and Challenges". *Energy Policy*, 35 (11): 4282–4288.

[242] Zhu, Junqing. 2016. "Opinion: Trump's Rise Is Fall of U. S. Democracy". *New China*, March 4. http: //news. xinhuanet. com/english/2016–03/04/c_ 135156215. htm.

[243] Zou, Ji. 2014. "Four Reasons Why the China–US Climate Statement Matters." *China Dialogue*, December 12.https://www.chinadialogue.net/blog/7495– Four–reasons–why–the–China–US–climate–statement–matters/en.

[244] Zou, Ji, Xiaohua Zhang, Sha Fu, Yue Qi, Ji Chen, and Hairan Gao. 2014. "Implications and Challenges of the U.S.–China Joint Announcement on Climate Change Cooperation." *China Carbon Forum*. http://www.chinacarbon. info/wp–content/uploads/2014/11/Implications–of–the–US–China–Joint– Announcement–on–Climate–Change_%E4%B8%AD%E5%9B%BD%E7%A2% B3%E8%AE%BA%E5%9D%9B.pdf.

中文文献

［01］ 北京晨报（2013）."北京空气达标天不足4成 污染物排放量大是主因"，https://www.familydoctor.cn/a/201308/493058.html.

［02］ 财政部（2012）.财政部 国家发展改革委国家能源局关于印发《可再生能源电价附加补助资金管理暂行办法》的通知.财建〔2012〕102号.中国政府网，2012-04-05.http：//www.gov.cn/zwgk/2012-04/05/content_2107050.htm.

［03］ 广东省人民政府（2017）.广东省人民政府关于印发广东省"十三五"控制温室气体排放工作实施方案的通知.粤府〔2017〕59号.广东省人民政府网，2017-05-24.http：//www.gd.gov.cn/gkmlpt/content/0/146/post_146048.html#7.

［04］ 广东省人民政府办公厅（2010）.关于成立省应对气候变化及节能减排工作领导小组的通知.粤办函〔2010〕432号.广东省人民政府网，2010-06-28.http：//www.gd.gov.cn/gkmlpt/content/0/139/post_139076.html#7.

［05］ 国家统计局（2018）.中国统计年鉴2018.北京：中国统计出版社.国家统计局官网，2018.http：//www.stats.gov.cn/tjsj/ndsj/2018/indexch.htm.

［06］ 国家发展改革委（2006）.关于印发千家企业节能行动实施方案的通知.发改环资〔2006〕571号.国家发展改革委官网，2006-04-07.https：//www.ndrc.gov.cn/xxgk/zcfb/tz/200604/t20060414_965934.html.

［07］ 国家发展改革委（2010）.国家发展改革委关于开展低碳省区和低碳城市试点工作的通知.发改气候〔2010〕1587号.中国政府网，2010-08-10.http：//www.gov.cn/zwgk/2010-08/10/content_1675733.htm.

［08］ 国家发展改革委（2011）.关于印发万家企业节能低碳行动实施方案的通知.发改环资〔2011〕2873号.国家发展改革委官网，2011-12-29.https：//www.ndrc.gov.cn/xxgk/zcfb/tz/201112/t20111229_964360.html.

［09］ 国家发展改革委（2012）.国家发展改革委印发关于开展第二批国家低碳省区和低碳城市试点工作的通知.发改气候〔2012〕3760号.郴州市发改委官网，2012-12-11.http：//fgw.czs.gov.cn/fzggdt/dqjjylxsh/content_279370.html.

［10］ 国家发展改革委（2014）. 关于印发国家应对气候变化规划（2014—
        2020年）的通知. 发改气候〔2014〕2347号. 国务院新闻办公室官网，
        2015-11-19.http：//www. scio. gov. cn/xwfbh/xwbfbh/wqfbh/2015/20151119/
        xgzc33810/docu-ment/1455885/1455885. htm.

［11］ 国家发展改革委（2016a）. 国家发展改革委 国家能源局关于印发能源发
        展"十三五"规划的通知. 发改能源〔2016〕2744号. 国家能源局官网，
        2017-01-17.http：//www. nea. gov. cn/2017-01/17/c_135989417. htm.

［12］ 国家发展改革委等（2016b）. 国家发展改革委 住房城乡建设部关于印发
        城市适应气候变化行动方案通知. 发改气候〔2016〕245号. 碳交易网，
        2016-02-16.http：//www. tanjiaoyi.com/article-15583-l.html.

［13］ 国家发展改革委（2016c）. 国家发展改革委关于调整光伏发电陆上风电标
        杆上网电价的通知. 发改价格〔2016〕2729号. 中国政府网，2016-12-28.
        http：//www. gov. cn/xinwen/2016/12/28/content_5153820. htm.

［14］ 国家发展改革委（2016d）. 中国应对气候变化的政策与行动2016年度报
        告. 国家气候战略中心官网，2016-11-03，http：//www. ncsc. org. cn/yjcg/
        cbw/201611/t20161103_609696. shtml.

［15］ 国家发展改革委（2017）. 国家发展改革委关于印发《全国碳排放权交易
        市场建设方案（发电行业）》的通知. 发改气候规〔2017〕2191号. 国家发
        改委官网，2017-12-18.https：//www. ndrc. gov. cn/xxgk/zcfb/ghxwj/201712
        t20171220_960930. html.

［16］ 国家发展改革委办公厅（2011）. 国家发展改革委办公厅关于开展碳排放
        权交易试点工作的通知. 发改办气候〔2011〕2601号. 碳智库网，2011-
        10-29.http：//www.carbonlib.com/wiki-doc-3003. html.

［17］ 国家能源局（2015）. 国家能源局发布2014年全社会用电量. 国家能源局
        官网，2015-01-16.http：//www. nea. gov. cn/2015-01/16/c_133923477. htm.

［18］ 国家能源局（2017）. 2016年风电并网运行情况. 国家能源局官网.http：//
        www. nea. gov. cn/2017-01/26/c_136014615. htm.

［19］ 国家能源局（2018）. 国家能源局简介：主要职责. 国家能源局官网.http：//
        www. nea. gov. cn/gjnyj/index. htm.

［20］ 国务院（2003a）. 国务院关于印发中国21世纪初可持续发展行动纲要的
        通知. 国发〔2003〕3号. 中国政府网，2003-01-14.http：//www. gov. cn/
        zhengce/content/2008-03/28/content_2108. htm.

［21］ 国务院（2003b）.排污费征收使用管理条例.国令第369号.中国政府网，2003–01–02.http：//www.gov.cn/zhengce/content/2008–03/28/content_5152.htm.

［22］ 国务院（2005）.国务院关于加快发展循环经济的若干意见.国发〔2005〕22号.中国政府网，2005–07–02.http：//www.gov.cn/zhengce/content/2008–03/28/content_2047.htm.

［23］ 国务院（2006）.国家中长期科学和技术发展规划纲要（2006—2020年）.国发〔2005〕44号.中国政府网，2006–02–09.http：//www.gov.cn/jrzg/2006–02/09/content_183787.htm.

［24］ 国务院（2007a）.国务院关于印发中国应对气候变化国家方案的通知.国发〔2007〕17号.中国政府网，2007–06–03.http：//www.gov.cn/zhengce/con–tent/2008–03/28/content_5743.htm.

［25］ 国务院（2007b）.国务院关于成立国家应对气候变化及节能减排工作领导小组的通知.国发〔2007〕18号.法律图书馆，2007–06–12.http：//www.law–lib.com/law/law_view.asp?id=203509.

［26］ 国务院（2007c）.国务院批转发展改革委、能源办关于加快关停小火电机组若干意见的通知.国发〔2007〕2号.中国政府网，2007–01–26.http：//www.gov.cn/zwgk/2007–01/26/content_509911.htm.

［27］ 国务院（2010a）.国务院关于进一步加大工作力度确保实现"十一五"节能减排目标的通知.国发〔2010〕12号.中国政府网，2010–05–05.http：//www.gov.cn/zwgk/2010–05/05/content_1599897.htm.

［28］ 国务院（2010b）.国务院关于设立国务院食品安全委员会的通知.国发〔2010〕6号.中国政府网，2010–02–10.http：//www.gov.cn/zwgk/2010–02/10/con–tent_1532419.htm.

［29］ 国务院（2011a）.国务院关于印发"十二五"控制温室气体排放工作方案的通知.国发〔2011〕41号.中国政府网，2012–01–13.http：//www.gov.cn/zwgk/2012–01/13/content_2043645.htm.

［30］ 国务院（2011b）.国务院关于印发"十二五"节能减排综合性工作方案的通知.国发〔2011〕26号.中国政府网，2011–09–07.http：//www.gov.cn/zwgk/2011–09/07/content_1941731.htm.

［31］ 国务院（2012）.国务院关于印发节能与新能源汽车产业发展规划（2012—2020年）的通知.国发〔2012〕22号.中国政府网，2010–07–09.http：//www.gov.cn/zhengce/content/2012–07/09/content_3635.htm.

[32]　国务院（2013）.国务院关于印发大气污染防治行动计划的通知.国发〔2013〕37号.中国政府网，2013-09-12.http：//www.gov.cn/zwgk/2013-09-12/content_2486773.htm.

[33]　国务院（2015）.国务院关于印发《中国制造2025》的通知.国发〔2015〕28号.中国政府网，2013-05-19.http：//www.gov.cn/zhengce/content/2015-05/19/content_9784.htm.

[34]　国务院（2016a）.国务院关于印发"十三五"控制温室气体排放工作方案的通知.国发〔2016〕61号.中国政府网，2016-11-04.http：//www.gov.cn/zhengce/content/2016-11/04/content_5128619.htm.

[35]　国务院（2016b）.社会团体登记管理条例.中国政府网，2010-02-06.http：//www.gov.cn/gongbao/content/2016/content_5139379.htm.

[36]　国务院（2016c）.国务院关于印发"十三五"节能减排综合工作方案的通知.国发〔2016〕74号.中国政府网，2010-01-05.http：//www.gov.cn/zhengce/content/2017-01/05/content_5156789.htm.

[37]　国务院（2017）.中华人民共和国环境保护税法实施条例.国令第693号.中国政府网，2017-12-30.http：//www.gov.cn/zhengce/content/2017-12/30/con-tent_5251797.htm.

[38]　国务院办公厅（2018）.国务院办公厅关于调整国家应对气候变化及节能减排工作领导小组组成人员的通知.国办发〔2018〕66号.中国政府网，2018-08-02.http：//www.gov.cn/zhengce/content/2018-08/02/content_5311304.htm.

[39]　国务院发展研究中心（2013）.中心职能.国务院发展研究中心官网.https：//www.drc.gov.cn/gyzx/zxzn.aspx.

[40]　何诺书（2016）.《可再生能源法》十年反思：旧模式难以为继　补贴缺口迅速扩大秩序体系面临严重挑战.南方能源观察，2016(9).

[41]　胡鞍钢，管清友（2009）.中国应对全球气候变化.北京：清华大学出版社，2009.

[42]　胡舒立（2008）.毒奶粉事件：政府该做的和不该做的.财新网，2008-09-29.http：//magazine.caixin.com/2008-09-29/100083224.html?NOJP.

[43]　江必新（2018）.《中国环境资源审判2017—2018》新闻发布会，2019-03-02.https://www.sohu.com/a/298632571_117927.

[44]　交通运输部（2017a）.交通运输部关于印发推进交通运输生态文明建设实施方案的通知.交规划发〔2017〕45号.交通运输部官网，2017-04-14.

http://xxgk. mot. gov. cn/jigou/zhghs/201704/t20170414_2976502. html.

［45］ 交通运输部（2017b）.交通运输部关于全面深入推进绿色交通发展的意见.交政研发〔2017〕186号.交通运输部官网，2017-12-06.http://xxgk. mot. gov. cn/jigou/zcyjs/201712/t20171206_2973177. html.

［46］ 李惠民，马丽，齐晔（2011）.中美应对气候变化的政策过程比较.中国人口·资源与环境，2011（7）：51-56.

［47］ 李俊峰，柴麒敏，马翠梅，王际杰，周泽宇，王田（2016）.中国应对气候变化政策和市场展望.中国能源，2016（1）：5-11、21.

［48］ 刘尚希（2010）.进一步改革财政体制的基本思路.中国改革，2010（5）：31-37.

［49］ 楼继伟（2013）.中国政府间财政关系再思考.北京：中国财政经济出版社，2013.

［50］ 孟子.北京：中华书局.2010：128

［51］ 马庆钰，贾西津（2015）.中国社会组织的发展方向与未来趋势.国家行政学院学报，2015（4）：62-67.

［52］ 彭云，冯猛，周飞舟（2020）.基层干部的行动逻辑基于M县精准扶贫实践的个案.华中师范大学学报（人文社会科学版），2020（2）.

［53］ 齐晔，张希良（2016）.中国低碳发展报告（2015~2016）.北京：社会科学文献出版社，2016.

［54］ 青海省人民政府（2010）.青海省应对气候变化办法.青海省人民政府令第75号.青海新闻网，2010-09-10.http://www.qhnews. com/zhenwu/sys-tem/2010/09/10/010195190. shtml.

［55］ 全国人大常委会（2009）.中华人民共和国可再生能源法.国家能源局官网，2017-11-02.http://www. nea. gov. cn/2017-11/02/c_136722869. htm.

［56］ 全国人大常委会（2017）.中华人民共和国境外非政府组织境内活动管理法.中国人大网，2017-11-28.http://www. npc. gov. cn/zgrdw/npc/xinw-en/2017-11/28/content_2032719. htm.

［57］ 山西省人民政府（2011）.山西省人民政府关于印发山西省应对气候变化办法的通知.晋政发〔2011〕19号.山西政报，2011（15）.http://www. shanxi. gov. cn/zw/zfcbw/zfgb/2011nzfgb/d15q_5262/szfwj_5266/201108/t20110825_101561. shtml.

［58］ 深圳市人大（2012）.深圳经济特区碳排放管理若干规定.深圳政府在线，

2020-04-23.http：//www.sz.gov.cn/zfgb/2020/gb1148/content/post_7262078.html.

［59］ 深圳市人民政府（2014）.深圳市碳排放权交易管理暂行办法.深圳市人民政府令第262号.深圳政府在线，2014-04-02.http：//www.sz.gov.cn/zfgb/2014/gb876/content/mpost_4986451.html.

［60］ 生态环境部（2018）.生态环境部职责.生态环境部官网，2018-10-11.http：//www.mee.gov.cn/zjhb/zyzz/201810/t20181011_660310.shtml.

［61］ 滕飞（2015）.巴黎协议，成功还是失败？.中国改革，2015(12).http：//cnre-form.caixin.com/2015-12-02/100881129.html.

［62］ 吴思（2001）.潜规则：中国历史中的真实游戏.昆明：云南人民出版社，2001.

［63］ 习近平在十八届中央纪委二次全会上发表重要讲话.中国共产党新闻网，2013-01-22.http：//cpc.people.com.cn/n/2013/0122/c64094-20289660.html.

［64］ 新华社（2007）.胡锦涛在中国共产党第十七次全国代表大会上的报告.中国政府网，2007-10-24.http：//www.gov.cn/ldhd/2007-10/24/content_785431.htm.

［65］ 新华社（2009）.胡锦涛在联合国气候变化峰会开幕式上讲话.中国政府网，2009-09-23.http：//www.gov.cn/ldhd/2009-09/23/content_1423825.htm.

［66］ 新华社（2012）.习近平在美国友好团体欢迎午宴上的演讲.中国政府网，2012-02-16.http：//www.gov.cn/ldhd/2012-02/16/content_2068376.htm.

［67］ 新华社（2013）.中共中央关于全面深化改革若干重大问题的决定.国务院新闻办公室官网，2013-11-15.http：//www.scio.gov.cn/zxbd/nd/2013/docu-ment/1374228/1374228.htm.

［68］ 新华社（2015a）.潘基文赞赏中美元首气候变化联合声明.新华网，2015-09-26.http：//www.xinhuanet.com/world/2015/09/26/c_1116686361.htm.

［69］ 新华社（2015b）.中美元首气候变化联合声明.中国政府网，2015-09-26.http：//www.gov.cn/xinwen/2015-09/26/content_2939222.htm.

［70］ 新华社（2015c）.中共中央关于制定国民经济和社会发展第十三个五年规划的建议.中国政府网，2015-11-03.http：//www.gov.cn/xinwen/2015-11/03/con-tent_5004093.htm.

［71］ 新华社（2015d）.强化应对气候变化行动中国国家自主贡献.中国政府网，2015-06-30.http：//www.gov.cn/xinwen/2015-06/30/content_2887330.htm.

［72］ 新华社（2017a）.习近平：决胜全面建成小康社会　夺取新时代中国特色社会主义伟大胜利——在中国共产党第十九次全国代表大会上的报

告.中国政府网，2017-10-27.http：//www.gov.cn/zhuanti/2017-10/27/content_5234876.htm.

[73] 新华社（2017b）.中国共产党章程.中国政府网，2017-10-28.http：//www.gov.cn/zhuanti/2017-10/28/content_5235102.htm.

[74] 新华社（2017c）.领航新时代的坚强领导集体——党的新一届中央领导机构产生纪实.新华网，2017-10-26.http：//www.xinhuanet.com/politics/19cpcnc/2017-10/26/c_1121860147.htm.

[75] 新华社（2018a）.中华人民共和国宪法.中国人大网，2018-03-22.http：//www.npc.gov.cn/npc/c505/201803/e87e5cd7c1ce46ef866f4ec8e2d709ea.shtml.

[76] 新华社（2018b）.中共中央印发《深化党和国家机构改革方案》.中国政府网，2018-03-21.http：//www.gov.cn/zhengce/2018-03/21/content_5276191.ht-m#allContent.

[77] 新华社（2019）.促进油气行业高质量发展——专访国家管网公司有关负责人.新华网，2019-12-09.http：//www.xinhuanet.com/fortune/2019-12/09/c_1125324497.htm.

[78] 新京报（2013）.北京10月份一半天数是雾霾今日仍重度污染.搜狐网，2013-11-01.http：//news.sohu.com/20131101/n389354656.shtml.

[79] 宣晓伟（2018）.治理现代化视角下的中国中央和地方关系从泛化治理到分化治理.管理世界，2018，34（11）：52-64.

[80] 尹中强（2015）.中国碳交易试点存在的主要问题及建立全国碳市场面临的挑战.低碳世界，2015（8）：170-171.

[81] 张国宝（2016）.我亲历的中亚天然气管道谈判及决策过程.中国经济周刊，2016(1).https：//www.guancha.cn/Neighbors/2016_01_05_346971_s.shtml.

[82] 赵行姝（2017）.《巴黎协定》与特朗普政府的履约前景.气候变化研究进展，2017（5）：448-455.

[83] 中国气象局（2010）.第二届国家气候变化专家委员会成立.中国政府网，2010-09-14.http：//www.gov.cn/gzdt/2010-09/14/content_1702610.htm.

[84] 中国气象局（2016）.第三届国家气候变化专家委员会成立并召开第一次工作会议.中国气象局网，2016-09-30.http：//www.cma.gov.cn/2011xwzx/2011xqxxw/2011xqxyw/201609/t20160930_325288.html.

[85] 中国人民银行（2016）.中国人民银行财政部发展改革委环境保护部银监会证监会保监会关于构建绿色金融体系的指导意见.银发〔2016〕228号.

中国人民银行官网（2016），2016-08-31.http：//www. pbc. gov. cn/goutongji -aoliu/113456/113469/3131687/index. html.

[86] 郑金冉（2015）. 注意! 北京发布首个空气污染 "红色预警". 中国日报网，2015-12-07.http：//world. chinadaily. com. cn/2015-12/07/con-tent_22651942. htm.

[87] 中国政府（2001）. 中华人民共和国国民经济和社会发展第十个五年计划纲要. 中国政府网，2001-03-15.http：//www. gov. cn/gongbao/content/2001/con-tent_60699. htm.

[88] 中国政府（2006）. 中华人民共和国国民经济和社会发展第十一个五年规划纲要. 中国政府网，2006-03-14.http：//www. gov. cn/gongbao/content/2006/con-tent_268766. htm.

[89] 中国政府（2011）. 中华人民共和国国民经济和社会发展第十二个五年规划纲要. 中国政府网，2011-03-16.http：//www. gov. cn/2011lh/content_1825838. htm.

[90] 中国政府（2013）. 中华人民共和国气候变化第二次国家信息通报. 生态环境部官网，2013-12.http：//www. mee. gov. cn/ywgz/ydqhbh/wsqtkz/201904/P020190419524738708928. pdf.

[91] 中国政府（2016a）. 中华人民共和国气候变化第一次两年更新报告. 生态环境部，2016-12.http：//www. mee. gov. cn/ywgz/ydqhbh/wsqtkz/201904/P020190419522735276116. pdf.

[92] 中国政府（2016b）. 中华人民共和国国民经济和社会发展第十三个五年规划纲要. 中国政府网，201603-17.http：//www. gov. cn/xinwen/2016-03/17/con-tent_5054992. htm.

[93] 中共云南省委、云南省人民政府. 云南省进一步深化电力体制改革试点方案. 中国政府网，2016-04-18.http：//www. gov. cn/xinwen/2016-04/18/con-tent_5065219. htm.

[94] 邹晶. 国家应对气候变化领导小组. 世界环境，2008（2）.

[95] 朱光磊. 当代中国政府过程. 天津：天津人民出版社. 2008.

[96] 朱光磊，张志红. 职责同构批判. 北京大学学报（哲学社会科学版），2005（1）.

[97] 住房城乡建设部. 住房城乡建设部关于印发建筑节能与绿色建筑发展 "十三五" 规划的通知. 建科〔2017〕53号. 搜狐网，2017-03-14.http：//www.sohu.com/a//28825982_131990.

[98] 庄贵阳（2009）. 中国发展低碳经济的困难与障碍分析. 江西社会科学，2009（7）：20-26.

[99] 新华社（2023）. 中华人民共和国立法法. 中国政府网，2023-03-14.https：//www.gov.cn/xinwen/2023-03/14/content_5746569.htm.

译者后记

2008 年，我到哈佛大学肯尼迪学院从事博士后研究，加入了贝尔弗科学和国际事务中心（Belfer Center for Science and International Affairs）下的"能源技术创新政策"（Energy Technology Innovation Policy, ETIP）项目组，加拉格尔教授正是该项目组的主任，也是直接指导我的老师，由此开启了我们此后十多年的学术讨论、交流与合作，双方的了解和友谊也在此过程中不断地加深。

在学术交流与合作的过程中，我们越来越感觉到，中美彼此之间的误解、不信任、怀疑和猜忌，极大地阻碍了两国在气候领域展开积极有效的合作，而中美作为全球温室气体排放的第一和第二大国，两国的合作对于有效应对全球气候变化问题又是不可或缺的。正如书中所提到的，气候变化阴谋论在两国都很有市场。在许多中国人看来，气候变化不过是西方国家用来遏制中国发展的手段；而不少美国人也相信，气候变化是中国炮制出的议题，目的是打击美国的制造业。

所以，想要真正有效地解决全球气候变化问题，离不开中美两国的密切合作；而要推进中美气候合作，就必须增强两国之间的理解和信任。为此，加拉格尔教授和我觉得非常有必要写一部关于两国气候政策的作品，以破除在中美气候领域那些弥漫已久、似是而非的迷思（myth）。要增进中美两国彼此的了解，最好采用推己及人、换位思考的方法，正如西方谚语所云"put yourself in somebody's shoes"（将你的脚放进别人的鞋子），因此我们决定采用比较的方式，对中美两国气候政策的结构、参与者、过程和方法进行详尽的讨论，并尽量站在客观的立场上，对两国气候政策的得失成败作出评价。

此书从动议到写作出版，再到中文版的翻译完成，历经数年。而中美两国之间的形势已经发生剧烈的变化。再回想起2014年《中美气候变化联合声明》的发布，以及当时国际社会对中美在气候领域合作的满满赞誉和衷心期待，不免有隔世之感。当前中美两国为何会有这样激烈的对峙局面，理由显然是多方面的，而双方彼此之间的误解、不信任、怀疑、猜忌则是其中的重要原因。

在当前背景下，出版一本呼吁中美理解、提倡中美合作的书籍，似乎不合时宜；然而从另一个角度来说，本书中文版的出版又恰逢其时。汉密尔顿在《联邦党人文集》中这样写道："人类社会是否真正能够通过深思熟虑和自由选择来建立一个良好的政府，还是他们永远注定要靠机遇和强力来决定他们的政治组织。"汉密尔顿在此虽然指的是一国政府，然而在国际社会也同样如此，人类社会是否真正能够通过理解、尊重和信任来建立一个良好的国际社会，还是他们永远注定要靠误解、不信任和强权来解决互相之间的分歧。孔子说"政者，正也"，政治生活不能仅是权力之间的纵横博弈，更应体现人生之正、天地之正，是人们所能经历和想象的最美好的生存方式或者政治结构，国际政治亦是如此。也只有在这样的国际社会和国际政治中，全球气候变化问题才有可能得到真正的解决。

新冠疫情的暴发，已经充分让人们意识到了这个世界的难以把握以及我们这个所谓强大社会的极度脆弱。相比之下，气候变化是一个喊了无数遍"狼来了"的故事。问题是：万一狼真来了，我们准备好了吗？与新冠疫情相比，气候变化对人类社会产生的冲击和影响可能更为深远和剧烈。

应对这样的全球性问题，需要包括中美在内的各国携起手来精诚合作、积极行动。但环顾当前的国际形势，这样的合作似乎是困难重重。作为学者，我们的任务是"知其不可而为之"，为增进中美之间的理解、推进两国气候合作尽到绵薄之力，这也许正是本书中文版出版的意义所在吧！

为了便于中文版的出版，在翻译的过程中对原作进行了相应的修改，为此我与加拉格尔教授进行了充分的沟通，并征得了她的理解和同意。正如我们写作本书的初衷是为了增进两国对彼此的了解，因此中文版的出版对于本书同样意义重大。当然书中翻译的不当之处，仍由译者负责。最后要感谢中国发展出版社的支持，终于使本书中文版在历经波折后面世。

宣晓伟